DINÁMICA DE FLUIDOS
COMPUTACIONAL
PARA INGENIEROS

DINÁMICA DE FLUIDOS COMPUTACIONAL PARA INGENIEROS

J. Xamán

M. Gijón-Rivera

Número de Control de la Biblioteca del Congreso de EE. UU.:   2015919381
ISBN: Tapa Dura   978-1-5065-0902-0
                   Tapa Blanda   978-1-5065-0903-7
                   Libro Electrónico   978-1-5065-0904-4

Fecha de revisión: 07/04/2016

Para realizar pedidos de este libro, contacte con:
Palibrio
1663 Liberty Drive
Suite 200
Bloomington, IN 47403
Gratis desde EE. UU. al 877.407.5847
Gratis desde México al 01.800.288.2243
Gratis desde España al 900.866.949
Desde otro país al +1.812.671.9757
Fax: 01.812.355.1576
ventas@palibrio.com
708213

ÍNDICE

Dedico este libro a mis hijas,
Ángeles Simei y Virginia Nereyda,
porque no importando el camino desértico o de gran ciudad,
decidan recorrer su propio camino hacia la felicidad,
valorando lo que tengan o lleguen a tener,
superando las dolencias y
luchando por lo que desean en la vida
al mantener su voluntad inquebrantable.

A mi madre Nereyda y a la memoria de mi padre Perfecto,
por haber sembrado en mí la semilla del trabajo,
del esfuerzo día a día, de la honradez y la justicia;
por mostrar a través de los años, que la humildad
es una virtud de un gran ser humano.

J. Xamán

A mi esposa Alondra y mi madre Alicia.

M. Gijón-Rivera

NOMENCLATURA

Símbolos

$a_p, a_E, a_w, a_N, a_S,$ Coeficientes de la ecuación discretizada.
a_T, a_B

$A_{i,j}$ Matriz de coeficientes.

A Área.

$A(|Pe|)$ Función de Peclet.

b Término fuente.

B_j Vector resultante.

C_k Fracción o concentración de masa.

C_p Calor especifico.

dx, dy, dz Diferencial en dirección $-x, y, z$.

dt Diferencial del tiempo.

$D_e, D_w, D_n, D_s,$ Conductancia o flux difusivo en la interface del VC.
D_b, D_t

D_{12} Coeficiente de difusividad de masa.

$F_e, F_w, F_n, F_s,$ Flux convectivo.
F_b, F_t

g Aceleración de la gravedad o generación de calor.

G_{solar} Radiación solar.

h Coeficiente convectivo de transferencia de calor.

H, H_x, H_y Dimensión o longitud del sistema.

$J_e, J_w, J_n, J_s,$ Flux total en la interface del VC.
J_b, J_t

J Jacobiano de transformación de coordenadas.

k	Energía cinética turbulenta.
Nu	Número de Nusselt.
N_x, N_y, N_z	Número de nodos en dirección $-x$, y, z.
P	Presión.
Pe	Número de Peclet.
Pr	Número de Prandtl.
q	Flux de calor.
Q	Flujo de calor.
Ra	Numero de Rayleigh.
Re	Número de Reynolds.
R_ϕ^k	Residual global.
$R_{N-\phi}^k$	Residual global normalizado.
S	Término fuente.
S_c	Término fuente independiente de la variable ϕ.
S_p	Término fuente dependiente de la variable ϕ.
t	Tiempo.
T	Temperatura.
u, v, w	Componente de velocidad en dirección $-x$, y, z.
V	Volumen.
x, y, z	Coordenada en dirección $-x$, y, z.

Símbolos griegos

α	Factor de relajación. Absortancia.
β	Coeficiente de expansión térmica.
βc	Coeficiente de expansión de concentración.
Γ	Coeficiente de transporte difusivo.
δx, δy, δz	Distancia entre nodos computacionales en dirección $-x$, y, z.

δ_{ij}	Delta de Kronecker.
Δt	Espesor del VC temporal.
$\Delta x, \Delta y, \Delta z$	Espesor del VC espacial en dirección $-x, y, z$.
ΔT	Diferencia de temperaturas.
ε	Disipación de energía cinética turbulenta. Emitancia.
$\bar{\varepsilon}_t$	Eficiencia de distribución de temperatura.
η, ξ, ζ	Coordenadas curvilíneas.
λ	Conductividad térmica del aire.
μ	Viscosidad dinámica del aire.
μ_t	Viscosidad turbulenta.
ρ	Densidad. Reflectancia.
τ	Transmitancia.
τ_{ij}	Tensor de esfuerzos viscosos.
τ_o	Renovación de aire interior o eficiencia de distribución total.
ϕ	Variable dependiente general (u, v, P, T, etc.).
Φ	Función de disipación viscosa.

Subíndices y superíndices

b, B	Abajo.
cond	Conductivo.
conv	Convectivo.
C	Frío.
e, E	Este.
exp	Experimental.
ext	Exterior.
g	Vidrio.
H	Caliente.

inlet	Entrada.
int	Interior.
n, N	Norte.
rad	Radiativo.
s, S	Sur.
t, T	Arriba.
w, W	Oeste.

Siglas

ASHRAE	Sociedad americana de ingenieros de refrigeración, calentamiento y aire acondicionado.
CFD	Dinámica de fluidos computacional.
EDPs	Ecuaciones diferenciales parciales.
LBL	Línea por línea.
LBL-ADI	Método de línea por línea de direcciones alternantes.
LGS-ADI	Método de línea por línea de Gauss-Seidel de direcciones alternantes.
MDF	Método de diferencias finitas.
MEF	Método de elementos finitos.
MVF	Método de volúmenes finitos.
SIMPLE	Método Semi-implícito para ecuaciones acopladas a la presión.
SIMPLEC	SIMPLE – Consistente.
SIMPLER	SIMPLE – Revisado.
TDMA	Algoritmo para la solución de matriz tridiagonal (de Thomas).
VC	Volumen de control.

PRÓLOGO

Los métodos numéricos tienen más de cuatro décadas de haber incidido en diversas disciplinas de la ingeniería, direccionando los mapas curriculares hacia un enfoque en las técnicas computacionales para la solución de problemas científicos y técnicos. En particular, en Ingeniería Mecánica los cursos de Mecánica de Fluidos, Transferencia de Calor y Termodinámica tomaron el mayor auge en el campo científico. En este libro, se presentan los fundamentos de la técnica numérica de Volúmenes Finitos para su aplicación en la Mecánica de Fluidos, Transferencia de Calor y Masa. El Método de Volúmenes Finitos (MVF) es el más utilizado en el campo de la ingeniería debido a su adecuación para describir las ecuaciones bajo un principio de conservación. El MVF representa el corazón de la mayoría del software comercial para la modelación de la dinámica de fluidos. En la comunidad científica se le ha llamado *Dinámica de Fluidos Computacional* (CFD, por sus siglas en inglés) al uso de las computadoras como herramientas para resolver numéricamente las ecuaciones de movimiento de los fluidos.

Del conocimiento de los autores, solo existen dos textos publicados en castellano de CFD con el uso de la técnica de volúmenes finitos (J. Fernández-Oro, *Técnicas Numéricas en Ingeniería de Fluidos,* 2012; M. Vázquez-Cendón, *Introducción al Método de Volúmenes Finitos*, 2008). Sin embargo, sí existe una amplia bibliografía en inglés, aunque con un énfasis en el análisis numérico, la inclusión de tópicos avanzados o muy específicos, los cuales carecen de una introducción al campo de CFD para un ingeniero. Los libros didácticos para un ingeniero en esta disciplina con un enfoque de aplicación son escasos. Específicamente los libros de introducción a CFD con esta idea son: (1) H.K. Versteeg y W. Malalasekera, *An Introduction to Computational Fluid Dynamics: The Finite Volume Method*, (2007) y (2) S. Patankar, *Numerical Heat Transfer and Fluid Flow (1980)*. Adicionalmente, dos libros bien estructurados para un aprendizaje de nivel avanzado de CFD son: (3) C.R Maliska, *Transfêrencia de Calor e Mecânica de Fluidos Computacional* (2004) y (4) J.H. Ferziger y M. Peric, *Computational Methods for Fluid Dynamics* (2002). Parte de la estructura del presente libro ha sido basada en los libros de (1) H.K. Versteeg y W. Malalasekera y de (2) S. Patankar. Con la idea principal de mantener una exposición pedagógica de las bases y aplicaciones del MVF, desarrollar e implementar ejercicios didácticos que permitan a los estudiantes y lectores adquirir el conocimiento, y exhortarlos al desarrollo de códigos computacionales propios.

El libro consta de 8 capítulos y tiene como alcance establecer las bases para la compresión e implementación del método de volúmenes finitos en el sistema coordenado rectangular para la aplicación de problemas de dinámica de fluidos, transferencia de calor y masa. Se persigue como objetivo final que el lector logre adquirir el conocimiento y generar las habilidades para implementar sus propios códigos computacionales. En general, se pretende llevar al lector de forma gradual a resolver la ecuación general convección-difusión, con la cual, se familiarice con la técnica de volúmenes finitos a través de los problemas de difusión en una, dos y tres dimensiones en estado permanente y transitorio. Para concluir la solución de la ecuación general de convección-difusión, se continuará con la enseñanza de los diferentes esquemas de interpolación. Posteriormente, se introduce al lector a resolver sistemas de ecuaciones diferenciales parciales; aquí se muestran diferentes métodos de acoplamiento de las ecuaciones de la dinámica de fluidos. Finalmente, se presentan diferentes aplicaciones de CFD realizadas por los autores. Se ha incluido un capítulo de generación de mallas de nivel pre-avanzado basado en el libro del Profesor Clovis R. Maliska: *Transfêrencia de Calor e Mecânica de Fluidos Computacional* (2004). Todos los capítulos del libro fueron escritos de manera estructurada y consistente con suficiente información para que el lector alcance el objetivo correspondiente de cada capítulo. El nivel académico del libro es para los últimos semestres de ingeniería y primer año de posgrado. El libro también puede ser usado por profesionales involucrados con CFD en la industria.

J. Xamán
M. Gijón-Rivera
Septiembre, 2015

AGRADECIMIENTOS

Un gran número de colegas y amigos nos han exhortado para la conclusión de este libro. De los cuales queremos expresar nuestro más profundo agradecimiento a nuestros compañeros del Departamento de Ingeniería Mecánica del CENIDET-México, principalmente a la Dra. Gabriela Álvarez quién nos introdujo en el campo de la modelación numérica. A la Dra. Yvonne Chávez y al Dr. Jesús Arce por la revisión de las primeras versiones del libro, y por sus acertadas correcciones y múltiples discusiones. Al Dr. Jesús Hinojosa de la Universidad de Sonora con quién nació la idea de este escrito, que por la situación geográfica no nos permitió llevar a cabo la idea juntos. Al M.C. Irving Hernández por la revisión y corrección de los ejemplos en los capítulos 3, 4 y 5. A los doctorandos Ivett Zavala e Irving Hernández por el diseño de la portada del libro. A todos los (ex-) tesistas (F. Noh, R. Alvarado, M. Montiel, P. Gargantúa, J. Tun, G. Mejía, E. Macias, K. Aguilar, L. Villa, G. Cuevas, A. Ortiz, J. Esquivel, I.O. Hernández, E. Reynoso, Á. Tlatelpa, T.R. Jiménez, V. Teja, I. Zavala, Á. Yam, C. Pérez, J. Serrano, L. Ramírez, Y. Olazo, I. Hernández, J. Enríquez, I.P. Jiménez, M. Rodríguez, C.M. Jiménez, M. Chávez, J. Cisneros y J. Uriarte) que han sido fuente de inspiración para llevar a cabo nuestras ideas, por esas largas horas de trabajo muchas gracias.

Al profesor Dr. Clovis Raimundo Maliska de la Universidade Federal de Santa Catarina (Florianópolis, Santa Catarina, Brasil) por sus sugerencias y por permitirnos la adaptación de figuras y texto de su libro: *Transfêrencia de Calor e Mecânica de Fluidos Computacional* (2004) para el capítulo 7 y el apéndice A.

Al profesor Henk Versteeg de Loughborough University (Loughborough, UK) por su apoyo y sus buenos deseos en la preparación del libro, así como su manifestación para que el libro sea bien recibido por los lectores.

Al Dr. Marek Paruch de Silesian University of Technology (Polonia), al Dr. Antonio Campo de la University of Texas (USA), a la Dra. Gabriela Álvarez (México), al Dr. Jorge Aguilar de la Universidad de Quintana Roo (México), al Dr. Juan Serrano de la Universidad de Guanajuato (México), al Dr. Jesús Arce del CENIDET (México) y al M.C. Leopoldo Ramírez de Building energy efficiency (USA) por permitirnos el uso y adaptación de sus respectivas figuras en los capítulos 1 y 8.

También, queremos agradecer a nuestra Alma Mater, CENIDET-México, que como institución en lo posible brinda los medios y facilidades a los profesores-investigadores para llevar cabo las actividades académicas y de investigación.

Un agradecimiento especial a la Escuela de Ingeniería y Ciencias del Tecnológico de Monterrey, que a través del Grupo de Enfoque en Energía y Cambio Climático nos han brindado todo su apoyo para hacer realidad este proyecto.

En el ámbito personal, en tantas horas de trabajo y de sacrificio, a nuestras familias por el apoyo y cariño, estaremos siempre agradecidos. J. Xamán agradece a IBM por el constante apoyo emocional en los últimos años. M. Gijón-Rivera agradece la colaboración y solidaridad del Dr. Alberto Mendoza Domínguez del Tecnológico de Monterrey.

CAPÍTULO 1

Introducción a la Dinámica de Fluidos Computacional

1.1 Antecedentes

Diversas disciplinas del campo científico utilizan múltiples técnicas de estudio, las cuales, en general pueden clasificarse en dos métodos: teóricos y experimentales. Ambos poseen ventajas y desventajas que dependen de las condiciones en que se utilicen y de la naturaleza del problema en estudio. Se debe tener presente que numerosos problemas necesitan de la aplicación de los dos tipos de métodos. De hecho, en el mundo científico se ha convergido a que los dos tipos de métodos deben ser complementarios, y el éxito en la solución de un problema depende muchas veces del uso balanceado de ambos métodos. De forma particular, los métodos teóricos pueden ser analizados desde el punto de vista microscópico (teoría cuántica) y macroscópico (teoría clásica). Josiah Gibbs (1881) dijo que "*Uno de los principales objetivos del análisis teórico en cualquier disciplina del conocimiento, es establecer un punto de vista desde el cual, el objeto aparezca en su máxima simplicidad*".

Al observar nuestro alrededor es posible contemplar una multitud de fenómenos asociados a los fluidos y/o la transferencia de calor en diversos sistemas físicos. A partir de la curiosidad y necesidad de comprender el trasfondo del comportamiento de los fluidos y otros

1

fenómenos asociados a este, los científicos plantearon formulaciones para su estudio utilizando las matemáticas. En la práctica, un gran número de problemas que involucran flujo de fluidos, transferencia de calor y de masa se reducen a la solución de modelos matemáticos basados en sistemas de ecuaciones diferenciales parciales. Estas ecuaciones diferenciales parciales que gobiernan los procesos físicos son generalmente de naturaleza compleja, y su solución sólo es posible para casos simples. Para ello, la aplicación de un método teórico normalmente permitirá obtener resultados de aplicación más general. Además, se requiere invariablemente de hipótesis simplificatorias: lo que se estudia no es el sistema físico real sino un modelo matemático de él, que puede o no representar apropiadamente al sistema. La mayoría de veces, este modelo puede conducir a problemas matemáticos cuya solución es difícil, y en ocasiones imposible. Por otro lado, para el empleo de los métodos teóricos solamente se necesita disponer de una computadora, lo cual generalmente es factible hoy en día en la mayoría de los centros de trabajo. No es necesario emplear tiempo en el uso y manejo de equipo experimental de laboratorio, pero tal vez sí en la optimización de los algoritmos o programas de cómputo.

En el área de mecánica de fluidos se dispone de un conjunto de leyes de conservación que describen el comportamiento general de los fluidos. Sin embargo, solo se pueden resolver problemas idealizados debido a que en la mayoría de los casos las ecuaciones no tienen una solución analítica. La incapacidad para resolver analíticamente las ecuaciones que determinan el comportamiento de un fluido ha conducido a otra forma de solución. Esta solución es la experimentación, la cual se realiza en prototipos a pequeña o gran escala, y de esta forma se determinan los campos de presión, velocidad y/o temperatura. Sin embargo, el resultado de la experimentación involucra un elevado costo económico y de inversión de tiempo para la obtención de resultados. Estos resultados son únicamente aplicables al sistema específico en el que se efectuó la prueba, pudiéndose obtener, sin embargo, cierta generalización mediante técnicas como el análisis dimensional. Así, en los resultados experimentales no se requieren de hipótesis simplificatorias para la interpretación física, ya que se exhibe la naturaleza verdadera del fenómeno en estudio. Es necesario, desde luego, efectuar mediciones exactas y significativas, lo cual implica conocer con suficiente detalle el funcionamiento y los errores a que están sujetos los instrumentos de medición.

Otra forma de solución en el estudio de los fluidos es mediante la técnica de modelación matemática (métodos numéricos). Esta técnica es eficiente, menos costosa en comparación con la experimental y puede resolver problemas complejos, permitiendo obtener resultados en un periodo de tiempo corto.

Los métodos teóricos, por lo tanto, se han convertido en una alternativa para la solución de problemas de flujo de fluidos, transferencia de calor, entre otros. Estos métodos se dividen generalmente en dos categorías. La primera, cubre aquellos métodos que poseen una solución analítica (métodos analíticos). Es necesario enfatizar que muchos casos de estos poseen una solución complicada, los cuales contienen integrales, funciones especiales, etc., y en muchas ocasiones no resulta una opción práctica. La segunda categoría corresponde a los métodos numéricos, los cuales dan como resultado una serie de valores aproximados para la solución deseada. En esta categoría se encuentran los métodos más ampliamente usados como el Método de Diferencias Finitas (MDF), de Volumen Finito (MVF) y de Elemento Finito (MEF) para resolver las ecuaciones de conservación de masa, momentum, energía y especies químicas (transporte de masa). Existen otros métodos, como los métodos espectrales, los métodos de elemento frontera y el autómata celular, pero la aplicación de estos es limitada a ciertos problemas especiales.

La principal diferencia entre las tres técnicas comúnmente usadas está asociada con la manera en la cual las variables de flujo son aproximadas y con el proceso de discretización. Cada método tiene sus ventajas dependiendo de la naturaleza del problema físico a ser resuelto, pero no hay un mejor método para resolver todos los problemas. Pletcher et al. (2012) presentaron un resumen de las ventajas y desventajas que tienen las tres formas de resolver los problemas de mecánica de fluidos (Tabla 1.1).

Tabla 1.1 Comparación de las tres técnicas de solución.

Técnica	Ventajas	Desventajas
Experimental	• Fenómeno más realista.	• Equipo requerido. • Problemas de escala. • Dificultad de mediciones. • Costo operacional.
Teórica	• Fenómeno más general. • Resultado en formato de una fórmula.	• Restricción de geometría y procesos físicos simples. • Generalmente se restringe a fenómenos lineales.
Numérica	• Geometría y procesos físicos complicados. • Fenómenos no-lineales. • Evolución temporal del fenómeno.	• Errores de truncamiento. • Información de condiciones de frontera. • Costo computacional.

1.2 Método de diferencias finitas

El método de diferencias finitas (MDF) es el método más antiguo para la solución numérica de ecuaciones diferenciales parciales; al parecer, en la literatura fue introducido por Euler durante el siglo XVIII. También es el método más fácil de usar para la aplicación a problemas con geometrías simples. El punto de inicio del método es la ecuación diferencial de una variable ϕ. La variable desconocida ϕ se describe por medio de puntos sobre los nodos de una malla (el dominio de solución es cubierto por una malla). En cada punto de la malla, la ecuación diferencial es aproximada re-emplazando las derivadas parciales por aproximaciones finitas usando una expansión en series de Taylor o polinomios ajustados, los cuales son usados para obtener las aproximaciones de diferencias finitas para la primera y segunda derivada de ϕ con respecto a las coordenadas en términos de los valores nodales. El resultado es una ecuación algebraica para ϕ en cada nodo de la malla, donde el valor de la variable en el nodo genérico y en ciertos nodos vecinos aparece como incógnitas. En principio, el MDF puede ser aplicado para cualquier tipo de malla. Sin embargo, se complica el método cuando es aplicado para mallas no regulares. Las líneas de la malla se utilizan como las líneas coordenadas. La principal desventaja del MDF es que es un método no-conservativo, esto es, la conservación de masa no se cumple a menos que se tenga especial cuidado para ello. También, otra desventaja significativa en flujos complejos es la restricción a geometrías simples. La exactitud del MDF puede ser examinada por el orden de truncamiento en la expansión de la serie de Taylor durante la discretización de la ecuación diferencial.

1.3 Método de volúmenes finitos

El método de volúmenes finitos (MVF) fue desarrollado originalmente como una forma especial de la formulación en diferencias finitas. El punto de inicio de este método es usar la forma integral de las ecuaciones de conservación. El dominio de estudio es subdividido en un número finito de volúmenes de control (VC) contiguos y las ecuaciones de conservación son aplicadas para cada VC. En el centroide de cada VC recae un nodo computacional en el cual se calcula el valor de las variables. Para expresar los valores de las variables en las superficies de los VC en términos de los valores nodales (localizados en el centro del VC) se utiliza algún tipo de interpolación. Las integrales de superficie se aproximan usando alguna fórmula de cuadratura disponible. Como resultado se obtiene una ecuación algebraica para cada VC, en la cual aparecen valores de los nodos vecinos. El MVF puede ser adecuado a cualquier tipo de malla y por lo tanto, puede ser aplicado a geometrías complejas. La malla define únicamente las fronteras de los volúmenes de control. El método es conservativo por construcción (las propiedades relevantes cumplen con conservación para cada volumen), así que las integrales de superficie (las cuales representan flujos convectivos y difusivos) son las mismas para las interfaces (fronteras) de los VC contiguos. La aproximación del MVF es quizás la más simple de entender y de programar. Todos los términos que necesitan ser aproximados tienen significado físico, este es el motivo por el cual es popular entre los ingenieros. La desventaja del MVF comparado con el MDF, recae en la dificultad de la utilización de esquemas de alto orden en 3-D, debido a que la aproximación con el MVF requiere dos niveles de aproximación: interpolación e integración. El MVF representa el corazón de cuatro de los cinco códigos principales, comercialmente disponibles para la simulación de la dinámica de fluidos: PHOENICS, FLUENT,

FLOW3D y STAR-CD. El algoritmo numérico usando el MVF consiste de los siguientes pasos:

- Integración de las ecuaciones gobernantes de flujo de fluidos sobre todos los VC del dominio de solución.
- Discretización al sustituir una variedad de aproximaciones finitas para los términos en las ecuaciones integradas, los cuales representan procesos, tales como convección, difusión y fuentes. Esto convierte las ecuaciones integrales en un sistema de ecuaciones algebraicas.
- Solución de las ecuaciones algebraicas por un método iterativo.

El aspecto principal por el cual los ingenieros y científicos eligen usar el método de volúmenes finitos, es el hecho de que haya una conservación integral de masa, momentum, energía y especies químicas y que ésta sea satisfecha por un grupo cualquiera de volúmenes de control; en otras palabras, las ecuaciones discretizadas bajo la formulación de volúmenes finitos expresan el principio de conservación de las diferentes cantidades físicas en un volumen de control, exactamente como las ecuaciones diferenciales expresan este principio a través de un volumen de control infinitesimal. Es lógico pensar, que la formulación en volúmenes finitos permitirá tener resultados más exactos conforme los volúmenes de control se aproximen al infinito, es decir, al continuo.

1.4 Método de elementos finitos

El método de los elementos finitos, introducido por Tuner et al. (1956), se empleó en principio para el análisis estructural, y fue diez años después cuando comenzó su utilización para la resolución de las ecuaciones de campo en medios continuos. El método de elementos finitos (MEF) es una generalización de los métodos de principio variacional (método de Ritz) y de residuos pesados (método de Galerkin, método de mínimos cuadrados, etc.). Los cuales están basados en la idea de que la solución ϕ de una ecuación diferencial puede ser representada como una combinación lineal de parámetros desconocidos c_j y de funciones apropiadas ϕ_j para el dominio entero del problema. Las funciones ϕ_j son llamadas funciones de aproximación y son seleccionadas de tal manera que satisfagan las condiciones de frontera para acotar el problema. Los parámetros c_j se determinan de tal forma que satisfacen la ecuación diferencial, por lo que a menudo se realiza una integral de peso para ello. Estos métodos (principio variacional y residuos pesados) tienen la desventaja que en la construcción de las funciones de aproximación ϕ_j se deben satisfacer las condiciones de frontera del problema, pero como muchos de los problemas reales se definen sobre regiones que son geométricamente complejas, es muy complicado generar funciones de aproximación que satisfagan diferentes tipos de condiciones de frontera del dominio complejo. La aproximación más sencilla del MEF es la interpolación lineal de cada elemento, de tal manera que se garantiza continuidad de la solución a través de las fronteras de los elementos (la función aproximada debe satisfacer las condiciones de frontera, ya sean homogéneas o no). La función ϕ_j puede ser construida a partir de los valores en los nodos del elemento, usando la idea de la teoría de interpolación, por lo que se les conoce como funciones de interpolación. En resumen, el MEF inicia con una propuesta de solución para ϕ (función de c_j y ϕ_j), esta propuesta es sustituida en las ecuaciones de conservación, pero como la propuesta no satisface el dominio completo de solución, entonces queda como resultado un valor residual (si la aproximación fuera la adecuada el residuo seria cero). Lo siguiente es minimizar los residuales de alguna forma; la manera de reducir los residuales es multiplicarlos por un grupo de funciones de peso e integrarlos (igualando las integrales a cero). Como resultado se obtiene un grupo de ecuaciones algebraicas para coeficientes desconocidos c_j de las funciones de aproximación. Este corresponde a seleccionar la mejor solución dentro del grupo de funciones permitidas (una con residual mínimo). La principal ventaja del MEF recae en la habilidad para ser usado sobre geometrías complejas, pero los avances de este método han sido lentos para aplicaciones en flujos de fluidos debido a las dificultades encontradas con los fenómenos al acoplar las ecuaciones de conservación.

1.5 Influencia de las computadoras

Los métodos numéricos son útiles para resolver problemas de dinámica de fluidos, transferencia de calor, especies químicas y otras ecuaciones diferenciales parciales que representen otros fenómenos físicos cuando tales problemas no pueden ser resueltos por técnicas de análisis exactas debido a las no-linealidades, geometrías complejas y condiciones de frontera complicadas. El desarrollo de computadoras digitales de altas velocidades ha aumentado significativamente el uso de los métodos numéricos en diversas áreas de la ciencia e ingeniería. Muchos problemas complicados pueden ser ahora resueltos a bajo costo y en muy poco tiempo con la disponibilidad de una computadora de alta capacidad.

El uso extendido de los métodos numéricos para resolver problemas en el área físico-matemáticas se encuentra estrechamente relacionado con el avance tecnológico de las computadoras. Actualmente, existen en el mercado computadoras modernas de alta velocidad para la investigación numérica de problemas prácticos, los cuales son formulados en términos generales.

El empleo de computadoras que trabajan a altas velocidades ha impulsado el uso de soluciones numéricas para la solución de ecuaciones diferenciales parciales (EDPs). La necesidad para resolver numéricamente problemas complejos se debe a que algunas veces no es posible obtener una solución analítica del problema y tampoco se cuenta con el equipo necesario para realizar la prueba experimental. Cuando la experimentación se puede llevar a cabo, es posible validar el código numérico desarrollado a través de los resultados experimentales, abriendo con ello la posibilidad de realizar con mucha facilidad otras pruebas numéricas con solo variar algunos parámetros del problema, mientras que la variación de parámetros en una prueba experimental puede ser muy costosa e incluso tediosa. La implementación de una técnica numérica cuyos resultados aproximados puedan considerarse confiables, implica que en la medida de lo posible se realice una validación pero la verificación es obligada. Esto es, la validación permite cuantificar si los resultados numéricos pueden representar la realidad, en este sentido los resultados numéricos serán comparados con resultados experimentales. Por otro lado, la verificación permite cuantificar la desviación que se tiene debido a la correcta solución del modelo matemático involucrado, los resultados numéricos serán comparados con alguna otra solución teórica existente en la literatura (Roache, 1998).

La formulación estricta de un problema con un número reducido de suposiciones, ha logrado que la investigación numérica sea comparable a un buen experimento físico. Inclusive, los experimentos numéricos presentan un gran número de ventajas, los cuales con una simplicidad relativa y bajos costos, proporcionan la posibilidad de considerar con mayor exactitud los efectos involucrados en el proceso. Además, los experimentos numéricos permiten la variación de los parámetros del problema así como de sus condiciones en las fronteras en un intervalo bastante amplio y proveen información completa y detallada de los procesos de investigación, los cuales en diversas ocasiones son prácticamente imposibles bajo condiciones de laboratorio.

Así, el uso generalizado de las computadoras y algoritmos, han simplificado considerablemente la programación, de tal manera que las técnicas computacionales se han vuelto más accesibles a un gran número de investigadores, acelerando así el uso de las técnicas matemáticas en el área de la ciencia y la tecnología.

De esta manera, la consolidación de las técnicas numéricas ha sido una consecuencia del desarrollo progresivo de las computadoras. Entre los años de 1950 a 1960, los métodos computacionales para resolver las ecuaciones de flujo de fluidos no eran viables, al no disponerse de máquinas capaces de ejecutar un gran número de operaciones. Posteriormente, durante la década de los 60's, el Laboratorio Nacional de los Álamos se constituyó como el impulsor de las técnicas para el modelado de flujos de fluidos, desarrollando los primeros códigos e iniciando el empleo de computadoras. Entre ellos, el método de PIC (*particle-in-cell*), métodos de línea de corriente-vorticidad y el algoritmo MAC (*marker and cell*) descritos por Harlow y colaboradores. Actualmente, muchos métodos implementados en programas comerciales provienen de aquellas bases e ideas. Es con la aplicación de técnicas numéricas mediante el uso de computadoras que surge el concepto *Dinámica de Fluidos Computacional* (CFD, por sus siglas en inglés) como una rama de la mecánica de fluidos. Este concepto consiste en la utilización de las computadoras como herramientas para resolver numéricamente las ecuaciones de movimiento de fluidos con el fin de poder aplicarlas a problemas reales y de utilidad práctica. A partir de las década de 1970, con la aparición de las computadoras modernas, Brian Spalding, líder de grupo en el Imperial College, tomó el relevo en la frontera del conocimiento de las técnicas numéricas. Ello, dio paso a la formulación del algoritmo SIMPLE para el acople de las ecuaciones de flujo de fluidos. La formulación de este algoritmo fue la base para futuros métodos de acople (SIMPLER, SIMPLEC, etc.). En 1980, Suhas Patankar publicó el libro *Numerical Heat Transfer and Fluid Flow*, que desde el punto de vista de nuestro conocimiento, es el primer gran libro que trata en profundidad las metodologías de CFD, el cual ha servido de inspiración para la creación de infinidad de códigos numéricos. Así, Patankar (1980) y el Imperial College sentaron las bases para la aplicación del método de volúmenes finitos en CFD.

La necesidad del desarrollo de códigos numéricos y sus múltiples aplicaciones dio pauta a la creación de software o paquetes comerciales. En 1981, salió al mercado el código de propósito general denominado PHOENICS. Posteriormente, en 1983 fue lanzado al mercado el software comercial llamado FLUENT. Ambos paquetes solo tenían la capacidad en aquel entonces, de modelar sobre dominios discretizados estructurados, y fue hasta 1991, que con el paquete FLUENT se podía modelar usando mallas no-estructuradas. Es así que, desde finales de la década de los 80 y a la fecha actual, han surgido diferentes paquetes comerciales como son: FIDAP, STAR-CD, FLOW3D, FLOW-3D, TASCflow, CFX-4, entre otros (Fernández-Oro, 2013). De esta manera, con la aparición en el mercado de numerosos paquetes de CFD, la dinámica de fluidos computacional ya no debe contemplarse como una herramienta utilizada sólo en universidades y centros de investigación por especialistas altamente cualificados, sino que es ya empleada en numerosas industrias.

En general, el desarrollo tecnológico en las computadoras ha ocasionado toda una revolución y desarrollo de técnicas numéricas hasta crear competencia comercial, usos en la industria, en la vida académica y en el campo de la investigación. Finalmente, este desarrollo tecnológico dio pauta a la creación de la dinámica de fluidos computacional (CFD) como un arte de reemplazar los sistemas de ecuaciones diferenciales parciales en un sistema de ecuaciones algebraicas que puedan ser resueltas usando computadoras. Así, la historia de CFD va ligada a la evolución de las computadoras.

1.6 Aplicaciones, ventajas y desventajas

Hoy en día, con las enormes capacidades de las computadoras y el desarrollo de los métodos numéricos, la técnica de CFD se está convirtiendo en una herramienta muy práctica y eficiente para el análisis de situaciones en las que estén involucrados fluidos y por consiguiente, en una inestimable herramienta de análisis y diseño. Son numerosos los sectores en los que se utilizan los métodos computacionales para el estudio. Se puede estudiar desde el vuelo de un ave hasta el agua que fluye por una tubería, o la aerodinámica de un carro y la fricción de un nadador, desde la emisión de contaminantes por la industria hasta el comportamiento atmosférico del aire.

CFD puede ser muy útil en un amplio espectro de industrias y puede representar una poderosa ayuda al ingeniero de diseño, de producción e incluso de mantenimiento, así como en el ámbito académico y de investigación. CFD se está utilizando en sectores tan variados como la industria alimenticia, aeronáutica, aeroespacial, automovilística, biomédica, eléctrica y electrónica, farmacéutica, química, metalúrgica, naval, nuclear, etc. Como un ejemplo, basta decir que en la industria del automóvil se puede simular el comportamiento aerodinámico del coche para mejorar el rendimiento; incluso se ha empleado CFD en situaciones biomédicas donde se ha simulado el flujo sanguíneo por las arterias. En la industria eléctrica CFD se ha usado para determinar los campos de temperatura y flujos de calor, con el fin de optimizar la evacuación de calor en equipos y redes, así como para determinar las repercusiones que de ello se derivan y en la industria electrónica, CFD se utiliza para el diseño de sistemas de enfriamiento de equipos y componentes electrónicos. En el ámbito deportivo cabe destacar el uso en estudios aerodinámicos en el ciclismo, de diseño de ropa de baño de alta competición. La dinámica de fluidos computacional es también ampliamente utilizada en el estudio de edificios para predecir el movimiento de aire y el confort, así como para analizar fenómenos de termofluidos en el medioambiente tal como dispersión de contaminantes en la atmósfera. Un caso particular de aplicación, es el estudio de ventilación llevado a cabo para el Acuario del Centro Mexicano de la Tortuga (Álvarez et al., 2006). El estudio fue realizado usando el software FLUENT. El Acuario tiene su entrada en la parte norte, y por la parte sur se encuentra un pasaje, tipo túnel con una configuración de una media dona, y es por donde se reporta muy poca o nula ventilación. El estudio consistió en estudiar los espacios por donde entra el aire exterior, y la forma de como se distribuye en el interior y su salida al exterior.

En la Figura 1.1a se presenta el modelo del Acuario sin el piso superior que queda sobre el túnel. Aquí se observa que existen ductos de ventilación, los cuales deberán servir para mover el aire en el interior del túnel. La Figura 1.1b representa el edificio del Acuario, donde se puede observar la entrada principal, las ventanas, el túnel y el pasillo. En la Figura 1.2 se muestra el campo de velocidades en el interior del Acuario.

Figura 1.1 Modelo del Acuario: (a) a la derecha, Acuario sin el piso superior del Túnel y (b) a la izquierda, Diagrama completo del Acuario (de Álvarez et al., 2006).

Figura 1.2 Campo de velocidades en el interior del Acuario (de Álvarez et al., 2006).

Las aplicaciones de CFD presentan un amplio abanico de posibilidades; sin embargo, el área de aplicación depende principalmente del interés del usuario.

Las principales ventajas que tiene la dinámica de fluidos computacional es que a través de su uso se pueden evidenciar muchos fenómenos que no se pueden apreciar mediante algún otro método; se pueden predecir las propiedades del fluido con gran detalle en el dominio estudiado siempre y cuando se cuente con un modelo matemático adecuado. También con CFD se puede diseñar para tener soluciones rápidas evitando costosos experimentos. Como principales desventajas que tiene el uso de CFD son: (1) se requiere usuarios con amplia experiencia y formación especializada, (2) se consume recursos de hardware y software que requieren inversiones iniciales significativas y (3) en fenómenos muy complejos se puede llegar a tener un alto consumo de recursos computacionales. Sin embargo, para tener éxito con el uso de CFD se requiere experiencia y un profundo conocimiento de la física de flujos de fluidos y fundamentos de algoritmos numéricos (Versteeg et al., 2008).

Por lo tanto, se puede establecer que CFD principalmente integra tres disciplinas (Figura 1.3): mecánica de fluidos, matemáticas y ciencias computacionales. La mecánica de fluidos que esencialmente representa el estudio de fluidos en reposo o en movimiento. Este movimiento de fluidos (dinámica de fluidos) se describe mediante ecuaciones matemáticas, usualmente ecuaciones diferenciales, las cuales gobiernan el proceso de interés y son comúnmente llamadas en CFD: ecuaciones gobernantes. Para resolver estas ecuaciones matemáticas, las ciencias computacionales mediante un compilador (C, Fortran, etc.) y un alto nivel en el lenguaje de programación, convierten las ecuaciones en programas de cómputo o paquetes de software. Finalmente, la aplicación de CFD puede extenderse a análisis conjugados que involucran otros procesos de transporte como son de calor y masa.

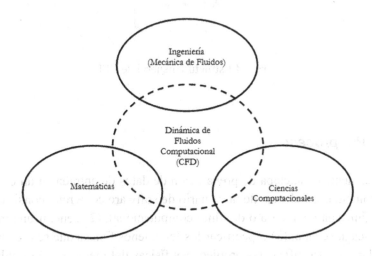

Figura 1.3 Disciplinas que involucra CFD.

1.7 Estructura de CFD

Generalmente para la solución de un problema, la secuencia y estructura para un usuario de CFD consta de 3 partes fundamentales en el siguiente orden: Pre-proceso, Solver y Post-proceso. Para la persona que tiene que desarrollar su propio software o el usuario de un software comercial, es altamente recomendable tener fundamentos en uso y desarrollo de algoritmos numéricos, entendimiento de fenómenos físicos y experiencia en el campo de aplicación de CFD. En la Figura 1.4 se muestra la estructura general de CFD.

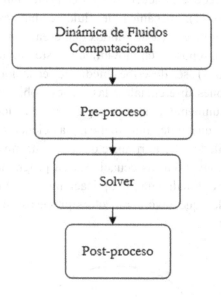

Figura 1.4 Estructura general de CFD.

1.7.1 Pre-proceso

Prácticamente es la etapa de preparación de datos de entrada en un código de resolución. En el caso de un usuario de software comercial consiste en: (1) definir una geometría o dominio computacional, (2) generar una malla numérica adecuada, (3) especificar los fenómenos físicos que se pretenden modelar, (4) especificar las propiedades físicas del medio y (5) establecer las condiciones iniciales y de frontera. Por lo general, la persona que usa un software comercial solo le lleva unas semanas o pocos meses de entrenamiento para sobrellevar esta etapa.

Para la persona que desarrolla y pretende implementar un software, la tarea de pre-proceso es algo más complicada y puede llevar varios meses o años la compresión y entendimiento de esta etapa. A diferencia de un usuario, la persona que desarrolla un software puede generar conocimiento de frontera dependiendo del grado de involucramiento, mientras que para el usuario el software es una caja negra. En este sentido, quien desarrolla un software tiene que seguir los siguientes puntos en el pre-proceso:

(1) Establecer un modelo físico: Un modelo físico se define como la representación gráfica que se hace de la realidad, utilizada para plantear un problema, normalmente de manera simplificada y con el propósito de estudiar detalladamente su comportamiento bajo ciertas circunstancias pre-establecidas. En la Figura 1.5 se muestran las representaciones de los modelos físicos de un ojo humano (Sue et al., 2006) y de un auto (Teja, 2011).

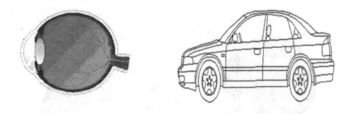

Figura 1.5 Modelo físico de un ojo humano (Sue et al., 2006) y de un auto (Teja, 2011).

(2) Establecer un modelo matemático: Un modelo matemático se define como la ecuación o conjunto de ecuaciones que describe lo que físicamente ocurre en determinada situación. En este punto, la persona tendrá que hacer uso de los modelos disponibles o desarrollar uno

$$\frac{\partial \rho}{\partial t} + \frac{\partial (\rho u_i)}{\partial x_i} = 0$$

$$\frac{\partial (\rho u_i)}{\partial t} + \frac{\partial (\rho u_j u_i)}{\partial x_j} = -\frac{\partial P}{\partial x_i} + \frac{\partial \tau_{ij}}{\partial x_j} + \rho g_i$$

para el fenómeno que se intenta estudiar. Se establecen las condiciones de frontera y la respectiva condición inicial. También, se requiere especificar las propiedades físicas del medio en cuestión. Con base en ello, se aprecia que el desarrollador de software requiere de fundamentos físicos y matemáticos. En el capítulo 2 de este libro se establecen los modelos matemáticos para flujos de fluidos y otros fenómenos relacionados.

(3) Generar una malla numérica: Una malla numérica se define como la colección de puntos discretos (nodos) distribuidos sobre el dominio de estudio o modelo físico, que se utiliza para la solución numérica de un grupo de ecuaciones diferenciales parciales. Aquí, el desarrollo de software requiere de habilidades matemáticas y de computación, las cuales permitirán al desarrollador establecer un algoritmo o rutina para generar una malla adecuada para la modelación. En la Figura 1.6 se muestran las mallas correspondientes a los modelos físicos de la Figura 1.5. En el capítulo 7 de este libro se presenta la técnica de generación de mallas por medio de la solución numérica de ecuaciones diferenciales.

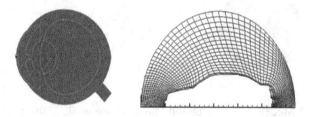

Figura 1.6 Malla numérica de un ojo humano (de Paruch, 2007) y de un auto (de Teja, 2011).

1.7.2 Solver (Procesamiento)

Esta etapa de CFD constituye la parte central del software, está asociada con el aspecto de solución del problema, en el cual se resuelve el modelo matemático usando una computadora, aquí intervienen conceptos de otras disciplinas como el análisis numérico, fundamentos de matemáticas discretas, desarrollo de algoritmos y software. El usuario de software solo manda la instrucción de ejecución y espera los resultados, el tiempo de obtención de resultados dependerá del modelo a resolver, el cual puede tomar desde algunas horas, días o incluso semanas. Por otro lado, para el desarrollo de software esta etapa se lleva a cabo en dos pasos: el proceso de discretización y la solución del sistema de ecuaciones algebraicas.

(1) Proceso de discretización: El concepto de discretización numérica se define como la sustitución de la ecuación diferencial o ecuaciones diferenciales que describen el fenómeno de estudio, por un conjunto de expresiones algebraicas usando alguna de las técnicas numéricas mencionadas anteriormente, tal como el MDF, MVF o MEF. En particular, en el MVF el modelo matemático se integra sobre todo el dominio de interés y los términos de derivadas se discretizan mediante aproximaciones o esquemas numéricos para llegar a formar un sistema de ecuaciones algebraicas. Aquí el desarrollador de software puede implementar un esquema de interpolación disponible o desarrollar su propio esquema. Si el modelo matemático está definido por un sistema de ecuaciones diferenciales parciales, entonces el desarrollador tendrá que involucrarse con técnicas de acople de ecuaciones, tal como la familia del algoritmo SIMPLE. A partir del capítulo 3 de este libro se muestra la técnica de discretización por medio del método de volúmenes finitos.

(2) Solución del sistema de ecuaciones algebraicas: en este punto el desarrollador tendrá que implementar un método de inversión de matrices para el sistema de ecuaciones algebraicas resultantes del proceso de discretización. La programación se puede realizar con un compilador (Fortran o C) y el tiempo de ejecución dependerá del problema bajo estudio y del soporte computacional disponible. El tiempo para el desarrollo del código computacional dependerá del modelo matemático a resolver. Tratándose de un problema complejo, puede tomar varias semanas o incluso meses de programación y los tiempos computacionales para la obtención de resultados pueden ser de días o semanas. En el capítulo 6 de este libro se presenta a detalle los diferentes métodos de solución de ecuaciones algebraicas basados en matrices tridiagonales (TDMA). La Figura 1.7 muestra una pantalla típica de programación con el compilador Fortran, en la cual se observa que se llevaron a cabo 2999 iteraciones para concluir con la etapa del solver.

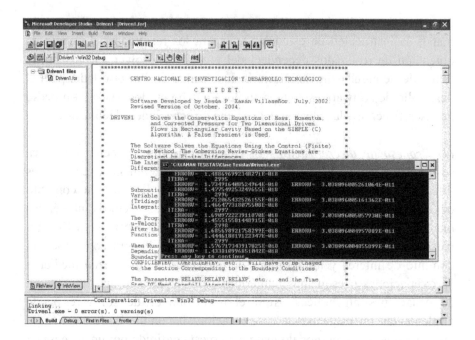

Figura 1.7 Pantalla típica del compilador Fortran.

1.7.3 Post-proceso

Esta etapa de CFD es el elemento (visualizador) que permite aglomerar la multitud de datos de resultados en gráficos. Esta etapa es de vital importancia para el análisis de resultados y dependiendo de la capacidad de resolución del visualizador, ayudará al usuario o desarrollador a un mejor entendimiento del fenómeno y lo llevará a conclusiones exitosas. En un visualizador se debe poder representar la malla numérica, mapas de contornos de iso-líneas, campos de velocidad, etc. Actualmente, algunos visualizadores disponibles permiten realizar animaciones del fenómeno bajo estudio. Uno de los visualizadores más comunes en el medio académico y de investigación es el Tecplot. En la Figura 1.8 se presentan los mapas de temperatura del modelo físico del ojo humano.

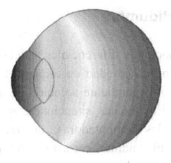

Figura 1.8 Campo de temperatura del ojo humano (de Sue et al., 2006).

En general, la estructura que sigue un desarrollador o programador de software de CFD se muestra en la Figura 1.9. La principal ventaja que tiene un desarrollador frente a un usuario de CFD, es que cuando se llega a la etapa final (post-proceso) y de acuerdo al análisis realizado; el desarrollador con base a sus capacidades y habilidades en CFD, puede modificar cualquier paso de las etapas (marcados por las flechas punteadas; por ejemplo, modificar el modelo matemático) mientras que el empleador o usuario se limitará al alcance del software comercial.

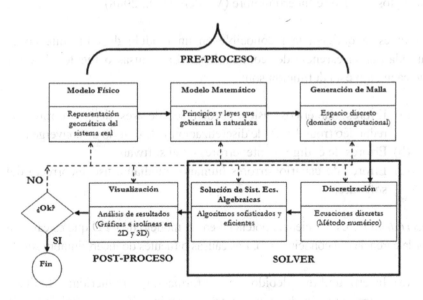

Figura 1.9 Estructura de un desarrollador de software de CFD.

1.8 Errores e incertidumbre

En la solución de ecuaciones diferenciales parciales mediante CFD se tiene disponible una amplia variedad de esquemas para la discretización de las derivadas y la correspondiente solución de sistema de ecuaciones algebraicas resultante. En muchas situaciones, se cuestiona acerca del error de redondeo de las computadoras, los errores de truncamiento involucrados en los cálculos numéricos, así como también la consistencia, estabilidad y la convergencia del esquema usado.

Así como en el campo de la experimentación existe el concepto de "*metrología*", que es la ciencia de medir, cuyos objetivos más importantes son el resultado de la medición y la incertidumbre de medida, y conforme se identifiquen todas las posibles fuentes de incertidumbre y se cuantifiquen, mayor confianza se tendrá en el resultado, de igual forma, en el campo de CFD, se debe tener confianza y credibilidad en los resultados. Aunque no existe una ciencia tal cual en CFD para este fin, existen dos guías que definen y presentan recomendaciones acerca de los errores e incertidumbres involucradas en CFD (AIAA, 1998 y ERCOFTAC, 2000). Así en la modelación numérica mediante el uso de CFD se definen los conceptos de Error e Incertidumbre (Versterg et al., 2008).

Error: es la deficiencia reconocible en un modelo de CFD que no es causada por la carencia del conocimiento. Las causas o fuentes de error que caen bajo esta definición son:

(a) Errores numéricos: estos pueden ser de tres tipos - errores de redondeo (round-off), de discretización y de criterio de convergencia.
(b) Errores de código fuente: errores en el software.
(c) Errores de usuario: errores humanos mediante uso incorrecto del software.

Incertidumbre: es deficiencia potencial en un modelo de CFD que es causada por la carencia del conocimiento. Las causas o fuentes de incertidumbre son:

(a) Incertidumbre debido a información requerida: limitada representación de la geometría, aproximación en condiciones de frontera, propiedades de materiales o del medio fluido, etc.

(b) Incertidumbre debido al modelo matemático: diferencias entre el flujo real y el modelo de CFD, por ejemplo, en un flujo turbulento real se puede carecer del modelo adecuado para la representación física del flujo.

1.8.1 Errores numéricos

Los tres principales fuentes de error identificados por el uso de CFD para la solución de EDPs no-lineales se describen brevemente a continuación.

1.8.1.1 Error de redondeo

Raramente los cálculos numéricos se realizan en aritmética exacta. Esto significa que los números reales son representados en formato de "punto flotante" o "dígitos significativos" y como resultado se generan errores debido al redondeo de los números reales (round-off). Generalmente, este tipo de error se relaciona con la exactitud de las computadoras. Aunque computadoras modernas pueden representar números hasta de 7 (precisión simple en Fortran) o más lugares decimales, en casos extremos, estos errores llamados *"roundoff errors"* pueden ser acumulados y llegar a ser la principal fuente de error en los resultados. Estos errores pueden ser controlados por el uso adecuado de las operaciones aritméticas, esto es, se debe tener cuidado que en dichas operaciones aritméticas los valores de las variables o constantes involucradas sean representadas con el mismo formato de punto flotante y el mayor número de dígitos significativos.

1.8.1.2 Error de discretización

En la representación de las derivadas de una ecuación diferencial parcial mediante una expresión algebraica, por ejemplo, por uso de una serie de Taylor, los términos de más alto orden son despreciados al truncar la serie y los errores causados como un resultado de tales truncamientos es llamado el error de discretización o de truncamiento. El error de discretización representa la diferencia entre la solución exacta de una ecuación diferencial y la correspondiente solución exacta de la ecuación algebraica discreta. El control y minimización del error de discretización se asocia con el tamaño de malla espacial y temporal, a medida que se incremente el tamaño de la malla, el error de discretización disminuirá.

El incremento del tamaño de la malla requiere de relativamente gran espacio de memoria y tiempo de cómputo, de tal manera que el error de discretización se vincula con el recurso computacional disponible.

El concepto de error de discretización se asocia indirectamente con tres propiedades importantes en CFD: Consistencia, Estabilidad y Convergencia.

Consistencia: en las aproximaciones usadas de un método numérico para discretizar las derivadas de las EDP's, se requiere que conforme el refinamiento del tamaño del paso llegue a ser extremadamente pequeño (por ejemplo: $\Delta x \approx 0$, $\Delta t \approx 0$), la aproximación usada en el método numérico debe llegar a ser arbitrariamente cercana a las derivadas. Este requerimiento implica que el error de discretización debe tender a cero conforme el tamaño del paso se desvanece. Entonces, la aproximación del método numérico se dice ser *consistente* con la ecuación diferencial original. La importancia de esta propiedad radica en mejorar la solución numérica mediante un ejercicio de consistencia o independencia de malla.

Estabilidad: esta propiedad se relaciona con el control del proceso hacia la solución. En la solución numérica de las EDPs, diversos errores se introducen en casi cada etapa de los cálculos (por ejemplo, errores de discretización). El esquema de solución se dice ser *estable*, si los errores involucrados en los cálculos numéricos no son amplificados conforme el cálculo numérico progrese hacia la solución correcta de las EDPs.

Convergencia: La solución numérica se dice ser *convergente* si la solución numérica se aproxima hacia valores fijos mientras la solución progresa. La tendencia hacia valores fijos debe presentarse conforme los pasos de tiempo y espacio tienden a cero. En caso contrario, se dice que la solución es *divergente*.

Debe notarse que las propiedades de consistencia, estabilidad y convergencia están relacionadas unas con otras.

1.8.1.3 Error de criterio de convergencia

Generalmente, la solución numérica de los problemas de flujos de fluidos, transferencia de calor y de masa, requieren de un proceso iterativo; para detener o terminar el proceso iterativo de manera automática en un número k de iteraciones, se requiere de un criterio de paro o mejor conocido como criterio de convergencia. La solución final obtenida en la iteración k debe satisfacer las ecuaciones discretizadas del problema. El criterio de convergencia debe ser establecido de tal manera que la diferencia entre la solución de la iteración k y la solución de la iteración anterior $(k-1)$, debe ser mínima. Durante el proceso iterativo esta diferencia debe decrecer; en otras palabras, la solución numérica debe ser convergente. Se pueden establecer diferentes criterios de convergencia (por ejemplo, que el residual de la variable incógnita ϕ sea menor a ε, donde ε es un valor significativamente pequeño), en el Capítulo 3 de este libro se darán mayores detalles. Dependiendo del criterio de convergencia establecido, se tendrá el número de iteraciones k realizadas durante el proceso iterativo. Aun cuando la solución final satisfaga las ecuaciones discretas y se cumpla el criterio de convergencia, esto no garantiza que la solución del problema sea la correcta, ya que la variable incógnita ϕ puede ser menor que ε. Para situaciones de este tipo se deben usar criterios de convergencia normalizados (Versteeg et al., 2008). Con frecuencia el usuario establece el criterio de convergencia basado en su experiencia.

Los errores de software y usuario pueden minimizarse o eliminarse gracias a un adecuado entrenamiento y nivel de experiencia en CFD, este tipo de errores se asocia con el aseguramiento de calidad en la ingeniería de software.

1.8.2 Incertidumbre numérica

La incertidumbre numérica se genera por la carencia de información, así como también por la limitación de los modelos matemáticos para la representación del fenómeno bajo estudio.

Como incertidumbre numérica del tipo de carencia de información se consideran los datos de entrada en CFD: Geometría del dominio físico, condiciones de frontera y propiedades físicas. Muchas veces no es posible adecuar la forma y tamaño del sistema real de interés al modelo de CFD, por ejemplo, debido a la rugosidad de la superficie del sistema real. La información en la frontera o contorno del sistema real en ocasiones no está disponible; el caso más típico es el uso de una condición de frontera aislada. En la realidad siempre existirá un flujo de calor a través de una frontera; sin embargo, muchas modelaciones de CFD se realizan con condiciones de frontera de flujo de calor igual a cero. Por otro lado, todas las propiedades termofísicas (densidad, calor especifico, viscosidad dinámica, conductividad térmica) involucradas en el sistema dependen de la temperatura, presión y composición química. Tales variables son precisamente incógnitas, entonces se requieren expresiones matemáticas que relacionen estas propiedades con las variables en cuestión. Aunque se cuente con expresiones matemáticas adecuadas para las propiedades físicas, generalmente estas son determinadas con base a trabajo experimental y llevarán consigo una incertidumbre experimental. Sin embargo, muchos estudios mediante CFD consideran propiedades constantes cuando se asume que la variación de las propiedades es mínima o no significativa tal que dicho cambio pueda despreciarse. Todas estas consideraciones generan una incertidumbre en la solución numérica.

Para un entendimiento de incertidumbre numérica debido al modelo matemático usado en CFD, considere que desea modelar el fenómeno de turbulencia. En la literatura existen diferentes formulaciones matemáticas para la representar la turbulencia, sin embargo, para el análisis se elige el modelo estándar $k - \varepsilon$. El modelo de turbulencia $k - \varepsilon$ tiene términos matemáticos que intentan representar de la mejor manera el fenómeno bajo estudio, sin embargo, el modelo no es de carácter general y cuenta con constantes particulares del modelo. Entonces, la incertidumbre numérica debido a la limitación y carencia debido al modelo pueden ser:

(1) Debido a que se intente modelar un comportamiento nuevo y altamente complejo de turbulencia, en el cual el usuario, al no contar con un modelo adecuado, adopta el modelo de turbulencia disponible. En muchas ocasiones, a pesar de existir un modelo adecuado, el usuario prefiere usar un modelo más simple debido a la complejidad matemática involucrada y principalmente para obtener ahorro de tiempo computacional.

(2) Debido al ajuste que puedan tener las constantes del modelo de turbulencia para representar un nuevo comportamiento de turbulencia, el ajuste de las constantes son generalmente con base experimental, las cuales en sí mismas tienen una incertidumbre inherente.

Estas limitaciones de exactitud del modelo matemático en la representación del fenómeno físico contribuyen a la incertidumbre de CFD.

1.9 Verificación y validación

Dos conceptos sumamente importantes en CFD, los cuales están asociados a los errores e incertidumbre en la dinámica de fluidos computacional son la verificación y la validación.

La verificación es el proceso de determinar si un modelo matemático ha sido resuelto correctamente. El proceso de verificación involucra la cuantificación de los errores numéricos. Oberkampf y Trucano (2002) establecieron que el proceso de verificación debe siempre incluir una etapa de comparación entre los resultados obtenidos contra resultados de CFD disponibles, conocidos como resultados de referencia en la comunidad de CFD (Benchmark).

La validación es el proceso de determinar el grado de exactitud de un modelo matemático para representar la realidad física. El proceso de validación involucra la cuantificación de la incertidumbre numérica. Oberkampf y Trucano (2002) establecieron que el proceso de validación requiere estrictamente de la comparación de resultados numéricos contra resultados experimentales de alta calidad. A este respecto, Versteeg et al. (2008) reportó una lista de fuentes de datos disponibles para llevar a cabo el proceso de verificación y validación.

1.10 Alcance y estructura del libro

El alcance de este libro establece las bases para la compresión e implementación del método de volúmenes finitos en el sistema coordenado rectangular para la aplicación en la solución de problemas de dinámica de fluidos, transferencia de calor y masa. Se persigue como objetivo final que el lector logre adquirir el conocimiento y generar las habilidades para implementar sus propios códigos computacionales. Para ello en general, primeramente se pretende llevar al lector de forma gradual a resolver la ecuación general convección-difusión, con la cual, se familiarice con la técnica de volúmenes finitos a través de los problemas de difusión en una, dos y tres dimensiones. Para concluir la solución de la ecuación general de convección-difusión se continuará con la enseñanza de los diferentes esquemas de interpolación. Una segunda etapa incluye resolver sistemas de ecuaciones diferenciales parciales; aquí se le enseñará al lector diferentes métodos de acoplamiento de las ecuaciones de la dinámica de fluidos, representando cada una de las ecuaciones involucradas como una ecuación de convección-difusión. Para alcanzar este objetivo, este libro está estructurado en 8 capítulos de la siguiente manera:

En el *Capítulo 2* se establecen los modelos matemáticos de flujo de fluidos, transferencia de calor y especies químicas, así como las diferentes condiciones de frontera. Finalmente, se muestra la deducción de la ecuación general de convección-difusión en coordenadas cartesianas.

Para familiarizarse con la técnica de volúmenes finitos, el *Capítulo 3* se orienta hacia la solución de problemas de difusión en una, dos y tres dimensiones en estado transitorio. De manera generalizada, se muestra paso a paso la solución de los problemas de difusión incluyendo diferentes tipos de condiciones de frontera. Al final se presentan ejemplos aplicados a conducción de calor. Este capítulo permitirá al lector tener la habilidad de manejar los términos difusivos, transitorios y términos fuentes de la ecuación general de convección-difusión.

Para concluir con la solución de la ecuación general de convección-difusión, en el *Capítulo 4* se presentan las diferentes formas de aproximar el término convectivo, llevando al lector a tratar con esquemas de bajo orden. Se resuelven ejemplos en una y dos dimensiones para diferentes condiciones de velocidad con la finalidad de observar las desventajas de algunos esquemas.

En el *Capítulo 5* se muestran los pasos del algoritmo SIMPLE para acoplar las ecuaciones de masa, momentum y otras ecuaciones escalares. Se presentan las principales modificaciones del algoritmo SIMPLE para mejorar su desempeño computacional. El lector podrá seguir paso a paso la solución de las ecuaciones de la dinámica de fluidos mediante el problema de la cavidad con pared deslizante.

El *Capítulo 6* presenta los diferentes métodos de solución de sistemas de ecuaciones algebraicas, el enfoque es hacia la solución de matrices tridiagonales para problemas en una dimensión con el algoritmo de Thomas (TDMA). También, se presenta la extensión del TDMA para problemas en 2-D y 3-D, así como la modificación del TDMA para aplicarlo en direcciones alternantes para mejorar el proceso hacia la convergencia.

El *Capítulo 7* se enfoca a la técnica numérica para generación de mallas. Se presenta la clasificación general de mallas numéricas y los diferentes métodos para su generación. Principalmente, se muestra la teoría del método de ecuaciones diferenciales parciales para la generación de mallas estructuradas. Al final del capítulo se muestran algunos ejemplos de aplicación de generación de mallas.

Finalmente, en el *Capítulo 8* se presenta una serie de problemas de aplicación de transferencia de calor y masa, los cuales los autores han resuelto usando la técnica de volúmenes finitos.

CAPÍTULO 2

Ecuaciones de la Dinámica de Fluidos, Transferencia de Calor y Masa

2.1 Introducción

Para representar un fenómeno físico de interés se requiere de un modelo matemático, el cual puede ser simple o complejo dependiendo del fenómeno bajo estudio. En general, para representar la dinámica de fluidos, transferencia de calor y especies químicas se usan las ecuaciones de continuidad, momentum, energía y transporte de masa. Todas estas ecuaciones cumplen con un principio de conservación y por lo tanto, pueden ser expresadas en forma conservativa. Entonces, es viable que cada una de estas ecuaciones y sus variantes puedan ser representadas a través de la ecuación general de convección-difusión para su solución.

2.2 Ecuaciones de conservación

Para predecir el comportamiento hidrodinámico, térmico, etc., en un sistema bajo estudio es necesario un modelo matemático que represente el comportamiento del fenómeno, este consiste en la formulación de las ecuaciones gobernantes generales. La formulación de las ecuaciones gobernantes es muy importante conceptualmente debido a que se adoptan hipótesis que posteriormente se consideran si son admisibles o no para la representación de un fenómeno en particular.

Las ecuaciones de conservación de flujo de fluidos, transferencia de calor y masa definidas en este libro se basan en la formulación Euleriana, en la cual se supone un volumen de control fijo en el espacio a través del cual pasa un fluido, se supone que el medio es continuo y se aplican los principios de conservación de masa, momentum, energía y especies químicas para obtener las ecuaciones de conservación (Bird et al., 1962; Malvern, 1969; White, 1986; Aris, 1989). Así, las ecuaciones gobernantes de flujo de fluidos representan principios matemáticos de las leyes de conservación de la física, las cuales son:

- La masa de un fluido se conserva (ley de conservación de masa).
- La razón de cambio de momentum corresponde a la suma de las fuerzas sobre una partícula del fluido (segunda ley de Newton).
- La razón de cambio de energía es igual a la suma de la razón de calor adicional y la razón de trabajo realizado sobre una partícula del fluido (primera ley de la termodinámica).

La cantidad de acumulación de masa de la especie química k es igual a la diferencia de la cantidad de masa entre la entrada y salida del volumen de control, más la cantidad de generación dentro del volumen (conservación de masa para la especie química k).

Adicionalmente, las ecuaciones resultantes se relacionan con las expresiones empíricas:

- Ley de Fourier   Relaciona calor y temperatura
- Ley de Fick   Relaciona el transporte de masa con la especie química o concentración.
- Ley de viscosidad de Newton   Relaciona los esfuerzos con las velocidades
- Ecuaciones de estado: Relacionan la densidad con presión y temperatura

La mecánica de fluidos, la transferencia de calor y de masa son fenómenos gobernados por las leyes físicas expresadas en forma matemática, generalmente en términos de ecuaciones diferenciales. Las ecuaciones representan un principio de conservación. Cada ecuación emplea una cierta cantidad física como su variable dependiente e implica que debe de haber un balance entre los diversos factores que influyen en la variable. Las variables dependientes de estas ecuaciones diferenciales son usualmente la velocidad, presión, temperatura y concentración de masa.

Para el análisis de flujo de fluidos a escalas de longitud macroscópicas (1 μm o más grande), la estructura molecular de la materia y los movimientos moleculares pueden ignorarse y el fluido puede considerarse como continuo. Esto describe el comportamiento del fluido en términos de propiedades macroscópicas, tales como la velocidad, presión, temperatura, etc., y sus derivadas en el espacio y tiempo. Con el propósito de explicar las ecuaciones de conservación es útil considerar un volumen de control (VC) de tamaño finito a través del cual pasa el fluido (Figura 2.1).

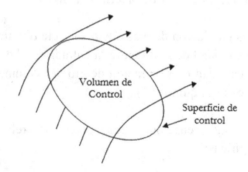

Figura 2.1 Flujo a través de un volumen de control.

2.2.1 Ecuación de masa

La ecuación de conservación de masa se deriva de aplicar la ley de conservación de masa. Este principio se expresa como: el flujo neto másico de salida del volumen de control (VC) debe ser igual al incremento temporal de la masa interior. La ecuación resultante es conocida como la ecuación de conservación de masa o ecuación de continuidad, la ecuación es representada en forma tensorial:

$$\frac{\partial \rho}{\partial t} + \frac{\partial (\rho u_i)}{\partial x_i} = 0 \qquad \text{para} \quad i = x,y,z \qquad (2.1)$$

El primer término del lado izquierdo de la Ec. (2.1) representa la variación de la densidad en el tiempo y el segundo término describe el flujo neto de masa saliendo del VC a través de sus fronteras.

2.2.2 Ecuación de momentum

La ecuación de momentum es la representación matemática de la segunda ley de Newton, la cual establece que un pequeño elemento de volumen que se mueve con el fluido es acelerado por las fuerzas que actúan sobre él, es decir, *masa * aceleración = suma de fuerzas*.

En otras palabras, la segunda ley de Newton establece que el incremento temporal del momento lineal en el VC (variación temporal de la cantidad de momento lineal) más el flujo neto de momento lineal de salida del VC (el momento lineal es producto de la masa por la velocidad) debe ser igual a la suma de las fuerzas que actúan sobre el VC (las fuerzas que actúan sobre el VC son de dos tipos: las fuerzas másicas o de cuerpo y las fuerzas superficiales o de contacto. Las fuerzas másicas actúan directamente sobre la masa volumétrica del VC, entre ellas la fuerza de la gravedad, centrífuga, coriolis, eléctrica y magnética. Las fuerzas superficiales actúan directamente sobre la superficie del VC del fluido, como son la presión ejercida sobre la superficie impuesta por el fluido exterior al VC y las fuerzas causadas por las tensiones viscosas (normales y tangenciales) actuando sobre la superficie del VC, también causado por el fluido exterior al VC por contacto directo). Este balance producirá tres ecuaciones diferenciales parciales, una para cada dirección del sistema coordenada (x,y,z). La forma general de las ecuaciones de conservación de momentum puede ser escrita en forma tensorial como:

$$\frac{\partial (\rho u_i)}{\partial t} + \frac{\partial (\rho u_i u_j)}{\partial x_j} = -\frac{\partial P}{\partial x_i} + \frac{\partial (\tau_{ji})}{\partial x_j} + F_i \text{ para cada } i = x,y,z \text{ y toda } j = x,y,z \quad (2.2)$$

El primer término de la Ec. (2.2) representa la velocidad de cambio de movimiento, el segundo término es el incremento de movimiento por convección, el tercer término representa las fuerzas de presión que actúan sobre el volumen de control, el cuarto término es la ganancia de movimiento por transporte viscoso y el último término representa la fuerza de gravedad, centrifuga etc., que actúa sobre el elemento de volumen de control.

A finales del siglo XVII, Isaac Newton demostró que en ciertos fluidos como el aire, las tensiones viscosas son proporcionales a los gradientes de velocidad, estos son conocidos como fluidos Newtonianos. La relación entre el tensor de los esfuerzos viscosos (τ_{ij}) y los gradientes de velocidad es conocida como la ley de viscosidad de Newton, la cual se expresa en forma tensorial:

$$\tau_{ji} = \mu\left(\frac{\partial u_i}{\partial x_j} + \frac{\partial u_j}{\partial x_i}\right) + \zeta \frac{\partial u_k}{\partial x_k}\delta_{ij} \qquad \delta_{ij} = \left\{\begin{array}{ccc} 1 & si & i=j \\ 0 & si & i \neq j \end{array}\right. \qquad (2.3)$$

El primer término indica las tensiones tangenciales originadas por los gradientes de velocidad de acuerdo al primer coeficiente de viscosidad μ (relaciona los esfuerzos a las deformaciones lineales), el segundo término, únicamente afecta a los esfuerzos normales con el segundo coeficiente de viscosidad ζ (relaciona los esfuerzos a las deformaciones volumétricas), el cual se define como:

$$\zeta = k - \frac{2}{3}\mu \qquad (2.4)$$

donde k es conocida como la viscosidad de expansión, la cual es la responsable de incluir esfuerzos normales en el fluido causadas por variaciones de volumen. Sin embargo, se ha demostrado que esta viscosidad es despreciable en la mayoría de las ocasiones. La viscosidad de expansión es cero para los gases monoatómicos a baja densidad y probablemente no es demasiado importante para los gases densos y los líquidos. Suponiendo $k = 0$, la Ec. (2.3) se reduce a:

$$\tau_{ji} = \mu\left(\frac{\partial u_i}{\partial x_j} + \frac{\partial u_j}{\partial x_i}\right) - \frac{2}{3}\mu \frac{\partial u_k}{\partial x_k}\delta_{ij} \qquad \delta_{ij} = \left\{\begin{array}{ccc} 1 & si & i=j \\ 0 & si & i \neq j \end{array}\right. \qquad (2.5)$$

El segundo término de la ecuación anterior (la divergencia de la velocidad), para flujos incompresibles es cero.

Sustituyendo la Ec. (2.5) en la Ec. (2.2) se obtiene la expresión en notación tensorial de cantidad de momentum para fluidos Newtonianos:

$$\frac{\partial(\rho u_i)}{\partial t} + \frac{\partial(\rho u_i u_j)}{\partial x_j} = -\frac{\partial P}{\partial x_i} + \frac{\partial}{\partial x_j}\left[\mu\left(\frac{\partial u_i}{\partial x_j} + \frac{\partial u_j}{\partial x_i}\right) - \frac{2}{3}\mu\frac{\partial u_k}{\partial x_k}\delta_{ij}\right] + F_i \qquad (2.6)$$

por lo tanto, para las tres componentes se puede escribir:

$$\frac{\partial(\rho u)}{\partial t} + \frac{\partial(\rho u \cdot u)}{\partial x} + \frac{\partial(\rho v \cdot u)}{\partial y} + \frac{\partial(\rho w \cdot u)}{\partial z} = -\frac{\partial P}{\partial x} + \frac{\partial(\tau_{xx})}{\partial x} + \frac{\partial(\tau_{yx})}{\partial y} + \frac{\partial(\tau_{zx})}{\partial z} + F_x \qquad (2.6a)$$

$$\frac{\partial(\rho v)}{\partial t} + \frac{\partial(\rho u \cdot v)}{\partial x} + \frac{\partial(\rho v \cdot v)}{\partial y} + \frac{\partial(\rho w \cdot v)}{\partial z} = -\frac{\partial P}{\partial y} + \frac{\partial(\tau_{xy})}{\partial x} + \frac{\partial(\tau_{yy})}{\partial y} + \frac{\partial(\tau_{zy})}{\partial z} + F_y \qquad (2.6b)$$

$$\frac{\partial(\rho w)}{\partial t} + + \frac{\partial(\rho u \cdot w)}{\partial x} + \frac{\partial(\rho v \cdot w)}{\partial y} + \frac{\partial(\rho w \cdot w)}{\partial z} = -\frac{\partial P}{\partial z} + \frac{\partial(\tau_{xz})}{\partial x} + \frac{\partial(\tau_{yz})}{\partial y} + \frac{\partial(\tau_{zz})}{\partial z} + F_z \qquad (2.6c)$$

A menudo es útil re-arreglar los términos de esfuerzos viscosos, por ejemplo para la ecuación de momentum-x:

$$\frac{\partial(\tau_{xx})}{\partial x} + \frac{\partial(\tau_{yx})}{\partial y} + \frac{\partial(\tau_{zx})}{\partial z} = \frac{\partial\left(\mu\left(\frac{\partial u}{\partial x} + \frac{\partial u}{\partial x}\right) - \frac{2}{3}\mu\left(\frac{\partial u}{\partial x} + \frac{\partial v}{\partial y} + \frac{\partial w}{\partial z}\right)\right)}{\partial x} + \frac{\partial\left(\mu\left(\frac{\partial u}{\partial y} + \frac{\partial v}{\partial x}\right)\right)}{\partial y} + \frac{\partial\left(\mu\left(\frac{\partial u}{\partial z} + \frac{\partial w}{\partial x}\right)\right)}{\partial z}$$

$$= \frac{\partial}{\partial x}\left(\mu\frac{\partial u}{\partial x}\right) + \frac{\partial}{\partial y}\left(\mu\frac{\partial u}{\partial y}\right) + \frac{\partial}{\partial z}\left(\mu\frac{\partial u}{\partial z}\right) + \left[\frac{\partial}{\partial x}\left(\mu\frac{\partial u}{\partial x}\right) + \frac{\partial}{\partial y}\left(\mu\frac{\partial v}{\partial x}\right) + \frac{\partial}{\partial z}\left(\mu\frac{\partial w}{\partial x}\right)\right] + \frac{\partial}{\partial x}\left(-\frac{2}{3}\mu\left(\frac{\partial u}{\partial x} + \frac{\partial v}{\partial y} + \frac{\partial w}{\partial z}\right)\right)$$

$$= \frac{\partial}{\partial x_j}\left[\mu\left(\frac{\partial u}{\partial x_j}\right)\right] + \frac{\partial}{\partial x_j}\left[\mu\left(\frac{\partial u_j}{\partial x}\right)\right] + \frac{\partial}{\partial x}\left(-\frac{2}{3}\mu\frac{\partial u_k}{\partial x_k}\delta_{ij}\right) \qquad (2.7)$$

Un arreglo similar se puede hacer para las ecuaciones de momentum en dirección "y" y "z". Con esta simplificación en los términos de esfuerzos viscosos, la expresión en notación tensorial de cantidad de momentum para fluidos Newtonianos puede ser escrita:

$$\frac{\partial(\rho u_i)}{\partial t} + \frac{\partial(\rho u_i u_j)}{\partial x_j} = -\frac{\partial P}{\partial x_i} + \frac{\partial}{\partial x_j}\left[\mu\left(\frac{\partial u_i}{\partial x_j}\right)\right] + F_i + s_i \qquad (2.8)$$

Donde:

$$s_i = \frac{\partial}{\partial x_j}\left[\mu\left(\frac{\partial u_j}{\partial x_i}\right)\right] + \frac{\partial}{\partial x_i}\left(-\frac{2}{3}\mu\frac{\partial u_k}{\partial x_k}\delta_{ij}\right) \qquad (2.9)$$

Históricamente, las tres ecuaciones anteriores para representar la cantidad de momentum para flujos viscosos han sido consideradas como las ecuaciones de Navier-Stokes. No obstante en la literatura moderna de CFD se refieren a las ecuaciones de Navier-Stokes como el sistema de ecuaciones para flujos viscosos, continuidad, cantidad de momentum y energía.

2.2.3 Ecuación de energía

La ecuación de energía es derivada de la primera ley de la termodinámica, la cual establece que la cantidad de cambio de energía de una partícula es igual a la cantidad de calor adicionado al elemento más la cantidad de trabajo realizado sobre la partícula.

En otras palabras, se expresa que el flujo neto de salida de energía, la interna más la energía cinética (flujo másico multiplicado por la energía por unidad de masa), más el incremento temporal de la energía interna más la energía cinética al interior del VC (variación en el tiempo de la energía del VC), debe ser igual al trabajo realizado sobre el VC, tanto por fuerzas volumétricas como superficiales (el conjunto de las fuerzas másicas son englobadas en una fuerza por unidad de tiempo calculada como el producto de la fuerza por la velocidad en la dirección de la fuerza). Las fuerzas superficiales, al igual que en la ecuación de cantidad de momentum, son las fuerzas viscosas y la presión, más el flujo neto de calor entrante al VC (transferencia de calor a través de las caras del VC debido a los gradientes de temperatura), más la energía neta aportada o retirada al VC (este término es debido a la absorción o emisión de calor y es representado como s_E). La energía del fluido se define como la suma de la energía interna (e_{int}), la energía cinética ($e_{cin} = \frac{1}{2}(u^2 + v^2 + w^2)$) y la energía potencial gravitacional. La energía potencial será incluida en la fuerza gravitacional como una fuerza de cuerpo. Entonces, la ecuación para la energía específica ($E = e_{int} + e_{cin}$) del fluido se puede escribir como:

$$\frac{\partial(\rho E)}{\partial t} + \frac{\partial(\rho E u_j)}{\partial x_j} = -\frac{\partial(P u_j)}{\partial x_j} + \frac{\partial}{\partial x_j}\left[\tau_{jx} u\right] + \frac{\partial}{\partial x_j}\left[\tau_{jy} v\right] + \frac{\partial}{\partial x_j}\left[\tau_{jz} w\right] +$$

$$\frac{\partial}{\partial x_j}\left(\lambda \frac{\partial T}{\partial x_j}\right) + s_E + \sum_{i=1}^{3} F_i u_i \tag{2.10}$$

Por conveniencia, aunque la Ec. (2.10) es la ecuación de energía de un fluido, es útil extraer los cambios de energía cinética (mecánica) para obtener una ecuación de la energía interna (e_{int}) o temperatura (T) (ecuación de conservación de energía térmica). La parte de la ecuación de energía (2.10) atribuible a la energía cinética se obtiene al multiplicar la ecuación de momentum-x (2.6a) por la componente de velocidad u, la ecuación de momentum-y (2.6b) por la componente de velocidad v, la ecuación de momentum-z (2.6c) por la componente de velocidad w y sumar los resultados de las tres ecuaciones resultantes, el cual está dado como (ecuación de conservación de energía mecánica):

$$\frac{\partial(\rho e_{cin})}{\partial t} + \frac{\partial(\rho e_{cin} u_j)}{\partial x_j} = -u_j\frac{\partial(P)}{\partial x_j} + u\frac{\partial(\tau_{jx})}{\partial x_j} + v\frac{\partial(\tau_{jy})}{\partial x_j} + w\frac{\partial(\tau_{jz})}{\partial x_j} + \sum_{i=1}^{3} F_i u_i \tag{2.11}$$

De acuerdo a la definición de la energía específica ($E = e_{int} + e_{cin}$), restando la Ec. (2.11) de la Ec. (2.10) se obtiene la ecuación de conservación de energía térmica o interna (e_{int}):

$$\frac{\partial(\rho e_{int})}{\partial t} + \frac{\partial(\rho e_{int} u_j)}{\partial x_j} = -P\frac{\partial(u_j)}{\partial x_j} + \tau_{jx}\frac{\partial(u)}{\partial x_j} + \tau_{jy}\frac{\partial(v)}{\partial x_j} + \tau_{jz}\frac{\partial(w)}{\partial x_j} + \frac{\partial}{\partial x_j}\left(\lambda \frac{\partial T}{\partial x_j}\right) + s_E \tag{2.12}$$

Todos los efectos debido a efectos viscosos en la ecuación de energía interna son compactados en la función de disipación (Φ) como:

$$\Phi = \tau_{jx}\frac{\partial(u)}{\partial x_j} + \tau_{jy}\frac{\partial(v)}{\partial x_j} + \tau_{jz}\frac{\partial(w)}{\partial x_j} \tag{2.13}$$

Para el caso especial de un flujo incompresible, la energía interna se puede escribir como:

$$e_{int} = C_p T \tag{2.14}$$

donde C_p es el calor específico del fluido a presión constante.

Si se sustituyen las Ecs. (2.13) y (2.14) en la Ec. (2.12) se obtiene la ecuación de conservación de energía térmica en términos de la temperatura:

$$\frac{\partial(\rho C_p T)}{\partial t} + \frac{\partial(\rho C_p T u_j)}{\partial x_j} = \frac{\partial}{\partial x_j}\left(\lambda\frac{\partial T}{\partial x_j}\right) + \Phi + s_E \tag{2.15}$$

2.2.4 Ecuación de conservación de concentración de especies químicas

Para aplicar este principio a un volumen de control, considere que ρ_k es la densidad de la especie k contenida en una mezcla de fluido de densidad ρ. Similarmente, sea $N_{j,k}$ el flux de masa total (kg/m^2-s) de la especie k en la dirección j. Entonces, al aplicar el principio de conservación de masa para la especie k de una mezcla contenida en un VC, se obtiene (Date, 2008):

$$\frac{\partial(\rho_k)}{\partial t} + \frac{\partial(N_{j,k})}{\partial x_j} = s_k \tag{2.16}$$

Donde, el flux de masa total, $N_{j,k}$, es la suma del flux convectivo ($\rho_k u_j$) debido al movimiento del fluido y del flux de difusión ($J_{j,k}$). El término s_k

representa la cantidad de generación de la especie química k. Entonces, la Ec. (2.16) para la especie k se puede expresar de la siguiente forma,

$$\frac{\partial(\rho_k)}{\partial t} + \frac{\partial(\rho_k u_j)}{\partial x_j} + \frac{\partial(J_{j,k})}{\partial x_j} = s_k \tag{2.17}$$

El flux difusivo de masa es determinado de la Ley de Fick (Hines y Maddox, 1985) como:

$$J_{j,k} = -D\frac{\partial \rho_k}{\partial x_j} \tag{2.18}$$

El coeficiente D es la difusividad de masa o coeficiente de difusión en unidades $m^2 \cdot s^{-1}$. Para una mezcla binaria de dos fluidos 1 y 2, este coeficiente es definido como D_{12}. Al sustituir la ley de Fick en la Ec. (2.17) se obtiene,

$$\frac{\partial(\rho_k)}{\partial t} + \frac{\partial(\rho_k u_j)}{\partial x_j} = \frac{\partial}{\partial x_j}\left(D\frac{\partial \rho_k}{\partial x_j}\right) + s_k \tag{2.19}$$

En la práctica es común referirse a la especie k vía su fracción de masa o concentración C_k, la cual se define como,

$$C_k = \frac{\rho_k}{\rho} \tag{2.20}$$

Donde se debe cumplir que $\sum\limits_{todas\ las\ especies} C_k = 1$. Usando la ecuación anterior, la ecuación de conservación de concentración de especies químicas es,

$$\frac{\partial(\rho C_k)}{\partial t} + \frac{\partial(\rho u_j C_k)}{\partial x_j} = \frac{\partial}{\partial x_j}\left(\rho D\frac{\partial C_k}{\partial x_j}\right) + s_k \tag{2.21}$$

2.3 Ecuaciones de conservación simplificadas

Las ecuaciones de conservación previas pueden simplificarse si se consideran las siguientes hipótesis.

1. _Flujo Incompresible_: La condición de incompresibilidad no implica necesariamente que la densidad sea constante; lo que define es que la densidad pase a ser solo una función de la temperatura o la concentración de especie química, ya que para un flujo compresible la variación de la densidad depende de la presión, la temperatura y la concentración. En casos de líquidos esta hipótesis tiene un intervalo de aplicación mucho más amplio que para los gases, pero para el aire con variaciones a baja presión es aceptable. Esta consideración simplifica la ecuación de conservación de masa, pasando a ser una ecuación de velocidades que se utiliza para la determinación indirecta de la presión.

2. _Aproximación de Boussinesq_: En convección natural la fuerza motora básica es el campo de temperaturas para problemas de transferencia de calor así como la distribución de concentración de especie química lo es para el caso de problemas de transferencia de masa. En el caso de problemas de transferencia de calor, la variación de temperaturas ocasiona una variación de densidades que en presencia del campo gravitacional origina un movimiento de las partículas del fluido, es decir, un flujo. También, la variación de la densidad es un análisis estrictamente obligatorio al tratar las ecuaciones para flujos compresibles. Pero es posible hacer una serie de simplificaciones. Sin embargo, en convección natural la variación de la densidad con la temperatura tiene una importancia crítica y es conveniente modificar la ecuación de movimiento para tener en cuenta automáticamente los efectos de flotación. Si se divide la presión local en tres términos:

$$P = P_{ref} + \int_{h_{ref}}^{h} \rho_\infty \, g \, dz + P_d \tag{2.22}$$

donde:

P_{ref} $= presión\ de\ referencia$

$\int_{h_{ref}}^{h} \rho_\infty\, g\, dz$ $= presión\ estática$

P_d $= presión\ dinámica$

ρ_∞ $= densidad\ de\ referencia\ a\ la\ temperatura\ de\ referencia,\ T_\infty$

h_{ref} $= altura\ de\ referencia$

Si se sustituye la Ec. (2.22) en el término del gradiente de presión local de la ecuación de momentum (2.6), la ecuación resultante de momentum sería similar a la Ec. (2.6) con la excepción de que el gradiente de presión será para la presión dinámica y tendrá un término adicional, $\rho_\infty g$, que representa la presión estática. La diferencia entre este término y la fuerza gravitacional, $(\rho_\infty - \rho)g$, es la que origina la aparición del flujo. Por otro lado, para relacionar las densidades con la temperatura y la presión, la hipótesis de Boussinesq considera despreciable la variación de la densidad con la presión, entonces, por una serie de Taylor se puede expresar:

$$\rho_\infty = \rho + \left(\frac{\partial \rho}{\partial T}\right)(T_\infty - T) + \frac{1}{2!}\left(\frac{\partial^2 \rho}{\partial T^2}\right)(T_\infty - T)^2 + \cdots \qquad (2.23)$$

Donde se define el coeficiente de expansión térmica como:

$$\beta = -\frac{1}{\rho}\left(\frac{\partial \rho}{\partial T}\right) \qquad (2.24)$$

Despreciando los términos de segundo orden en la serie de Taylor y sustituyendo la expresión anterior se tiene:

$$(\rho_\infty - \rho) = \beta\,(T - T_\infty) \qquad (2.25)$$

Entonces, la hipótesis de Boussinesq considera que la densidad es constante en la ecuación de cantidad de momentum, tomando solo en cuenta la variación de la densidad en el término llamado fuerza de cuerpo, sustituyendo la fuerza gravitacional, ρg, por el término $\rho g \beta$ $(T - T_\infty)$ en la dirección correspondiente y la presión local por la presión dinámica (las ecuaciones pueden mirarse como las correspondientes a un flujo incompresible).

La hipótesis de Boussinesq será válida siempre que la variación de la densidad con la presión sea despreciable y que las diferencias de la densidad y temperaturas sean pequeñas. Gray et. al. (1976) determinó el intervalo de aplicación de la aproximación de Boussinesq. El método desarrollado por Gray et. al., fue aplicado para encontrar la temperatura de un fluido Newtoniano líquido (agua) o gas (aire) en una habitación. Gray et al. concluyeron que la aproximación de Boussinesq es válida cuando se utiliza el agua como fluido de trabajo hasta un $Ra = 10^{19}$ y cuando se usa el aire hasta un máximo del número de Rayleigh de 10^{17}.

Análogamente, es el caso en problemas de transferencia de masa por convección natural. La aproximación de Boussinesq para estos problemas se expresa como $(\rho_\infty - \rho) = \rho \beta c (C - C_\infty)$, donde βc el coeficiente de expansión de concentración.

3. *Disipación viscosa despreciable*: Este término es representado por Φ en la ecuación de energía. La variación de la temperatura o energía interna que se produce debido a este término (fuerzas viscosas) solo puede apreciarse en sistemas con altas velocidades de flujo, en los que los gradientes de velocidad son grandes, como por ejemplo, el efecto aerodinámico del aire que ocurre en los vuelos a elevadas velocidades. Por lo tanto, en la modelación de las ecuaciones gobernantes con velocidades bajas del fluido, la disipación viscosa puede ser despreciable.

4. *Fluido radiativamente no-participante*: Se considera que el fluido no emite, no absorbe ni dispersa la radiación térmica ($s_E = 0$), es decir, es un medio transparente a la radiación. En la realidad únicamente el vacío se comporta de esta manera, pero se puede considerar esta hipótesis como una aproximación en un fluido a temperaturas bajas o moderadas con bajo contenido de humedad en el caso del aire.

5. *Mezcla homogénea*: Se considera que la mezcla total de un fluido compuesto por dos especies químicas o más, se lleva a

cabo de manera homogénea y por lo tanto, no existe generación o reacción química por alguna de las componentes de la mezcla total ($s_k = 0$).

Si se aplican las cinco consideraciones anteriores a las Ecs. (2.1), (2.6), (2.12) y (2.21), se obtiene la versión reducida de las ecuaciones de conservación para la masa, el momentum, la energía y las especies químicas para un fluido con dos especies químicas como,

$$\frac{\partial u}{\partial x}+\frac{\partial v}{\partial y}+\frac{\partial w}{\partial z}=0 \tag{2.26}$$

$$\frac{\partial u}{\partial t}+u\frac{\partial u}{\partial x}+v\frac{\partial u}{\partial y}+w\frac{\partial u}{\partial z}=-\frac{1}{\rho}\frac{\partial P_d}{\partial x}+\frac{\mu}{\rho}\left[\frac{\partial^2 u}{\partial x^2}+\frac{\partial^2 u}{\partial y^2}+\frac{\partial^2 u}{\partial z^2}\right]+g_x\left(\beta(T-T_\infty)+\beta_C(C-C_\infty)\right) \tag{2.27a}$$

$$\frac{\partial v}{\partial t}+u\frac{\partial v}{\partial x}+v\frac{\partial v}{\partial y}+w\frac{\partial v}{\partial z}=-\frac{1}{\rho}\frac{\partial P_d}{\partial x}+\frac{\mu}{\rho}\left[\frac{\partial^2 v}{\partial x^2}+\frac{\partial^2 v}{\partial y^2}+\frac{\partial^2 v}{\partial z^2}\right]+g_y\left(\beta(T-T_\infty)+\beta_C(C-C_\infty)\right) \tag{2.27b}$$

$$\frac{\partial w}{\partial t}+u\frac{\partial w}{\partial x}+v\frac{\partial w}{\partial y}+w\frac{\partial w}{\partial z}=-\frac{1}{\rho}\frac{\partial P_d}{\partial x}+\frac{\mu}{\rho}\left[\frac{\partial^2 w}{\partial x^2}+\frac{\partial^2 w}{\partial y^2}+\frac{\partial^2 w}{\partial z^2}\right]+g_z\left(\beta(T-T_\infty)+\beta_C(C-C_\infty)\right) \tag{2.27c}$$

$$\frac{\partial T}{\partial t}+u\frac{\partial T}{\partial x}+v\frac{\partial T}{\partial y}+w\frac{\partial T}{\partial z}=\frac{\lambda}{\rho C_P}\left[\frac{\partial^2 T}{\partial x^2}+\frac{\partial^2 T}{\partial y^2}+\frac{\partial^2 T}{\partial z^2}\right] \tag{2.28}$$

$$\frac{\partial C}{\partial t}+u\frac{\partial C}{\partial x}+v\frac{\partial C}{\partial y}+w\frac{\partial C}{\partial z}=D\left[\frac{\partial^2 C}{\partial x^2}+\frac{\partial^2 C}{\partial y^2}+\frac{\partial^2 C}{\partial z^2}\right] \tag{2.29}$$

2.4 Forma conservativa de las ecuaciones gobernantes

Para resumir todas las ecuaciones mencionadas, en la Tabla 2.1 se presenta la forma conservativa del sistema de ecuaciones diferenciales en tres dimensiones y dependiente del tiempo, para un fluido Newtoniano y compresible. Las ecuaciones de la tabla forman el conjunto de ecuaciones diferenciales parciales para la solución de flujo de fluidos, transferencia de calor y masa.

Tabla 2.1 Ecuaciones conservativas de un fluido Newtoniano compresible.

Ecuación conservativa	Modelo Matemático	Ec.
Masa	$\dfrac{\partial \rho}{\partial t} + \dfrac{\partial (\rho u_i)}{\partial x_i} = 0$	(2.1)
Momentum-x	$\dfrac{\partial (\rho u)}{\partial t} + \dfrac{\partial (\rho u_j u)}{\partial x_j} = -\dfrac{\partial P}{\partial x} + \dfrac{\partial}{\partial x_j}\left(\mu \dfrac{\partial u}{\partial x_j} \right) + F_x + s_x$	(2.8)
Momentum-y	$\dfrac{\partial (\rho v)}{\partial t} + \dfrac{\partial (\rho u_j v)}{\partial x_j} = -\dfrac{\partial P}{\partial y} + \dfrac{\partial}{\partial x_j}\left(\mu \dfrac{\partial v}{\partial x_j} \right) + F_y + s_y$	(2.8)
Momentum-z	$\dfrac{\partial (\rho w)}{\partial t} + \dfrac{\partial (\rho u_j w)}{\partial x_j} = -\dfrac{\partial P}{\partial z} + \dfrac{\partial}{\partial x_j}\left(\mu \dfrac{\partial w}{\partial x_j} \right) + F_z + s_z$	(2.8)
Energía interna	$\dfrac{\partial (\rho e_{int})}{\partial t} + \dfrac{\partial (\rho u_j e_{int})}{\partial x_j} = -P\dfrac{\partial u_j}{\partial x_j} + \dfrac{\partial}{\partial x_j}\left(\lambda \dfrac{\partial T}{\partial x_j} \right) + \Phi + s_E$	(2.12)
Especies químicas k	$\dfrac{\partial (\rho C_k)}{\partial t} + \dfrac{\partial (\rho u_j C_k)}{\partial x_j} = \dfrac{\partial}{\partial x_j}\left(\rho D \dfrac{\partial C_k}{\partial x_j} \right) + s_k$	(2.21)

Las ecuaciones mostradas en la tabla anterior forman un sistema de ecuaciones diferenciales parciales cerrado si todas las propiedades termofísicas del fluido son conocidas, de lo contrario será necesario hacer uso de relaciones de cerradura como son las ecuaciones de estado para relacionar las propiedades con las variables dependientes. En ambos casos, son necesarias las condiciones de frontera e inicial del problema en estudio.

2.5 Ecuación general conservativa de convección-difusión

Las ecuaciones diferenciales relevantes de flujo de fluidos, transferencia de calor y masa que involucran las variables dependientes de interés (presión, velocidad, temperatura y concentración de especies químicas) obedecen el principio de conservación generalizado. En otras palabras, las ecuaciones diferenciales que gobiernan los procesos físicos presentadas en las secciones anteriores, se pueden compactar en una única expresión, llamada ecuación general conservativa de convección-difusión. Entonces, para obtener la ecuación generalizada de conservación para la variable de interés ϕ, definida sobre un volumen de control diferencial de dimensiones $dx\,dy\,dz = dV$ (Figura 2.2), se aplica el principio de conservación sobre dicho VC, esto es,

$$\underbrace{\begin{pmatrix} Incremento\ de\ \phi \\ respecto\ al\ tiempo\ "t" \end{pmatrix}}_{1} = \underbrace{\begin{pmatrix} Flujo\ neto\ de\ \phi \\ que\ entra\ en\ el \\ VC\ por\ las\ \mathrm{sup}erfies \end{pmatrix}}_{2} + \underbrace{\begin{pmatrix} Generación \\ neta\ de\ \phi \end{pmatrix}}_{3} \qquad (2.30)$$

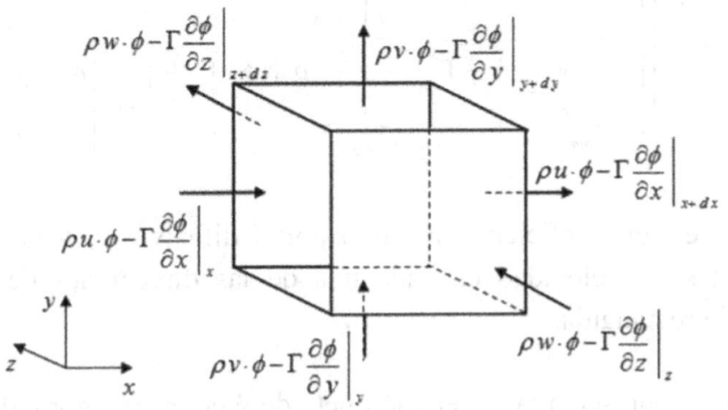

Figura 2.2 Volumen de control para la conservación convectiva-difusiva de ϕ.

Cada uno de los tres términos de la Ec. (2.30) se pueden expresar matemáticamente. Así, para el término 1, el incremento de ϕ en el VC para un incremento de tiempo es:

$$\underbrace{\begin{pmatrix} Incremento\ de\ \phi \\ respecto\ al\ tiempo\ "t" \end{pmatrix}}_{1} = \left[\left(\rho\phi\right)_{t+dt} - \left(\rho\phi\right)_{t} \right] dV \qquad (2.31)$$

Donde, ρ es la densidad del fluido.

Para el término 2, se consideran dos mecanismos fundamentales, responsables de la generación del flujo en el VC: (1) la difusión originada a nivel molecular y (2) la convección, la cual es asociada al movimiento del fluido a nivel microscópico, esto es,

$$
\underbrace{\begin{pmatrix} \textit{Flujo neto de } \phi \\ \textit{que entra en el} \\ \textit{VC por las superfies} \end{pmatrix}}_{2} = \left[\left(\rho u \cdot \phi - \Gamma \frac{\partial \phi}{\partial x} \right)_x - \left(\rho u \cdot \varphi - \Gamma \frac{\partial \phi}{\partial x} \right)_{x+dx} \right] dy\,dz\,dt +
$$

$$
\left[\left(\rho v \cdot \phi - \Gamma \frac{\partial \phi}{\partial y} \right)_y - \left(\rho v \cdot \phi - \Gamma \frac{\partial \phi}{\partial y} \right)_{y+dy} \right] dx\,dz\,dt + \quad (2.32)
$$

$$
\left[\left(\underbrace{\underbrace{\rho w}_{\textit{flujo masico-z}} \cdot \phi - \underbrace{\Gamma \frac{\partial \phi}{\partial z}}_{\textit{difusión}}}_{\textit{convección}} \right)_z - \left(\rho w \cdot \phi - \Gamma \frac{\partial \phi}{\partial z} \right)_{z+dz} \right] dx\,dy\,dt
$$

Donde, Γ es el coeficiente de transporte difusivo y u, v, w son las componentes de velocidad en cada una de las direcciones del sistema coordenado rectangular.

El término 3 representa la generación neta de ϕ en el VC, normalmente se le denomina término fuente.

$$
\underbrace{\begin{pmatrix} \textit{Generación} \\ \textit{neta de } \phi \end{pmatrix}}_{3} = S\,dV\,dt \qquad (2.33)
$$

Donde, S representa la generación de la variable por unidad de volumen.

Al sustituir las Ecs. (2.31)-(2.33) en la Ec. (2.30) y dividir la ecuación resultante por $dV\,dt$, se llega a,

$$\frac{(\rho\phi)_{t+dt}-(\rho\phi)_{t}}{dt}=\frac{\left(\rho u\cdot\phi-\Gamma\frac{\partial\phi}{\partial x}\right)_{x}-\left(\rho u\cdot\phi-\Gamma\frac{\partial\phi}{\partial x}\right)_{x+dx}}{dx}+$$

$$\frac{\left(\rho v\cdot\phi-\Gamma\frac{\partial\phi}{\partial y}\right)_{y}-\left(\rho v\cdot\phi-\Gamma\frac{\partial\phi}{\partial y}\right)_{y+dy}}{dy}+ \qquad (2.34)$$

$$\frac{\left(\rho w\cdot\phi-\Gamma\frac{\partial\phi}{\partial z}\right)_{z}-\left(\rho w\cdot\phi-\Gamma\frac{\partial\phi}{\partial z}\right)_{z+dz}}{dz}+S$$

Tomando los límites cuando $dx,dy,dz,dt\to0$, se obtiene en forma diferencial la ecuación generalizada de conservación (ecuación general conservativa de convección-difusión) para la variable ϕ, esto es,

$$\frac{\partial(\rho\phi)}{\partial t}+\frac{\partial(\rho u\cdot\phi)}{\partial x}+\frac{\partial(\rho v\cdot\phi)}{\partial y}+\frac{\partial(\rho w\cdot\phi)}{\partial z}=\frac{\partial}{\partial x}\left(\Gamma\frac{\partial\phi}{\partial x}\right)+\frac{\partial}{\partial y}\left(\Gamma\frac{\partial\phi}{\partial y}\right)+\frac{\partial}{\partial z}\left(\Gamma\frac{\partial\phi}{\partial z}\right)+S \quad (2.35)$$

O también en forma indícial:

$$\underbrace{\frac{\partial(\rho\phi)}{\partial t}}_{temporal}+\underbrace{\frac{\partial(\rho u_{j}\phi)}{\partial x_{j}}}_{convectivo}=\underbrace{\frac{\partial}{\partial x_{j}}\left(\Gamma\frac{\partial\phi}{\partial x_{j}}\right)}_{difusivo}+\underbrace{S}_{fuente} \qquad (2.36)$$

La Ec. (2.36) se compone de cuatro términos. El primer término representa la acumulación o disminución de la variable ϕ en el VC respecto al tiempo (término transitorio); el segundo término representa el flujo neto de ϕ en el VC a causa del transporte de ϕ de un punto a otro del dominio por medio de la velocidad del flujo (término convectivo); el tercer término representa el flujo neto de ϕ en el VC debido a las corrientes difusivas que ocurren a nivel molecular (término difusivo) y el último término es la generación o destrucción en el interior del volumen de control de la variable ϕ (término fuente). En este último término se engloban aquellos términos que no pueden ser agrupados en los términos transitorios, convectivos y difusivos.

Las ecuaciones de conservación de masa, momentum, energía y concentración de especies químicas presentadas en la Tabla 2.1, se pueden expresar en términos generales de ϕ, Γ y S. La Tabla 2.2 muestra las equivalencias de los términos, respecto a la ecuación generalizada. Entonces, la tarea en resolver numéricamente las ecuaciones diferenciales de flujo de fluidos, transferencia de calor y concentración de especies, es aprender a resolver la ecuación general conservativa de convección-difusión. La forma de resolver esta ecuación, se presentará de forma gradual en el transcurso de los Capítulos 3 y 4.

Tabla 2.2 Equivalencias de la formulación general de convección-difusión.

Ecuación conservativa	ϕ	Γ	S	Ec.
Masa	1	0	0	(2.1)
Momentum-x	u	μ	$-\dfrac{\partial P}{\partial x} + F_x + s_x$	(2.8)
Momentum-y	v	μ	$-\dfrac{\partial P}{\partial y} + F_y + s_y$	(2.8)
Momentum-z	w	μ	$-\dfrac{\partial P}{\partial z} + F_z + s_z$	(2.8)
Energía interna	e_{int}	λ	$-P\dfrac{\partial u_j}{\partial x_j} + \Phi + s_E$	(2.12)
Especie químicas k	C_k	ρD	s_k	(2.21)

2.6 Condición inicial y de frontera

Los problemas de dinámica de fluidos, transferencia de calor y masa computacional son definidos en términos de las condiciones de frontera y la condición inicial; de lo contrario la ecuación diferencial correspondiente tendrá numerosas soluciones. En el desarrollo y uso de CFD es importante especificar correctamente estas condiciones porque el resultado de la variable de interés depende fuertemente de la información matemática establecida en la frontera.

En general, los problemas que se abarcan en este libro se conocen como problemas de valor de frontera; y son aquellos en los cuales se fijan condiciones en los límites o contornos del dominio físico. Estas condiciones establecidas se conocen como condiciones de frontera o de contorno. Normalmente, en problemas de fluidos y fenómenos relacionados, las condiciones de frontera más comunes son: (1) condición de Dirichlet o de primera clase, (2) condición de Von Neumann o de segunda clase y (3) condición de Robin o de tercera clase.

2.6.1 Condición de frontera de primera clase (Dirichlet)

Este tipo de condición de frontera es la más comúnmente encontrada en CFD. En la construcción de la malla numérica del dominio físico, se agrupan nodos alrededor de la frontera física, como se ilustra en la Figura 2.3. Este tipo de condición fija un valor de la variable ϕ en los nodos frontera. El valor de la variable en la frontera puede ser una función del espacio y/o tiempo, o simplemente un valor constante. Por ejemplo, en la figura se muestra que el valor de la variable ϕ en la frontera vertical es igual a ϕ_A y en la frontera horizontal es una función del espacio de la forma $x^2 \phi_B$.

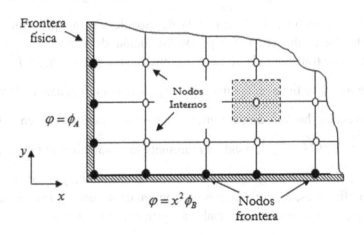

Figura 2.3 Condición de frontera de Dirichlet.

2.6.2 Condición de frontera de segunda clase (Von Neumann)

Esta es una condición muy utilizada para definir las fronteras de muchos fenómenos. Consiste en imponer en las fronteras, el gradiente de la variable ϕ en dirección normal a la frontera igual a una función del espacio y/o tiempo; también es posible, simplemente tener el gradiente igual a un valor constante ($\frac{\partial \phi}{\partial n} = A$, donde n representa la dirección normal a la frontera y A es un valor constante conocido). En cualquiera de las situaciones, el gradiente es conocido. El caso particular en transferencia de calor, es cuando el gradiente es igual a cero y es conocida como una condición adiabática, también, en flujo de fluidos en múltiples problemas es usada como condición de simetría.

2.6.3 Condición de frontera de tercera clase (Robin)

Este tipo de condición de frontera es una combinación de las condiciones de frontera de primera y segunda clase. Esta condición establece que en la frontera analizada se encuentra gobernada por una ecuación diferencial de primer orden del tipo $a \cdot \frac{\partial \phi}{\partial n} + b \cdot \phi = f$, donde a y b son constantes diferentes y f es un función conocida de espacio y/o tiempo o un valor constante. Generalmente este tipo de condición de frontera se usa en fenómenos de transferencia de calor. Entonces, si $a = \lambda$, $b = h$, $f = ht_{ext}$ y la variable $\phi = T$, se tiene en las fronteras una disipación o ganancia de calor por convección hacia o desde el medio ambiente exterior al sistema. Esto es, $\lambda \cdot \frac{\partial T}{\partial n} = -h\left(T - T_{ext}\right)$, donde a representa la conductividad térmica y b es el coeficiente convectivo de transferencia de calor. Si a y b son tratados como coeficientes, las condiciones de frontera de segunda y primera clase son obtenibles como casos especiales al agrupar $a = 0$ o $b = 0$.

2.6.4 Condición inicial

En problemas dependientes del tiempo; los valores de la variable (ϕ) al tiempo cero ($t=0$) necesitan ser especificados en todos los puntos del dominio físico. Este hecho, es lo que se llama condición inicial de la variable y el tiempo cero se refiere al tiempo previo en que el sistema físico de estudio deje su estado de equilibrio (por ejemplo; en transferencia de calor es el instante antes de que el sistema inicie su evolución hacia un nuevo estado de equilibrio en el tiempo). La condición inicial de la variable puede ser una función del espacio.

2.7 Resumen

Las ecuaciones gobernantes de masa, momentum, energía y especies químicas fueron presentadas en forma conservativa para un fluido Newtoniano y compresible (Tabla 2.1). Se demostró que todas las ecuaciones diferenciales de la Tabla 2.1, las cuales obedecen el principio de conservación, se pueden compactar en una única expresión, llamada ecuación general conservativa de convección-difusión, dada por la Ec. (2.36):

$$\underbrace{\frac{\partial(\rho\phi)}{\partial t}}_{temporal} + \underbrace{\frac{\partial(\rho u_j \phi)}{\partial x_j}}_{convectivo} = \underbrace{\frac{\partial}{\partial x_j}\left(\Gamma\frac{\partial\phi}{\partial x_j}\right)}_{difusivo} + \underbrace{S}_{fuente} \tag{2.36}$$

Las ecuaciones de conservación de masa, momentum, energía y concentración de especies químicas se pueden expresar en términos generales de ϕ, Γ y S. Los resultados de las equivalencias de los términos se presentaron en la Tabla 2.2.

Tabla 2.2 Equivalencias de la formulación general de convección-difusión.

Ecuación conservativa	ϕ	Γ	S	Ec.
Masa	1	0	0	(2.1)
Momentum-x	u	μ	$-\dfrac{\partial P}{\partial x}+F_x+s_x$	(2.8)
Momentum-y	v	μ	$-\dfrac{\partial P}{\partial y}+F_y+s_y$	(2.8)
Momentum-z	w	μ	$-\dfrac{\partial P}{\partial z}+F_z+s_z$	(2.8)
Energía interna	e_{int}	λ	$-P\dfrac{\partial u_j}{\partial x_j}+\Phi+s_E$	(2.12)
Especie químicas k	C_k	ρD	s_k	(2.21)

2.8 Ejercicios

2.1.- Desarrolle la ecuación de conservación de masa para un flujo en estado transitorio en dos dimensiones.

2.2.- Escriba las ecuaciones de conservación de momentum en estado permanente bidimensional.

2.3.- Primero, desarrolle las ecuaciones de conservación de momentum si $S=0$. Posteriormente, reduzca las ecuaciones para un flujo incompresible.

2.4.- Con base al resultado del problema 2.2, derive las expresiones para: ϕ, Γ y S, si el término $\beta_c(C-C_\infty)$ es cero.

2.5.- Obtenga la ecuación de conducción de calor transitorio en tres dimensiones.

2.6.- Derive las expresiones para ϕ, Γ y S del problema 2.5.

2.7.- Si C_p es constante, obtenga la ecuación de conducción de calor en estado permanente.

2.8.- Si C_p es constante, obtenga la ecuación de conducción de calor en estado transitorio unidimensional.

CAPÍTULO 3

Método de Volumen Finito para Problemas de Difusión

3.1 Concepto de discretización

Los modelos matemáticos descritos en el Capítulo 2 (ecuaciones generales de flujo de fluidos, transferencia de calor y masa) son usados comúnmente para representar el comportamiento de los fenómenos encontrados en la naturaleza. Sin embargo, el beneficio de estos modelos está limitado a la forma de su solución. Generalmente, el fenómeno de interés ha sido representado por una ecuación general para la variable ϕ. Por lo que ahora, la tarea principal es desarrollar un medio para resolver la ecuación. En este caso, se ha optado por una técnica numérica por razones expuestas en el Capítulo 1. Para facilitar el entendimiento del procedimiento de una solución numérica, considérese en primera instancia que la variable ϕ es una función sólo de una variable independiente x, sin embargo, la filosofía a desarrollar puede ser extendida fácilmente a situaciones de dos o más variables independientes (problemas de dos y tres dimensiones). Una solución numérica de una ecuación diferencial consiste en una serie de números a partir de los cuales puede construirse la distribución de la variable dependiente ϕ. Un ejemplo típico es cuando se decide representar la variación de ϕ mediante un polinomio en función de x: $\phi(x) = a_0 + a_1 x + a_2 x^3 + ... + a_m x^m$, y se emplea un método numérico para encontrar los números finitos de los coeficientes de $a_1, a_2, a_3, ... a_m$. Así, es posible representar el valor de $\phi(x)$ para cada posición de x considerando los valores de los coeficientes a's. La mayoría de veces estos coeficientes tienen una representación física en el comportamiento de la variable ϕ. Sin embargo, este procedimiento es a veces inconveniente si nuestro principal interés es obtener los valores de ϕ. Mientras que los valores de los coeficientes $a's$ por si mismos carecen de significado particular, debe realizarse la operación de sustitución para obtener los valores de ϕ. Entonces, se requiere construir un método que utilice los valores de ϕ en un número de puntos dados como las incógnitas primarias (Patankar, 1980). Así, un método numérico trata con los valores desconocidos de la variable dependiente en un número finito de posiciones (los cuales son llamados puntos o nodos de la malla, o nodos computacionales, o puntos discretos) en el dominio de cálculo (Figura 3.1). El método incluye la tarea de proporcionar una ecuación algebraica para cada punto de la malla, generando de esta manera, un sistema de ecuaciones algebraicas con N número de incógnitas. Finalmente, se implementa un algoritmo para resolver este sistema de ecuaciones algebraicas, y con ello se obtienen los valores de la variable para cada nodo de la malla, es decir, se obtiene el perfil de $\phi(x)$. De esta manera, las ecuaciones algebraicas involucradas con los valores desconocidos de ϕ en los puntos de la malla, los cuales son conocidas como ecuaciones discretizadas, son derivadas directamente de la ecuación diferencial gobernante de ϕ.

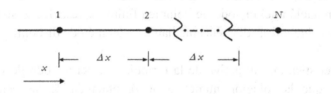

Figura 3.1 Representación de N puntos o nodos de una malla.

De lo anterior, surge el concepto de discretización, el cual relaciona los valores en dos o más puntos de la malla, donde se reemplaza la información del continuo contenida en la solución exacta de la ecuación diferencial con valores discretos. En otras palabras, se reemplazan los términos diferenciales contenidos en el modelo matemático por expresiones algebraicas.

3.2 Formulación del MVF

La idea básica de la formulación de la técnica de volumen finito o de control es fácil de entender y se presta a sí misma para una interpretación física directa. Primero, el dominio del sistema bajo estudio (modelo físico) es dividido en un número de volúmenes de control sin traslape, de tal manera que a cada volumen pueda asignarse un punto de la malla; o viceversa, sobre el dominio de cálculo se colocan los puntos de la malla y posteriormente se encierra a cada punto con un volumen de control. Así, es común subdividir el dominio físico en un número de subdominios o elementos. De esta forma el volumen total del dominio físico o sistema resulta ser igual a la suma de los volúmenes de control considerados. Segundo, la ecuación diferencial a resolver se integra sobre cada volumen de control y como resultado de la integración, se obtiene una versión discretizada de dicha ecuación. Para realizar la integración se requiere especificar perfiles de variación de la variable dependiente ϕ entre los puntos de la malla. Así, la ecuación discreta obtenida para cada volumen de control involucra los valores de ϕ para un grupo de puntos de la malla adyacente al VC. La ecuación discretizada obtenida, expresa el principio de conservación para la propiedad ϕ para un volumen de control finito, justo como la ecuación diferencial expresa esto para un volumen de control infinitesimal. Finalmente, como tercer y último paso en la formulación del método de volumen finito, se resuelve el sistema de ecuaciones algebraicas discretas mediante algún método disponible.

La característica más atractiva de la formulación del método de volumen finito, es que la solución numérica de ϕ, obtenida de las ecuaciones discretizadas, satisface en forma exacta las ecuaciones de conservación correspondientes (tales como la masa, el momentum, la energía, etc.) sobre cualquier grupo de volúmenes de control y por supuesto sobre el dominio global de cálculo.

En las diferentes etapas de la formulación del MVF, la parte primordial del MVF es la integración de la ecuación gobernante (Ec. 2.36). Si esta ecuación es integrada sobre un volumen de control (VC) tridimensional (Figura 3.2) se obtiene:

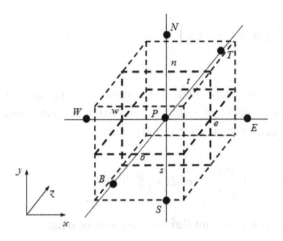

Figura 3.2 Representación del VC finito para tres dimensiones.

$$\int_V \frac{\partial(\rho\phi)}{\partial t}dV + \int_V \frac{\partial(\rho u_j \phi)}{\partial x_j}dV = \int_V \frac{\partial}{\partial x_j}\left(\Gamma \frac{\partial \phi}{\partial x_j}\right)dV + \int_V S\,dV \qquad (3.1)$$

Por conveniencia, los términos convectivos y difusivos son re-escritos como integrales de superficie sobre las fronteras (superficies) del volumen de control, para ello se usa el teorema de divergencia de Gauss, el cual se puede escribir para un vector " $\vec{a}$ " como:

$$\int_V \frac{\partial(\vec{a})}{\partial x_j}dV = \int_A \vec{a} \cdot \vec{n}\,dA \qquad (3.2)$$

La interpretación física de $\vec{a} \cdot \vec{n}$ es la componente del vector $\vec{a}$ en la dirección del vector normal $\vec{n}$ al elemento de superficie dA. Al sustituir la Ec. (3.2) en la Ec. (3.1), se obtiene:

$$\int_V \frac{\partial(\rho\phi)}{\partial t} dV + \int_A \left(\rho u_j \phi\right)_\bullet \vec{n} \, dA = \int_A \left(\Gamma \frac{\partial \phi}{\partial x_j}\right)_\bullet \vec{n} \, dA + \int_V S \, dV \tag{3.3}$$

Para problemas con dependencia temporal es necesario realizar una integración con respecto al tiempo. En particular, para casos de estado permanente, la ecuación anterior se reduce a:

$$\int_A \left(\rho u_j \phi\right)_\bullet \vec{n} \, dA = \int_A \left(\Gamma \frac{\partial \phi}{\partial x_j}\right)_\bullet \vec{n} \, dA + \int_V S \, dV \tag{3.4}$$

Si se considera un sólido o un fluido en reposo, se tiene:

$$\int_A \left(\Gamma \frac{\partial \phi}{\partial x_j}\right)_\bullet \vec{n} \, dA + \int_V S \, dV = 0 \tag{3.5}$$

Entonces, para tener una ecuación algebraica para el VC, las integrales de superficie y de volumen en las ecuaciones anteriores necesitan ser aproximadas mediante una fórmula de cuadratura.

3.2.1 Aproximación de integral de superficie

La Figura 3.2 muestra un volumen de control en tres dimensiones con la típica notación usada para el MVF, la cual será adoptada en este libro. Las superficies del VC consisten de 6 o 4 planos para los casos de tres (3-D) y dos (2-D) dimensiones, respectivamente. Las letras minúsculas del volumen de control representan la posición de su interface (e,w,n,s,t,b), en la cual se encuentran ubicados estos planos o superficies con respecto al nodo central (P).

Entonces, el flux neto a través del volumen de control en todas sus fronteras-interfaces (superficies) es la suma de todas las integrales sobre los cuatro (2-D) o seis (3-D) planos. Esto es:

$$\int_A f \ dA = \sum_K \int_{A_K} f_K \ dA_K = \int_{A_e} f_e \ dA_e + \int_{A_w} f_w \ dA_w +$$

$$\int_{A_n} f_n \ dA_n + \int_{A_s} f_s \ dA_s + \qquad \text{caso de 3-D} \qquad (3.6a)$$

$$\int_{A_t} f_t \ dA_t + \int_{A_b} f_b \ dA_b$$

$$\int_A f \ dA = \sum_K \int_{A_K} f_K \ dA_K = \int_{A_e} f_e \ dA_e + \int_{A_w} f_w \ dA_w + \int_{A_n} f_n \ dA_n + \int_{A_s} f_s \ dA_s$$

$$\text{caso de 2-D} \qquad (3.6b)$$

Donde, f es la componente del vector del flux convectivo $\left(\rho u_j \phi\right) \bullet \vec{n}$ o flux difusivo $\left(\Gamma \dfrac{\partial \phi}{\partial x_j}\right) \bullet \vec{n}$ en la dirección normal de la superficie del VC. Como el campo de velocidad y las propiedades físicas se suponen conocidos, entonces, la única incógnita es ϕ. Para mantener la conservación de la variable ϕ es importante que los volúmenes de control en un dominio físico no se traslapen en cada interface o frontera del volumen de control.

Para explicar las diferentes formas de evaluar la integral de superficie de la Ec (3.6), solo se considera una de las interfaces o fronteras del VC, la interface "e"; expresiones similares pueden ser obtenidas por usar el subíndice apropiado para la interface correspondiente. Para calcular la integral de superficie en la Ec (3.6) es necesario conocer el integrando f en cada superficie del VC. Esta información no está disponible en la interface del VC; ya que el valor de ϕ solo será calculado en el centro del volumen de control, entonces es necesario usar una aproximación.

La más simple aproximación para evaluar la integral de superficie es la (1) regla de medio punto: aquí la integral es aproximada como un producto del integrando en el centro de la interface (aproximación de valor medio sobre la superficie) con el área de la interface o frontera del VC. Esto es:

$$\int_{A_e} f_e \ dA_e = \overline{f_e} \ A_e \approx f_e \ A_e \qquad (3.7)$$

Esta aproximación para la integral es de segundo orden de exactitud y requiere que el valor de f sea conocido en la interface "e". Ya que el valor de f no está disponible en el centro de la interface del VC, entonces f_e tiene que ser interpolado. En la integral de superficie, para mantener el mismo orden de exactitud de la regla de medio punto, se requiere que la interpolación usada para f_e sea al menos de segundo orden de exactitud.

Otra aproximación para la integral de superficie por ejemplo para un VC en dos dimensiones es la *(2)* regla del trapecio, la cual se escribe como:

$$\int_{A_e} f_e \, dA_e \approx \left(f_{ne} + f_{se} \right) \frac{A_e}{2} \tag{3.8}$$

En este caso se necesita evaluar el flux en la esquina del VC. Para una aproximación de alto orden en la integral de superficie, el flux debe ser evaluado en más de dos posiciones.

Una tercera aproximación, la cual es una aproximación de cuarto orden es la *(3)* regla de Simpson, la cual estima la integral de superficie como:

$$\int_{A_e} f_e \, dA_e \approx \left(f_{ne} + 4f_e + f_{se} \right) \frac{A_e}{6} \tag{3.9}$$

En este caso, el valor f se requiere en tres posiciones: en el centro de la interface "e" del VC y en sus dos esquinas "ne" y "se". Los valores de f en estas posiciones tienen que ser interpolados.

La Figura 3.3 muestra las posiciones donde es requerido el valor f para los tres tipos de aproximaciones descritos en un VC en dos dimensiones.

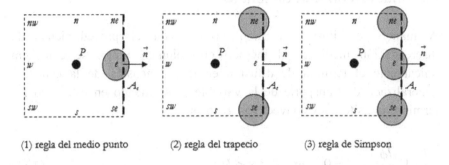

(1) regla del medio punto   (2) regla del trapecio   (3) regla de Simpson

Figura 3.3 Representación del flux en la interface para la aproximación de la integral de superficie.

3.2.2 Aproximación de integral de volumen

Los términos transitorios y fuente en la Ec. (3.3) requieren una integral de volumen sobre el volumen de control. Una aproximación de segundo orden, la cual es la más simple aproximación para la integral de volumen es el producto del valor medio del integrando con el volumen del VC, esto es, por ejemplo para el término fuente:

$$\int_{V} S\, dV = \overline{S}\, V \tag{3.10}$$

Donde, $\overline{S}$ es el valor de S en el centro del volumen de control. Esta cantidad se calcula fácilmente, ya que todas las variables son disponibles en el nodo "P", ninguna interpolación es necesaria. La aproximación de la Ec. (3.10) es exacta si S es constante o varia linealmente al interior del VC, de lo contrario se tendrá un error de segundo orden. Una aproximación de más alto orden requiere los valores de S en otras posiciones adicionales al centro, así que estos tendrán que ser interpolados (Ferzinger y Peric, 2002).

3.3 Difusión en una dimensión

A manera de ilustrar y familiarizarse con el procedimiento de discretización mediante el método de volumen finito, se considera únicamente el término de difusión en una dimensión de la ecuación generalizada de transporte de la variable ϕ, omitiendo en este caso los términos transitorios y convectivos. Esto es:

$$\frac{d}{dx}\left(\Gamma\frac{d\phi}{dx}\right)+S=0 \quad en \quad 0<x<Hx \tag{3.11}$$

donde Γ es el coeficiente de difusión y S es el término fuente. Ahora, considerando que esta ecuación corresponde a un problema con valores a la frontera, entonces éstas se consideran de primera clase en las fronteras A y B (Figura 3.4). Estas son expresadas matemáticamente como,

$$\phi=\phi_A \quad en \quad x=0 \tag{3.12a}$$

$$\phi=\phi_B \quad en \quad x=Hx \tag{3.12b}$$

De acuerdo a lo descrito en la sección anterior, para ejemplificar el método de volumen finito se requiere de tres pasos para su desarrollo, los cuales se describen a continuación.

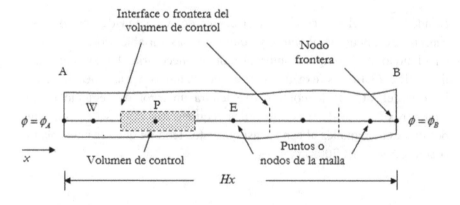

Figura 3.4 Representación de volúmenes de control en 1-D.

3.3.1 Generación de la malla computacional.

El dominio físico se divide en volúmenes de control de manera ordenada sin traslaparse y cubriendo todo el dominio. Un número finito de puntos o nodos discretos serán ubicados entre las fronteras *A* y *B*, un nodo para cada volumen de control. Para ello, existen dos formas: *Práctica A*: en el cual las fronteras de los volúmenes de control serán colocadas a la mitad entre nodo y nodo y *Práctica B*: aquí los nodos son ubicados en el centro de cada volumen de control. Indistintamente de la elección de la Práctica, cada nodo estará rodeado por un volumen de control finito. Por otro lado, para el caso de los volúmenes de control adyacentes a las fronteras físicas del dominio, se pueden tener dos arreglos: (a) *Contacto con la Frontera*: en el cual la interface del volumen de control adyacente a la frontera coincide con la frontera del dominio físico, en este caso, el nodo frontera tendrá espesor nulo en la dirección correspondiente de contacto (Figura 3.5a) y (b) *No-Contacto con la Frontera*: aquí la interface del volumen de control inmediato a la frontera no-coincide con la frontera del dominio, y por lo tanto, el nodo frontera tendrá espesor (Figura 3.5b). En la ilustración de la Figura 3.5 se usó la práctica B.

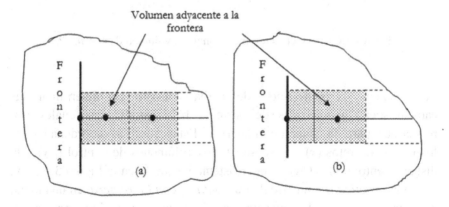

Figura 3.5 Arreglo de malla: (a) Contacto con frontera y (b) No-Contacto con frontera en 1-D.

Para continuar con la explicación de este paso, se usa la notación convencional en el desarrollo del método de volumen finito. Para ello, el punto o nodo por analizar se define como P (Figura 3.6), del idioma inglés se denotará a los nodos vecinos como W (west) y E (east). La frontera entre los volúmenes de control definidos por los puntos P y W será denominado como "w" y de manera similar, en la otra frontera de los volúmenes de control definidos por los nodos P y E será denominada "e". Las distancias entre los nodos $W - P$ y $P - E$ serán denominadas δx_{WP} y δx_{PE}, respectivamente. Así también, la distancia entre las interfaces del volumen de control (P) o espesor de volumen de control es Δx.

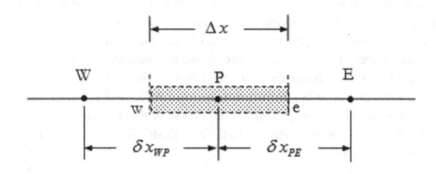

Figura 3.6 Representación tradicional del volumen de control P.

En resumen, la generación de malla consiste en determinar las características geométricas del sistema bajo estudio, las cuales son requeridas para la solución numérica. Estas son: las coordenadas de los nodos discretos (x), el espesor de los volúmenes de control (Δx) y la distancia entre nodos (δx). Para el sistema mostrado en la Figura 3.4 se ha usado la *Práctica B* y un arreglo de *Contacto con la frontera*; en una malla uniforme todos los volúmenes de control internos tienen el mismo espesor Δx, el cual se puede determinar de la siguiente relación algebraica,

$$\Delta x = \frac{Hx}{Nx - 2} \tag{3.13}$$

Donde Hx es la longitud del sistema y Nx es el número máximo de nodos. Los volúmenes de control para los nodos fronteras en $x = 0$ y en $x = Hx$ son de espesor cero, en la sección 3.7 se describe mayor detalle (discretización de fronteras). Nótese que solo se requirió de dos datos: la longitud del sistema y el número máximo de nodos.

Una vez determinados los espesores de todos los VC, las coordenadas x_i de cada uno de los volúmenes de control se determina con base en Δx y a partir de las siguientes expresiones,

$$x_1 = 0 \quad ,$$

$$x_i = (i-2)\Delta x_{i-1} + \frac{\Delta x_i}{2} \quad para \quad i = 2,3,\ldots(Nx-1) \quad , \qquad (3.14)$$

$$x_{Nx} = Hx$$

Finalmente, la distancia entre nodos se puede calcular de manera simple usando las coordenadas de la forma,

$$\delta x_i = x_i - x_{i-1} \qquad (3.15)$$

3.3.2 Discretización

Como se mencionó en la sección 3.2, la parte primordial del método de volumen finito es la integración de la ecuación gobernante (en este caso, Ec. 3.11) entre los límites del VC del punto P con la intención de obtener la ecuación discreta correspondiente. Donde, los límites del volumen de control son "w" y "e". Así, para el volumen de control al usar una aproximación de integración de regla de medio punto, se tiene:

$$\int_V \frac{d}{dx}\left(\Gamma \frac{d\phi}{dx}\right)dV + \int_V S\,dV = 0$$

$$\int_V \frac{d}{dx}\left(\Gamma \frac{d\phi}{dx}\right)dx\,dy\,dz + \int_V S\,dx\,dy\,dz = 0$$

$$\int_w^e \frac{d}{dx}\left(\Gamma \frac{d\phi}{dx}\right)dx\,\Delta y\,\Delta z + \int_w^e S\,dx\,\Delta y\,\Delta z = 0$$

$$\left(\Gamma A \frac{d\phi}{dx}\right)_e - \left(\Gamma A \frac{d\phi}{dx}\right)_w + \overline{S}\Delta V = 0 \qquad (3.16)$$

donde $dV = dxdydz$ es el diferencial de volumen, A es la sección transversal de la cara del volumen de control, ΔV es el volumen y $\overline{S}$ es el promedio del término fuente sobre el volumen de control. Como el ejemplo es un problema unidimensional, entonces, el VC considerado tiene espesor unitario en las direcciones y y z, tal que $\Delta V = \Delta x \times 1 \times 1$, por lo tanto la ecuación anterior se reduce a:

$$\left(\Gamma \frac{d\phi}{dx}\right)_e - \left(\Gamma \frac{d\phi}{dx}\right)_w + \overline{S}\Delta x = 0 \qquad (3.17)$$

Esta forma de discretizar las ecuaciones gobernantes es una característica del método de volumen finito, el cual tiene una representación física muy clara. Esto es, de la Ec. (3.17), el flux difusivo que sale de la cara e menos el flux difusivo que entra en la cara w es igual a la generación de ϕ. De esta manera, se representa el balance de la ecuación de ϕ sobre el volumen de control.

Para llegar a una ecuación discreta útil es necesario considerar el coeficiente de difusión Γ y los gradientes $\dfrac{d\phi}{dx}$ en las fronteras del VC (e y w). Los valores de ϕ y Γ son definidos y evaluados en el punto o nodo P. Los gradientes serán calculados en las fronteras "w" y "e" del volumen de control, por lo tanto, se requiere hacer una suposición respecto a la variación de ϕ en el volumen de control. Por ejemplo, en la Figura 3.7 se muestran dos suposiciones posibles: (1) *paso constante* (stepwise) y (2) *paso lineal* (piecewise linear). Es claro que la suposición (1) no es buena ya que las derivadas en los puntos e y w no están definidas. Desde este punto de vista, la suposición más simple que permite evaluar los gradientes en e y w es la de paso lineal. Por lo tanto, se usará una aproximación lineal para calcular los gradientes ϕ en la interfaces (en la práctica, esta aproximación es conocida como diferencia centrada). En una malla uniforme, los valores linealmente interpolados de Γ_e y Γ_w pueden ser determinados por:

$$\Gamma_w = \frac{\Gamma_W + \Gamma_P}{2} \tag{3.18}$$

$$\Gamma_e = \frac{\Gamma_P + \Gamma_E}{2} \tag{3.19}$$

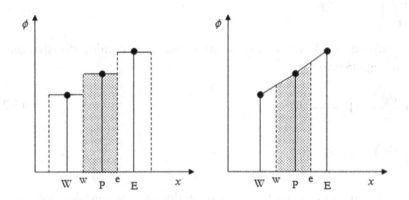

Figura 3.7 Representación de las funciones de interpolación de la variable de integración en el volumen de control P: (izquierda) Paso constante y (derecha) Paso lineal.

Para evaluar el término difusivo en la interface mediante una aproximación lineal se recurre a la serie de Taylor; así, para el volumen de control considerado:

$$\phi_E = \phi_P + \left(\frac{\partial \phi}{\partial x}\right)_e \Delta x + \left(\frac{\partial^2 \phi}{\partial x^2}\right)_e \frac{\Delta x^2}{2} + \dots \tag{3.20}$$

despreciando los términos de alto orden ($\Delta x^2 \approx 0$), se tiene:

$$\phi_E = \phi_P + \left(\frac{\partial \phi}{\partial x}\right)_e \Delta x \tag{3.21}$$

ahora,

$$\left(\frac{\partial \phi}{\partial x}\right)_e = \frac{\phi_E - \phi_P}{\Delta x} \tag{3.22}$$

Tomando en cuenta que es una sola dimensión, la derivada parcial se puede representar como una derivada total, quedando como:

$$\left(\frac{d\phi}{dx}\right)_e = \frac{\phi_E - \phi_P}{\Delta x} \tag{3.23}$$

Sustituyendo en la Ec. (3.17), se tiene que cada término difusivo queda representado por:

$$\left(\Gamma \frac{d\phi}{dx}\right)_e = \Gamma_e \frac{\phi_E - \phi_P}{\delta x_{PE}} \tag{3.24}$$

$$\left(\Gamma \frac{d\phi}{dx}\right)_w = \Gamma_w \frac{\phi_P - \phi_W}{\delta x_{WP}} \tag{3.25}$$

Por otro lado, el término fuente es generalmente una función de ϕ. Para el análisis se considera una linealización de esta función dentro del volumen de control de P. La linealización del término fuente con mayor detalle se hará más adelante, por el momento, considere que es posible la siguiente aproximación:

$$\overline{S} = S_C + S_P \phi_P \tag{3.26}$$

Por lo tanto, la ecuación de difusión para una dimensión con un término fuente (Ec. 3.17), en forma algebraica se representa por:

$$\Gamma_e \frac{\phi_E - \phi_P}{\delta x_{PE}} - \Gamma_w \frac{\phi_P - \phi_W}{\delta x_{WP}} + \left(S_C + S_P \phi_P\right)\Delta x = 0 \tag{3.27}$$

ordenando los términos, se tiene:

$$\left(\frac{\Gamma_w}{\delta x_{WP}} + \frac{\Gamma_e}{\delta x_{PE}} - S_P \Delta x\right)\phi_P = \left(\frac{\Gamma_w}{\delta x_{WP}}\right)\phi_W + \left(\frac{\Gamma_e}{\delta x_{PE}}\right)\phi_E + S_C \Delta x \tag{3.28}$$

de una manera compacta, se llega a la ecuación de coeficientes agrupados o ecuación algebraica discreta:

$$a_P \, \phi_P = a_W \, \phi_W + a_E \, \phi_E + b \tag{3.29a}$$

o también se puede escribir,

$$a_P \phi_P = \sum_{vecinos} a_{vecinos} \phi_{vecinos} + b \tag{3.29b}$$

Donde,

$$a_W = \frac{\Gamma_w}{\delta \, x_{WP}} \quad , \quad a_E = \frac{\Gamma_e}{\delta \, x_{PE}} \tag{3.30a}$$

$$a_P = a_W + a_E - S_P \, \Delta x \tag{3.30b}$$

$$b = S_C \, \Delta x \tag{3.30c}$$

La Ec. (3.29) es la ecuación general para cualquier nodo interno del dominio físico, es decir, no aplica para las fronteras. Las ecuaciones necesarias para las fronteras serán obtenidas más adelante. De esta manera, al aplicar la Ec. (3.29) a cada nodo se genera un sistema de ecuaciones algebraicas tridiagonal. La interpretación de la Ec. (3.29) es que el valor de la variable ϕ_P es la *media ponderada* del valor de ϕ de los volúmenes vecinos, cada uno con su contribución de peso a_i y del valor del término fuente con peso b.

3.3.2.1 Las cuatro reglas básicas

Patankar (1980) estableció cuatro reglas básicas para que las aproximaciones realizadas en la sección anterior sean válidas, teniendo como finalidad, evitar generar una solución irreal o inconsistente. Estas reglas se describen a continuación.

1.- Consistencia en la interface de los volúmenes de control.

Del ejemplo anterior, la interpolación realizada para el gradiente de ϕ en la interface w para el volumen de control de P, debe ser igual a la interpolación para el gradiente de ϕ en la interface e para el volumen de control de W; es decir, el flux que entra a través de la interface del volumen de control P debe ser igual al flux que sale del volumen de control W. Esto se ilustra en la Figura 3.8, donde se ve que una función de interpolación cuadrática, que considere tres puntos de la malla para su evaluación, conduce a que los flujos estimados en P son distintos si la aproximación se hace desde la izquierda (interpolación 2) o desde la derecha (interpolación 1). La función de interpolación utilizada debe evitar este problema. En la figura se aprecia que si no existe consistencia en la interpolación de la interface w, se tendrán dos valores diferentes de ϕ_w ($\phi_{w1} \neq \phi_{w2}$).

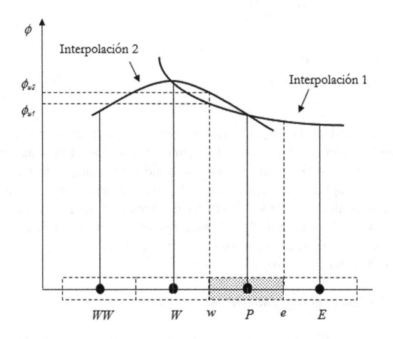

Figura 3.8 Inconsistencia en la interface w del volumen de control P.

2. Coeficientes positivos.

Los coeficientes, a_E, a_W y a_P, deben ser positivos. Este criterio no es arbitrario, ya que tiene una base física. En general, en ausencia del término fuente, en los procesos convectivos y difusivos, un aumento en ϕ_E o ϕ_W

debe conducir a un aumento en ϕ_p, lo cual se consigue en la presente modelación solo si los coeficientes a_i son todos positivos.

3. Linealización del término fuente con pendiente negativa.

Para evitar que a_p sea negativo si S_p es muy grande, se requiere imponer que S_p sea negativo. Esta regla tiene lógica con base física, la cual corresponde a la estabilidad del sistema considerado. El término fuente responde negativamente a los aumentos de ϕ, de lo contrario se tiene un sistema retroalimentado positivamente que se vuelve inestable al aumentar el valor ϕ indiscriminadamente.

4. Suma de los coeficientes vecinos.

En ausencia de que el término fuente dependa de ϕ, es decir, $S_p = 0$; el valor del coeficiente a_p debe ser igual a la suma de los coeficientes a_i vecinos. Esta propiedad está relacionada con la ecuación diferencial original. Si ϕ es una solución de la Ec. (3.11), entonces también $\phi + c$ satisface la ecuación diferencial, siendo c una constante.

3.3.3 Solución del sistema de ecuaciones algebraicas.

Después de haber discretizado la ecuación diferencial gobernante a su versión algebraica (Ec. 3.29), se puede desarrollar para cada nodo de la malla una ecuación algebraica representativa de las incógnitas en el dominio interior del sistema. La forma del sistema matricial resultante para los nodos internos se muestra en la Ec. (3.31). La forma matricial obtenida es conocida como matriz tridiagonal dominante (TDMA); tridiagonal por que la matriz de coeficientes $[A_{i,J}]$ solo tiene tres bandas de coeficientes y las restantes son cero, se le llama dominante por que la diagonal principal de la matriz de coeficientes, dada por los coeficientes $[a_p]$, siempre son mayores o igual a la suma de sus coeficientes vecinos, esto es, $a_p \geq (a_w + a_E)$. Lo anterior es un criterio muy importante en el desarrollo del algoritmo de Thomas para la solución de sistemas de ecuaciones algebraicas, mayor detalle se presentará en el Capítulo 6.

$$
\begin{bmatrix}
a_P & -a_E & 0 & 0 & 0 \\
-a_W & a_P & -a_E & 0 & 0 \\
0 & -a_W & a_P & -a_E & 0 \\
0 & 0 & -a_W & a_P & -a_E \\
0 & 0 & 0 & -a_W & a_P
\end{bmatrix}
\begin{bmatrix}
\phi_2 \\
\phi_3 \\
\phi_4 \\
\phi_5 \\
\phi_6
\end{bmatrix}
=
\begin{bmatrix}
b_2 + a_W\,\phi_A \\
b_3 \\
b_4 \\
b_5 \\
b_6 + a_E\,\phi_B
\end{bmatrix}
\qquad (3.31)
$$

$$
\underbrace{\qquad\qquad\qquad}_{\substack{Matriz \quad de \quad Coeficientes \\ [A_{i,j}]}}
\qquad
\underbrace{\quad}_{\substack{Vector\ Incognita \\ [\phi_j]}}
\qquad
\underbrace{\qquad\qquad}_{\substack{Vector\ Resultante \\ [B_j]}}
$$

Aunque para el ejemplo, los valores de la variable ϕ en la frontera son conocidos; en la práctica generalmente la variable no es conocida y por lo tanto, es necesario desarrollar ecuaciones discretas para las condiciones de frontera del sistema, ello se hace a partir del tipo de condición de frontera que se tenga. La incorporación de las condiciones de frontera discretizadas al sistema matricial se presenta en la sección 3.7, esta adaptación es relativamente simple y el sistema matricial resultante no se ve alterado en su forma. Así, se obtiene un sistema de ecuaciones algebraicas $[A_{i,j}][\phi_j] = [B_j]$ para calcular la distribución de ϕ en todo el dominio de interés. Si los coeficientes de este sistema de ecuaciones, $A_{i,j}$ y B_j, son función de la variable ϕ (también puede darse el caso que los coeficientes dependan de la propiedad Γ), entonces el sistema de ecuaciones algebraico es no-lineal. En ese caso, la forma de resolver el sistema es por iteraciones o de forma iterativa. Se parte de suponer valores iniciales de ϕ_i^* en todo el dominio, con los cuales se determinan los valores de los coeficientes. Entonces, se emplea un método disponible para resolver el sistema de ecuaciones con coeficientes constantes y conocidos (por ejemplo, el método de Jacobi o el de Gauss-Seidel, etc.) y se obtiene los valores actualizados de ϕ_i. Para saber si la solución actualizada de ϕ_i es la correcta, generalmente, se usa un criterio de paro (criterio de convergencia). Este criterio de paro puede estar basado en el valor del residual local de la ecuación algebraica ($R_\phi = a_P\phi_P - [a_W\phi_W + a_E\phi_E + b]$) o en alguna relación de residual global normalizado, en el cual se establezca un valor mínimo que debe ser alcanzado durante el proceso iterativo. Si no se cumple el criterio elegido, entonces, se requiere iterar y para ello se recalculan los coeficientes y nuevamente se aplica el método de solución de ecuaciones algebraicas elegido. Tras sucesivas iteraciones, la solución del problema converge o cumple con el criterio, obteniéndose la solución del problema no-lineal original. Las cuatro reglas básicas establecidas en la sección 3.3.2.1 permiten asegurar que un procedimiento iterativo efectivamente converge.

En el caso que el sistema de ecuaciones algebraicas $[A_{i,j}][\phi_j] = [B_j]$, tenga coeficientes constantes, es decir, que los coeficientes no dependan de ϕ ni de Γ, entonces se tiene un sistema de ecuaciones lineal. La solución del sistema lineal se puede hacer a través de un método directo (por ejemplo, la técnica de eliminación Gaussiana) o indirecto (por ejemplo, el de Gauss-Seidel). En el caso que sea usado un método indirecto se requiere realizar cierto número de iteraciones hasta cumplir con el criterio de convergencia establecido.

Para ejemplificar un método iterativo para la solución de ecuaciones algebraicas, el cual será usado en los ejercicios de este capítulo, se elige el método de Jacobi (un mayor detalle se presentará en el Capítulo 6). En el método de Jacobi, el punto de partida es la ecuación discretizada de coeficientes agrupados: $a_p\phi_P = a_W\phi_W + a_E\phi_E + b$, de esta ecuación se despeja ϕ_P, y se obtiene la ecuación generativa para calcular la variable ϕ en cada uno de los puntos nodales:

$$\phi_P = \frac{a_W\,\phi_W + a_E\,\phi_E + b}{a_P} \qquad (3.32)$$

La Ec. (3.32) es aplicable para todos los nodos del sistema, incluyendo los nodos frontera. El método de Jacobi se resume en los siguientes pasos:

Paso 1: Se supone una distribución de la variable (ϕ^*_P) en todo el dominio computacional (comúnmente constante).

Paso 2: Se calculan los coeficientes de todos los nodos computacionales: a_W, a_E, a_P, b

Paso 3: Se calcula ϕ_P a partir de la Ec. (3.32) usando los valores supuestos del paso 1: $\phi_P = \dfrac{a_W\,\phi^*_W + a_E\,\phi^*_E + b}{a_P}$. Se aplica para todos los nodos discretos uno a uno.

Paso 4: Se aplica un criterio de convergencia; si se cumple el criterio establecido, entonces, ϕ_P es la solución del problema. En caso contrario, se renombra $\phi_P^* = \phi_P$ y se regresa al paso 2, de esta manera se continua con el proceso iterativo hasta cumplir el criterio de convergencia.

En la Figura 3.9 se muestra un diagrama de flujo del método de Jacobi.

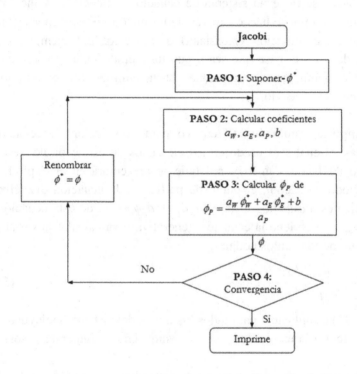

Figura 3.9 Método iterativo de Jacobi.

3.4 Difusión en dos dimensiones

Para este tipo de problemas, se usa la metodología desarrollada para el caso de una dimensión. Por lo que a partir de la ecuación de difusión en dos dimensiones en estado permanente y con término fuente, se tiene:

$$\frac{\partial}{\partial x}\left(\Gamma \frac{\partial \phi}{\partial x}\right) + \frac{\partial}{\partial y}\left(\Gamma \frac{\partial \phi}{\partial y}\right) + S = 0 \quad en \quad \begin{cases} 0 < x < Hx \\ 0 < y < Hy \end{cases} \tag{3.33}$$

Donde Hx y Hy son las longitudes del sistema en la dirección x y y, respectivamente.

Antes de realizar la integración, se consideran dos nodos vecinos adicionales, los cuales se denotan por N (North) y S (South), tal como se observa en la Figura 3.10, y cuyas interfaces o fronteras entre los volúmenes están representadas por "n" y "s". Así también, el espesor del VC en la dirección "y" estará denotado por Δy.

Entonces, al integral la Ec. (3.33) sobre el dominio del VC, y al usar una aproximación para la integral de regla de medio punto, se obtiene:

$$\left[\Gamma_e A_e \left(\frac{\partial \phi}{\partial x}\right)_e - \Gamma_w A_w \left(\frac{\partial \phi}{\partial x}\right)_w\right] + \left[\Gamma_n A_n \left(\frac{\partial \phi}{\partial y}\right)_n - \Gamma_s A_s \left(\frac{\partial \phi}{\partial y}\right)_s\right] + \overline{S}\Delta V = 0 \tag{3.34}$$

donde A es la sección transversal de la cara correspondiente del volumen de control P, ΔV es el volumen. Como se trata de un problema bidimensional, entonces, el volumen de control considerado tiene dimensiones Δx x Δy x 1.

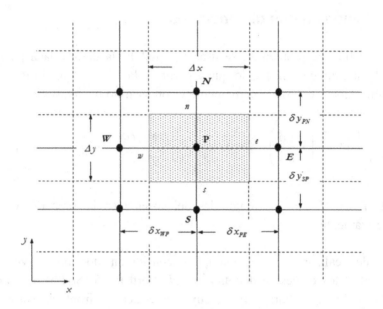

Figura 3.10 Representación del volumen de control P sobre una malla bidimensional.

Si usamos nuevamente el concepto de la serie de Taylor y despreciamos los términos de alto orden, se tiene que cada término de la Ec. (3.34) queda representado por:

$$\Gamma_e \Delta y \frac{(\phi_E - \phi_P)}{\delta x_{PE}} - \Gamma_w \Delta y \frac{(\phi_P - \phi_W)}{\delta x_{WP}} + \Gamma_n \Delta x \frac{(\phi_N - \phi_P)}{\delta y_{PN}} - \Gamma_s \Delta x \frac{(\phi_P - \phi_S)}{\delta y_{SP}} + +\overline{S}\,\Delta V = 0 \quad (3.35)$$

Al considerar el término fuente de la misma manera que en una dimensión, se tiene que la ecuación algebraica de ϕ, está dada por:

$$\left(\frac{\Gamma_w}{\delta x_{WP}} \Delta y + \frac{\Gamma_e}{\delta x_{PE}} \Delta y + \frac{\Gamma_s}{\delta y_{SP}} \Delta x + \frac{\Gamma_n}{\delta y_{PN}} \Delta x - S_P \Delta x \Delta y \right) \phi_P =$$

$$\left(\frac{\Gamma_w}{\delta x_{WP}} \Delta y \right) \phi_W + \left(\frac{\Gamma_e}{\delta x_{PE}} \Delta y \right) \phi_E + \left(\frac{\Gamma_s}{\delta y_{SP}} \Delta x \right) \phi_S + \left(\frac{\Gamma_n}{\delta y_{PN}} \Delta x \right) \phi_N + S_C \Delta x \Delta y \quad (3.36)$$

Por compactar la ecuación discreta, se llega a la ecuación generativa en notación de coeficientes agrupados:

$$a_P \phi_P = a_W \phi_W + a_E \phi_E + a_S \phi_S + a_N \phi_N + b \tag{3.37}$$

o también como:

$$a_P \phi_P = \sum_{vecinos} a_{vecinos} \phi_{vecinos} + b \tag{3.38}$$

Donde

$$a_W = \frac{\Gamma_w}{\delta\, x_{WP}} \Delta y \quad , \quad a_E = \frac{\Gamma_e}{\delta\, x_{PE}} \Delta y \quad ,$$

$$a_S = \frac{\Gamma_s}{\delta\, y_{SP}} \Delta x \quad , \quad a_N = \frac{\Gamma_n}{\delta\, y_{PN}} \Delta x \tag{3.39}$$

$$a_P = a_E + a_W + a_N + a_S - S_P\ \Delta x \Delta y \tag{3.40}$$

$$b = S_C\ \Delta x \Delta y \tag{3.41}$$

En este caso bidimensional, se puede observar que en ausencia del término fuente, ϕ_P es la suma ponderada de sus valores vecinos, esto significa que tiene que estar limitado o acotado por ellos. En el caso que $S_P \neq 0$, no tiene que cumplirse necesariamente esta característica y puede esperarse que ϕ_P tome valores en el interior del dominio de valores mayores que en las fronteras.

De manera similar que para el caso de una dimensión, la Ec. (3.37) es la ecuación general para cualquier nodo interno del dominio físico. Adicionalmente, se requieren las ecuaciones discretas para las fronteras. De esta manera, al aplicar la Ec. (3.37) a cada nodo se genera un sistema de ecuaciones algebraicas pentadiagonal como se muestra en la Figura 3.11 (para los nodos internos y el sistema sujeto a condiciones de primera clase). Este sistema de ecuaciones algebraicas puede ser resuelto también por un método iterativo o directo.

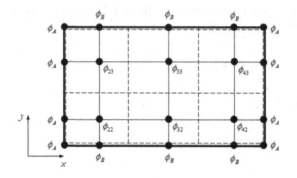

$$
\begin{bmatrix}
a_P & -a_E & 0 & -a_N & 0 & 0 \\
-a_W & a_P & -a_E & 0 & -a_N & 0 \\
0 & -a_W & a_P & 0 & 0 & -a_N \\
-a_S & 0 & 0 & a_P & -a_E & 0 \\
0 & -a_S & 0 & -a_W & a_P & -a_E \\
0 & 0 & -a_S & 0 & -a_W & a_P
\end{bmatrix}
\begin{bmatrix}
\phi_{22} \\
\phi_{32} \\
\phi_{42} \\
\phi_{23} \\
\phi_{33} \\
\phi_{43}
\end{bmatrix}
=
\begin{bmatrix}
b_{22} + a_S\,\phi_B + a_W\,\phi_A \\
b_{32} + a_S\,\phi_B \\
b_{42} + a_S\,\phi_B + a_E\,\phi_A \\
b_{23} + a_N\,\phi_B + a_W\,\phi_A \\
b_{33} + a_N\,\phi_B \\
b_{43} + a_N\,\phi_B + a_E\,\phi_A
\end{bmatrix}
$$

Figura 3.11 Matriz pentadiagonal para problemas en 2-D.

3.5 Difusión en tres dimensiones

Para el sistema en tres dimensiones, considérese la ecuación gobernante de difusión en estado permanente y un término de generación para la variable ϕ.

$$
\frac{\partial}{\partial x}\left(\Gamma\frac{\partial\phi}{\partial x}\right) + \frac{\partial}{\partial y}\left(\Gamma\frac{\partial\phi}{\partial y}\right) + \frac{\partial}{\partial z}\left(\Gamma\frac{\partial\phi}{\partial z}\right) + S = 0 \quad en \quad \begin{cases} 0 < x < Hx \\ 0 < y < Hy \\ 0 < z < Hz \end{cases} \tag{3.42}
$$

Donde Hx, Hy y Hz son las longitudes del sistema en la dirección x, y y z, respectivamente. Ahora, se tiene que considerar el volumen de control en tres dimensiones, el cual puede ser representado como se muestra en la Figura 3.12, donde se incluyen dos nodos vecinos adicionales representados por T (Top) y B (Bottom), y sus correspondientes interfaces del volumen de control P se denotan como "t" y "b", respectivamente.

Con ello, en el volumen de control tridimensional considerado aparecen 6 nodos vecinos al nodo P. El volumen 3-D de la Figura 3.12 tiene las dimensiones: $dV = dx\,dy\,dz$

Entonces, al integral la ecuación gobernante entre los límites del volumen de control P, y al usar una aproximación para la integral de regla de medio punto, se tiene:

$$\left[\Gamma_e A_e\left(\frac{\partial\phi}{\partial x}\right)_e - \Gamma_w A_w\left(\frac{\partial\phi}{\partial x}\right)_w\right] + \left[\Gamma_n A_n\left(\frac{\partial\phi}{\partial y}\right)_n - \Gamma_s A_s\left(\frac{\partial\phi}{\partial y}\right)_s\right] +$$
$$\left[\Gamma_t A_t\left(\frac{\partial\phi}{\partial z}\right)_t - \Gamma_b A_b\left(\frac{\partial\phi}{\partial z}\right)_b\right] + \overline{S}\Delta V = 0 \tag{3.43}$$

Para este caso, el volumen de control considerado tiene dimensiones Δx x Δy x Δz. Por considerar nuevamente la serie de Taylor con truncamiento de los valores de alto orden, se tiene que cada término de la Ec. (3.43) queda representado por:

$$\Gamma_e \Delta y\Delta z\frac{(\phi_E - \phi_P)}{\delta x_{PE}} - \Gamma_w \Delta y\Delta z\frac{(\phi_P - \phi_W)}{\delta x_{WP}} + \Gamma_n \Delta x\Delta z\frac{(\phi_N - \phi_P)}{\delta y_{PN}} - \Gamma_s \Delta x\Delta z\frac{(\phi_P - \phi_S)}{\delta y_{SP}} +$$
$$\Gamma_t \Delta x\Delta y\frac{(\phi_T - \phi_P)}{\delta z_{PT}} - \Gamma_b \Delta x\Delta y\frac{(\phi_P - \phi_B)}{\delta z_{BP}} + \overline{S}\Delta V = 0 \tag{3.44}$$

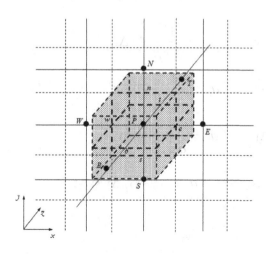

Figura 3.12 Representación del VC finito para tres dimensiones.

Por considerar al término fuente con una aproximación lineal, se tiene que la ecuación algebraica de ϕ, está dada por:

$$\left(\frac{\Gamma_w}{\delta\, x_{WP}}\Delta y\Delta z + \frac{\Gamma_e}{\delta\, x_{PE}}\Delta y\Delta z + \frac{\Gamma_s}{\delta\, y_{SP}}\Delta x\Delta z + \frac{\Gamma_n}{\delta\, y_{PN}}\Delta x\Delta z + \right.$$

$$\left. \frac{\Gamma_b}{\delta\, z_{BP}}\Delta x\Delta y + \frac{\Gamma_t}{\delta\, z_{PT}}\Delta x\Delta y - S_P\Delta x\Delta y\Delta z \right)\phi_P =$$

$$\left(\frac{\Gamma_w}{\delta\, x_{WP}}\Delta y\Delta z \right)\phi_W + \left(\frac{\Gamma_e}{\delta\, x_{PE}}\Delta y\Delta z \right)\phi_E + \left(\frac{\Gamma_s}{\delta\, y_{SP}}\Delta x\Delta z \right)\phi_S + \left(\frac{\Gamma_n}{\delta\, y_{PN}}\Delta x\Delta z \right)\phi_N +$$

$$\left(\frac{\Gamma_b}{\delta\, z_{BP}}\Delta x\Delta y \right)\phi_B + \left(\frac{\Gamma_t}{\delta\, z_{PT}}\Delta x\Delta y \right)\phi_T + S_C\Delta x\Delta y\Delta z$$

(3.45)

Al compactar la ecuación discreta, se llega a la ecuación generativa en notación de coeficientes agrupados:

$$a_P\phi_P = a_W\phi_W + a_E\phi_E + a_S\phi_S + a_N\phi_N + a_B\phi_B + a_T\phi_T + b \qquad (3.46a)$$

o también,

$$a_P\phi_P = \sum_{vecinos} a_{vecinos}\phi_{vecinos} + b \qquad (3.46b)$$

donde

$$a_W = \frac{\Gamma_w}{\delta\, x_{WP}}\Delta y\Delta z \quad , \quad a_E = \frac{\Gamma_e}{\delta\, x_{PE}}\Delta y\Delta z \quad ,$$

$$a_S = \frac{\Gamma_s}{\delta\, y_{SP}}\Delta x\Delta z \quad , \quad a_N = \frac{\Gamma_n}{\delta\, y_{PN}}\Delta x\Delta z \quad , \qquad (3.47)$$

$$a_B = \frac{\Gamma_b}{\delta\, z_{BP}}\Delta x\Delta y \quad , \quad a_T = \frac{\Gamma_t}{\delta\, z_{PT}}\Delta x\Delta y$$

$$a_P = a_E + a_W + a_N + a_S + a_T + a_B - S_P\Delta x\Delta y\Delta z \qquad (3.48)$$

$$b = S_C\Delta x\Delta y\Delta z \qquad (3.49)$$

Análogo al caso de una dimensión, la Ec. (3.46) es la ecuación general para cualquier nodo interno del dominio físico. Ahora, sólo es necesario incluir las ecuaciones discretas correspondientes a las condiciones de frontera del sistema. Al aplicar la Ec. (3.46) a cada nodo se genera un sistema de ecuaciones algebraicas hectadiagonal, en este caso, la matriz de coeficientes solo tiene 7 bandas con coeficientes y las restantes son cero. Este sistema de ecuaciones resultante se puede resolver por un método iterativo o directo.

3.6 Difusión en estado transitorio

En los problemas de estado transitorio, la discretización temporal también es un parámetro muy importante para los modelos. Cuando el fenómeno físico evoluciona en el tiempo hasta alcanzar la condición de equilibrio, mostrando un comportamiento dinámico constante en el tiempo se dice que el fenómeno ha alcanzado el estado permanente (también existen fenómenos que alcanzan un estado permanente oscilatorio). Así, si el interés de estudio en un problema es conocer el comportamiento de la variable ϕ en su evolución temporal hasta alcanzar su condición de estado permanente; entonces, el tiempo es dividido en intervalos de tiempo Δt para conocer la evolución del modelo en cada instante de tiempo (Figura 3.13).

La discretización temporal de igual manera que la discretización espacial puede realizarse en intervalos de tiempo relativamente pequeños, también pueden utilizarse intervalos de tiempo variables (paso de tiempo no-uniforme).

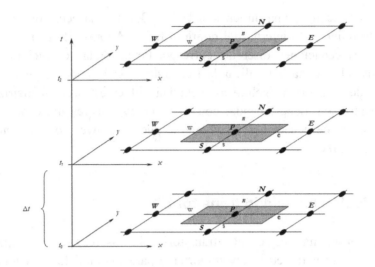

Figura 3.13 Malla temporal del volumen de control P en 2-D.

Para los casos, en los cuales la información detallada de la variable ϕ solo es de interés en el estado permanente y la solución es obtenida bajo una formulación de estado transitorio; entonces es posible obtener la solución de estado permanente mediante un *falso transitorio* (Pseudo-Trasient). Una solución numérica de falso transitorio es aquella, en la cual, no se calcula la solución de la variable ϕ en cada instante de tiempo. Esta técnica de falso transitorio fue propuesta por De Vahl Davis y Mallinson en 1973. El beneficio de esta técnica es el alcanzar la solución de estado permanente más rápido, respecto al tiempo que lleva obtener la misma solución desde una formulación de estado permanente. Para la solución de estado permanente con falso transitorio se resuelven las ecuaciones en estado transitorio pero el término transitorio se utiliza como un parámetro iterativo de bajo-relajación, el principal beneficio es mejorar la estabilidad del código numérico desarrollado y como consecuencia mejorar la convergencia hacia la solución.

Es importante mencionar que el tipo de discretización temporal afecta la convergencia durante los cálculos. En general, entre más pequeño sea el paso de tiempo usado, se tendrá una mejor convergencia en el algoritmo numérico. Pero usar pasos de tiempo muy pequeños incrementa el número de cálculos y como consecuencia el tiempo de cómputo es mayor. Por lo tanto, no hay que perder de vista que, en los métodos numéricos, para obtener la solución de un problema se tiene un compromiso entre el tiempo de cómputo y la exactitud de los resultados.

Hasta la sección anterior, solo se ha considerado determinar la variable espacialmente, es decir, problemas de estado permanente. Para considerar problemas de estado transitorio, en los cuales la variable tenga dependencia espacial y temporal; considérese el ejemplo de difusión en 1-D de la sección 3.3 en estado transitorio con propiedades constantes. Así, la ecuación general de convección-difusión para el transporte de la variable ϕ se reduce a,

$$\frac{\partial(\rho\phi)}{\partial t} = \frac{\partial}{\partial x}\left(\Gamma\frac{\partial\phi}{\partial x}\right) + S \quad en \quad \begin{cases} 0 < x < Hx \\ \quad t > 0 \end{cases} \tag{3.50}$$

La ecuación es del tipo parabólica, en la cual, su solución avanza en el tiempo a partir de una distribución inicial de ϕ en todo el dominio espacial, Por lo tanto, en un paso de tiempo (Δt), la tarea es: conocidos los valores de ϕ en todos los puntos de la malla espacial en un tiempo inicial $t = t_0$, determinar los valores de ϕ en el tiempo $t + \Delta t$ (Figura 3.14). De esta, manera es posible determinar la variación de ϕ en el tiempo hasta alcanzar el estado permanente, esto sucede para un tiempo relativamente grande ($t \rightarrow \infty$). Se denotará ϕ_W^0, ϕ_E^0 y ϕ_P^0 a los valores conocidos de ϕ al tiempo $t = t_0$ y respectivamente los correspondientes en la misma posición ϕ_W, ϕ_E y ϕ_P al tiempo $t + \Delta t$.

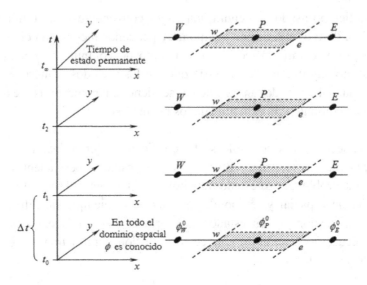

Figura 3.14 Malla temporal del volumen de control P en 1-D.

Para obtener la ecuación discretizada a partir de la Ec. (3.50), es necesario realizar la integración espacial sobre el VC de la Figura 3.14, así como también la integración en el tiempo desde el tiempo $t = t_0$ a $t + \Delta t$. Esto es,

$$\int_w^e \int_t^{t+\Delta t} \frac{\partial(\rho\phi)}{\partial t} dt \, dx = \int_w^e \int_t^{t+\Delta t} \frac{\partial}{\partial x}\left(\Gamma \frac{\partial\phi}{\partial x}\right) dt \, dx + \int_w^e \int_t^{t+\Delta t} S \, dt \, dx \qquad (3.51)$$

En la integración espacial, se ha considerado que la sección transversal en dirección x es de valor unitario ($A = dy \, dz = 1 \times 1$) debido al problema unidimensional. Por lo tanto, en la integración espacial anterior, el área transversal ha sido omitida.

En la integración del lado izquierdo de la Ec. (3.51), se considera que el valor de $\rho\phi$ prevalece en todo el VC, de esta forma,

$$\int_w^e \int_t^{t+\Delta t} \frac{\partial(\rho\phi)}{\partial t} dt \, dx = \int_t^{t+\Delta t} \frac{\partial(\rho\phi)}{\partial t} dt \, \Delta x = \left(\rho_P \phi_P - \rho_P^0 \phi_P^0\right)\Delta x \qquad (3.52)$$

La integración espacial del lado derecho se realiza como en la Ec. (3.16), por lo tanto,

$$
\int_w^e \int_t^{t+\Delta t} \frac{\partial}{\partial x}\left(\Gamma \frac{\partial \phi}{\partial x}\right) dt\, dx + \int_w^e \int_t^{t+\Delta t} S\, dt\, dx =
$$

$$
\int_t^{t+\Delta t}\left[\Gamma_e \frac{\phi_E-\phi_P}{\delta x_{PE}}-\Gamma_w \frac{\phi_P-\phi_W}{\delta x_{WP}}\right]dt + \int_t^{t+\Delta t}\left[(S_C+S_P\phi_P)\Delta x\right]dt
$$

(3.53)

La Ec. (3.53) todavía no ha sido integrada en el tiempo y para tomar en cuenta la variación de las ϕ 's con el tiempo desde $t = t_0$ a $t + \Delta t$, es necesario hacer una consideración acerca de cómo ϕ_W, ϕ_E y ϕ_P varían en el intervalo de tiempo (similarmente, para el término fuente). Varias consideraciones pueden hacerse para ello, sin embargo, las más relevantes pueden generalizarse mediante la siguiente expresión,

$$
\int_t^{t+\Delta t}\left[\phi\right]dt=\left[f\phi+(1-f)\phi^0\right]\Delta t
$$

(3.54)

Donde f denota un factor de peso ponderado que varía entre 0 y 1. Aplicando la relación integral (Ec. 3.54) a la Ec. (3.53) se obtiene para cada uno de sus términos,

$$
\int_t^{t+\Delta t}\left[\Gamma_e \frac{\phi_E-\phi_P}{\delta x_{PE}}-\Gamma_w \frac{\phi_P-\phi_W}{\delta x_{WP}}\right]dt=\left[f\left[\Gamma_e \frac{\phi_E-\phi_P}{\delta x_{PE}}-\Gamma_w \frac{\phi_P-\phi_W}{\delta x_{WP}}\right]+\right.
$$
$$
\left.(1-f)\left[\Gamma_e \frac{\phi_E^0-\phi_P^0}{\delta x_{PE}}-\Gamma_w \frac{\phi_P^0-\phi_W^0}{\delta x_{WP}}\right]\right]\Delta t
$$

(3.55)

$$
\int_t^{t+\Delta t}\left[(S_C+S_P\phi_P)\Delta x\right]dt=\left[f\left[(S_C+S_P\phi_P)\Delta x\right]+(1-f)\left[(S_C+S_P\phi_P^0)\Delta x\right]\right]\Delta t \quad (3.56)
$$

Finalmente, sustituyendo las Ecs. (3.52), (3.55) y (3.56) en la Ec. (3.51) se llega a,

$$\left(\rho_P \phi_P - \rho_P^0 \phi_P^0\right)\Delta x = \left[\, f\left[\Gamma_e \frac{\phi_E - \phi_P}{\delta\, x_{PE}} - \Gamma_w \frac{\phi_P - \phi_W}{\delta\, x_{WP}}\right] + \right.$$

$$\left. (1-f)\left[\Gamma_e \frac{\phi_E^0 - \phi_P^0}{\delta\, x_{PE}} - \Gamma_w \frac{\phi_P^0 - \phi_W^0}{\delta\, x_{WP}}\right]\right]\Delta t + \qquad (3.57)$$

$$\left[\, f\left[\left(S_C + S_P \phi_P\right)\Delta x\right] + \right.$$

$$\left. (1-f)\left[\left(S_C + S_P \phi_P^0\right)\Delta x\right]\right]\Delta t$$

Arreglando términos se obtiene:

$$\left[\rho_P \frac{\Delta x}{\Delta t} + f\left(\frac{\Gamma_e}{\delta\, x_{PE}} + \frac{\Gamma_w}{\delta\, x_{WP}} - S_P\,\Delta x\right)\right]\phi_P =$$

$$f\left(\frac{\Gamma_e}{\delta\, x_{PE}}\phi_E + \frac{\Gamma_w}{\delta\, x_{WP}}\phi_W\right) + (1-f)\left[\frac{\Gamma_e}{\delta\, x_{PE}}\phi_E^0 + \frac{\Gamma_w}{\delta\, x_{WP}}\phi_W^0 - \left(\frac{\Gamma_e}{\delta\, x_{PE}} + \frac{\Gamma_w}{\delta\, x_{WP}}\right)\phi_P^0\right] + \qquad (3.58)$$

$$\left[\rho_P^0 \frac{\Delta x}{\Delta t} + (1-f)\,S_P\,\Delta x\right]\phi_P^0 + S_C\,\Delta x$$

Identificando los coeficientes de la variable ϕ en diferentes posiciones, se puede escribir la ecuación anterior como:

$$\left[\rho_P \frac{\Delta x}{\Delta t} + f\left(a_E + a_W - S_P\,\Delta x\right)\right]\phi_P =$$

$$f\left(a_E \phi_E + a_W \phi_W\right) + (1-f)\left[a_E \phi_E^0 + a_W \phi_W^0 - \left(a_E + a_W\right)\phi_P^0\right] +$$

$$\left[a_P^0 + (1-f)\,S_P\,\Delta x\right]\phi_P^0 + S_C\,\Delta x$$

Finalmente,

$$a_P\,\phi_P = a_W\left[f\,\phi_W + (1-f)\phi_W^0\right] + a_E\left[f\,\phi_E + (1-f)\phi_E^0\right] +$$

$$\qquad\qquad (3.59)$$

$$\left[a_P^0 - (1-f)\left[a_E + a_W\right]\right]\phi_P^0 + b$$

Donde

$$a_P = \rho_P \frac{\Delta x}{\Delta t} + f\left(a_E + a_W - S_P \, \Delta x\right) \quad , \quad a_P^0 = \rho_P^0 \frac{\Delta x}{\Delta t} \quad ,$$

$$a_W = \frac{\Gamma_w}{\delta \, x_{WP}} \quad , \quad a_E = \frac{\Gamma_e}{\delta \, x_{PE}} \qquad (3.60)$$

$$b = S_C \, \Delta x + \left(1 - f\right) S_P \, \Delta x \, \phi_P^0$$

La forma exacta de la ecuación discretizada depende del valor de f, y de acuerdo al valor elegido para f la discretización anterior se reduce a alguno de los esquemas conocidos de discretización temporal de ecuaciones parabólicas (Niño, 2002). Los distintos valores de f pueden ser interpretados en términos de la variación de ϕ_P en el intervalo de tiempo entre $t = t_0$ y $t + \Delta t$ como se muestra en la Figura 3.15.

A continuación se muestran los esquemas tradicionales para diferentes valores de f.

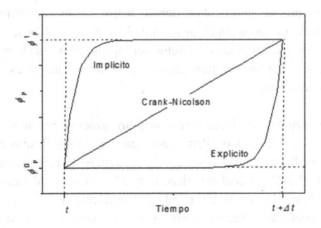

Figura 3.15 Variación de ϕ_P en el intervalo de tiempo de t a $t + \Delta t$.

3.6.1 Esquema explícito

Para el esquema explícito se considera $f = 0$ y la Ec. (3.59) se reduce a,

$$a_P \, \phi_P = a_W \phi_W^0 + a_E \phi_E^0 + \left[\, a_P^0 - a_E - a_W \, \right] \phi_P^0 + b \tag{3.61}$$

Donde

$$a_P = \rho_P \frac{\Delta x}{\Delta t} \quad , \quad a_P^0 = \rho_P^0 \frac{\Delta x}{\Delta t} \quad ,$$

$$a_W = \frac{\Gamma_w}{\delta \, x_{WP}} \quad , \quad a_E = \frac{\Gamma_e}{\delta \, x_{PE}} \quad , \tag{3.62}$$

$$b = S_C \, \Delta x + S_P \, \Delta x \, \phi_P^0$$

Se observa en la Figura 3.15, que el esquema explícito implica que el valor de ϕ_P^0 prevalece en todo el intervalo de tiempo, excepto en $t + \Delta t$, cuando el valor de ϕ cambia al valor nuevo ϕ_P. Este comportamiento se refleja matemáticamente en la Ec. (3.61), donde los términos del lado derecho de la ecuación solo tienen valores de $\phi's$ en el tiempo anterior $(t = t_0)$. Esta formulación permite obtener los valores de ϕ_P en el tiempo $t + \Delta t$ con mucha simplicidad, debido a que no es necesario resolver sistemas de ecuaciones algebraicas, simplemente se aplica la Ec. (3.61) sobre cada uno de los puntos discretos del espacio para cada tiempo $t + \Delta t$. En este caso, el error por truncamiento para este esquema es de primer orden respecto al tiempo.

Aunque el esquema explícito parece ser muy atractivo por su simplicidad, no siempre es adecuado. Para visualizar la principal desventaja del esquema explícito, considérese una de las reglas básicas presentadas en el apartado 3.3.21, la cual establece que todos los coeficientes deben ser positivos. Para ello, en la Ec. (3.61) el coeficiente de ϕ_P^0 puede verse como un coeficiente vecino sobre la malla temporal, el cual relaciona los valores de ϕ_P del nivel de tiempo antiguo $(t = t_0)$ al nivel de tiempo nuevo $(t + \Delta t)$. Entonces, considerando una malla uniforme espacial $\Delta x = \delta x_{WP} = \delta x_{PE}$, se debe cumplir que: $\Delta t < \dfrac{\rho \Delta x^2}{2\Gamma}$. Esta desigualdad es una fuerte limitante para el paso del tiempo y puede generarse inestabilidad durante la solución. También, se puede observar en la desigualdad que el paso del tiempo está ligado al tamaño de la malla espacial, por lo que cumplir con la desigualdad puede ser computacionalmente costoso. En general, el esquema explícito puede ser aplicado para problemas simples de difusión, sin embargo no es recomendado para problemas transitorios de flujo de fluidos, transferencia de calor por convección y transporte de masa.

3.6.2 Esquema Crank-Nicolson

Cualquier esquema transitorio con valores $f \neq 0$ es un esquema implícito. El esquema Crank-Nicolson para problemas transitorios considera $f = 0.5$ y la Ec. (3.59) se reduce a,

$$a_P \, \phi_P = a_W \left[\frac{\phi_W + \phi_W^0}{2} \right] + a_E \left[\frac{\phi_E + \phi_E^0}{2} \right] + \left[a_P^0 - \frac{a_E + a_W}{2} \right] \phi_P^0 + b \qquad (3.63)$$

Donde

$$a_P = \rho_P \frac{\Delta x}{\Delta t} + \frac{a_E + a_W - S_P \, \Delta x}{2} \quad , \quad a_P^0 = \rho_P^0 \frac{\Delta x}{\Delta t} \quad ,$$

$$a_W = \frac{\Gamma_w}{\delta x_{WP}} \quad , \quad a_E = \frac{\Gamma_e}{\delta x_{PE}} \quad , \qquad (3.64)$$

$$b = S_C \, \Delta x + \frac{S_P \, \Delta x}{2} \, \phi_P^0$$

Para el esquema Crank-Nicolson, en la Figura 3.15 se observa que el valor de ϕ_P varia linealmente en el intervalo de tiempo desde $t = t_0$ hasta $t + \Delta t$. En la literatura se afirma que, en general, el esquema Crank-Nicolson es incondicionalmente estable; sin embargo, ello no significa que sus resultados son siempre físicamente realistas. Si el intervalo de tiempo Δt es muy grande, la variación lineal de ϕ en el intervalo de tiempo puede ser poco realista. La ecuación parabólica considerada implica un comportamiento exponencial de ϕ en el tiempo, lo cual significa, que si Δt es grande, ϕ_P^0 debe tender a ϕ_P mucho más rápido que lo predicho por una variación lineal de ϕ en el tiempo. El error por truncamiento para este esquema es de segundo orden respecto al tiempo.

Se debe verificar que se cumpla con la regla de tener todos los coeficientes positivos, para evitar tener resultados irreales. Similarmente, al esquema explícito, en la Ec. (3.63) el coeficiente de ϕ_P^0 puede resultar negativo si no se cumple que $a_P^0 > \left[\dfrac{a_E + a_W}{2} \right]$, lo cual lleva a que: $\Delta t < \dfrac{\rho \Delta x^2}{\Gamma}$. Esto es una limitante del paso del tiempo análogo al esquema explícito, pero ligeramente menos restrictivo.

3.6.3 Esquema totalmente implícito

El esquema totalmente implícito también se le conoce como esquema implícito. El esquema se obtiene al considerar $f = 1$, por lo tanto la Ec. (3.59) se escribe como,

$$a_P \, \phi_P = a_W \, \phi_W + a_E \, \phi_E + b \tag{3.65}$$

Finalmente, los coeficientes para el esquema totalmente implícito son:

$$a_P = \rho_P \frac{\Delta x}{\Delta t} + a_E + a_W - S_P \, \Delta x \quad , \quad a_P^0 = \rho_P^0 \frac{\Delta x}{\Delta t} \quad ,$$

$$a_W = \frac{\Gamma_w}{\delta \, x_{WP}} \quad , \quad a_E = \frac{\Gamma_e}{\delta \, x_{PE}} \quad , \tag{3.66}$$

$$b = a_P^0 \, \phi_P^0 + S_C \, \Delta x$$

Donde se ha eliminado el superíndice 1 ya que todos los términos en la ecuación corresponden a valores nuevos al tiempo $t + \Delta t$; excepto el término b, en el cual se agrupó la información de la variable ϕ_P^0. Por lo tanto, un sistema de ecuaciones algebraicas debe ser resuelto en cada paso o nivel de tiempo, en el cual, la solución transitoria inicia con un distribución espacial de ϕ_P^0 conocida; posteriormente, el sistema de ecuaciones algebraicas es resuelto para ϕ_P previa elección de Δt. La solución de ϕ_P se asigna a ϕ_P^0 y el procedimiento se repite para progresar en el tiempo hasta alcanzar el estado permanente. También, si se hace la comparación entre la Ec. (3.29) y sus respectivos coeficientes (caso 1-D de estado permanente) con las ecuaciones anteriores, correspondientes al estado transitorio; se nota que simplemente se modificó el coeficiente a_P por agregar $\rho_P \dfrac{\Delta x}{\Delta t}$ y el término b incluyendo $a_P^0 \, \phi_P^0$. Así que los cambios entre la discretización para un problema de estado permanente y uno transitorio son relativamente sencillos.

Se puede observar que en esta formulación, el coeficiente de ϕ_P^0 siempre será positivo, y en este sentido, la única forma que esto suceda es para el valor $f = 1$. Por lo tanto, el esquema totalmente implícito es incondicionalmente estable, cuando se usan valores de Δt más grandes respecto a los esquemas anteriores. El error por truncamiento para este esquema es de primer orden respecto al tiempo, como consecuencia, se requiere de pasos de tiempo pequeños para asegurar la exactitud de los resultados.

Este esquema es recomendado en general para problemas transitorios debido a su estabilidad incondicional en el tiempo. Por lo tanto, este es el esquema que se adoptará en el subsecuente análisis de este libro.

En la Figura 3.16 se presenta un diagrama de flujo para resolver problemas en estado transitorio en una dimensión. En la figura se observa la ruta para resolver el sistema de ecuaciones algebraicas resultante por un método indirecto o iterativo o la ruta a través de un método directo. Se aprecia que cuando se usa un método iterativo se añade al procedimiento global de solución un criterio de convergencia en cada paso de tiempo. El diagrama de flujo también es válido para situaciones de dos o tres dimensiones.

90

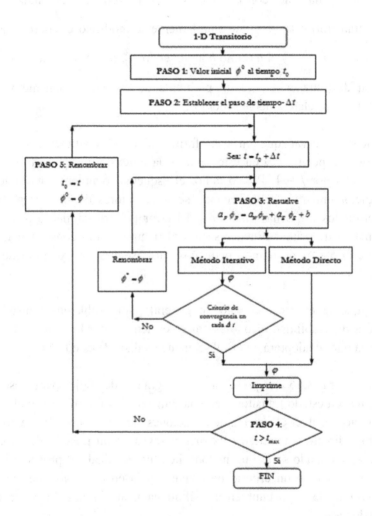

Figura 3.16 Diagrama de flujo para problemas transitorios.

3.6.4 Esquema implícito en dos y tres dimensiones

Para el caso de dos dimensiones, la ecuación de difusión en estado transitorio y con término fuente es,

$$\frac{\partial(\rho\phi)}{\partial t} = \frac{\partial}{\partial x}\left(\Gamma\frac{\partial\phi}{\partial x}\right) + \frac{\partial}{\partial y}\left(\Gamma\frac{\partial\phi}{\partial y}\right) + S \quad en \quad \begin{cases} 0 < x < Hx \\ 0 < y < Hy \\ \quad t > 0 \end{cases} \quad (3.67)$$

Aplicando la metodología que se presentó anteriormente, para la integración en el espacio considérese el volumen de control de la Figura 3.10 y si la integración en el tiempo es mediante el esquema implícito, se llega a la siguiente ecuación de coeficientes agrupados para 2-D en estado transitorio,

$$a_P\phi_P = a_W\phi_W + a_E\phi_E + a_S\phi_S + a_N\phi_N + b \quad (3.68)$$

Donde

$$a_W = \frac{\Gamma_w}{\delta\,x_{WP}}\Delta y \quad , \quad a_E = \frac{\Gamma_e}{\delta\,x_{PE}}\Delta y \quad ,$$

$$a_S = \frac{\Gamma_s}{\delta\,y_{SP}}\Delta x \quad , \quad a_N = \frac{\Gamma_n}{\delta\,y_{PN}}\Delta x \quad , \quad (3.69)$$

$$a_P^0 = \rho_P^0\frac{\Delta x\Delta y}{\Delta t}$$

$$a_P = \rho_P\frac{\Delta x\Delta y}{\Delta t} + a_E + a_W + a_N + a_S - S_P\,\Delta x\Delta y \quad (3.70)$$

$$b = a_P^0\,\phi_P^0 + S_C\,\Delta x\Delta y \quad (3.71)$$

Se observa que conforme $\Delta t \rightarrow \infty$, la Ec. (3.68) se reduce a la obtenida para la discretización de estado permanente.

Similarmente, la ecuación de difusión en 3-D en estado transitorio es,

$$\frac{\partial(\rho\phi)}{\partial t} = \frac{\partial}{\partial x}\left(\Gamma\frac{\partial\phi}{\partial x}\right) + \frac{\partial}{\partial y}\left(\Gamma\frac{\partial\phi}{\partial y}\right) + \frac{\partial}{\partial z}\left(\Gamma\frac{\partial\phi}{\partial z}\right) + S \quad en \quad \begin{cases} 0 < x < Hx \\ 0 < y < Hy \\ 0 < z < Hz \\ t > 0 \end{cases} \quad (3.72)$$

Al realizar la integración espacial sobre el VC de la Figura 3.12 y por usar un esquema implícito en el tiempo, se obtiene la ecuación discretizada general en estado transitorio,

$$a_P\phi_P = a_W\phi_W + a_E\phi_E + a_S\phi_S + a_N\phi_N + a_B\phi_B + a_T\phi_T + b \quad (3.73)$$

donde

$$a_W = \frac{\Gamma_w}{\delta\,x_{WP}}\Delta y\Delta z \quad , \quad a_E = \frac{\Gamma_e}{\delta\,x_{PE}}\Delta y\Delta z \quad ,$$

$$a_S = \frac{\Gamma_s}{\delta\,y_{SP}}\Delta x\Delta z \quad , \quad a_N = \frac{\Gamma_n}{\delta\,y_{PN}}\Delta x\Delta z \quad ,$$

$$a_B = \frac{\Gamma_b}{\delta\,z_{BP}}\Delta x\Delta y \quad , \quad a_T = \frac{\Gamma_t}{\delta\,z_{PT}}\Delta x\Delta y \quad ,$$

$$(3.74)$$

$$a_P^0 = \rho_P^0\frac{\Delta x\Delta y\Delta z}{\Delta t}$$

$$a_P = \rho_P\frac{\Delta x\Delta y\Delta z}{\Delta t} + a_E + a_W + a_N + a_S + a_T + a_B - S_P\Delta x\Delta y\Delta z \quad (3.75)$$

$$b = a_P^0\,\phi_P^0 + S_C\Delta x\Delta y\Delta z \quad (3.76)$$

3.7 Discretización de condiciones de frontera

La notación obtenida de coeficientes agrupados para las ecuaciones discretizadas y por consecuencia, la estructura básica del sistema de ecuaciones algebraicas permite tratar fácilmente las condiciones de frontera y simplifica la adjudicación de una condición en el nodo que limita el dominio computacional (nodo frontera). Para ello, primero se clarifica los posibles arreglos que pueden tener los volúmenes de control frontera y posteriormente se mostrará la discretización correspondiente.

En los nodos frontera sobre el arreglo de una malla centrada o principal (Figura 3.17a), el VC frontera para el nodo $j = 2, 3,...$ representa un volumen y una masa nula en la dirección horizontal (espesor cero, por ejemplo, en la dirección-x). Sin embargo, este mismo VC tiene espesor en la dirección vertical. Por lo tanto, en una malla principal, todos los volúmenes de control en la frontera ($i = 1$) para todas las $j's$ tienen un arreglo del tipo "*en-contacto*" con la frontera (Figura 3.5). En otras palabras, en la frontera $i = 1$, la coordenada horizontal de todos los nodos frontera $j's$ coincide con la interface del primer VC interno del dominio computacional. Similarmente, sucede con los nodos frontera $i = 2, 3,...,$ las cuales tienen espesor nulo en la dirección vertical.

Otro tipo de arreglo de malla se muestra en la Figura 3.17b,c, las cuales son conocidas como malla desplazada. En la Figura 3.17b la malla esta desplazada en dirección horizontal, ocasionando que el VC frontera en esta dirección tenga un espesor, similarmente, en la Figura 3.17c la malla esta desplazada en dirección vertical y el VC frontera en esta dirección tiene espesor.

En general, para el caso de nodo frontera sobre una malla desplazada (indistintamente de la dirección que se ha desplazado), corresponde un VC con dimensiones, pero su dimensión es menor en la dirección desplazada respecto al espesor del VC interno. Por ejemplo, para el caso de tener una malla uniforme con arreglo desplazado, el espesor del VC del nodo frontera en la dirección desplazada es exactamente la mitad del espesor del volumen contiguo. Esto se puede observar en la Figura 3.17b,c.

Independientemente del arreglo seleccionado para la malla numérica, en todos los nodos frontera es necesario indicar cuál es el tipo de condición de frontera que prevalece sobre ellos, de lo contrario, no será posible resolver las ecuaciones que necesitan esta información.

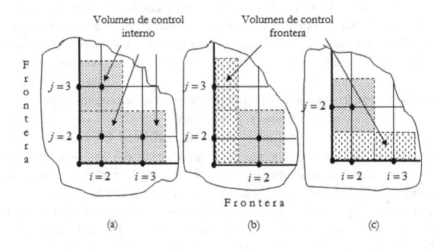

Figura 3.17 Arreglo de nodos frontera: (a) malla centrada o principal, (b) malla desplazada en "x" y (c) malla desplazada en "y".

3.7.1 Condición de Dirichlet

Como se explicó en la sección 2.6, este tipo de condición fija un valor de la variable ϕ en los nodos frontera. Por lo tanto, la discretización de la condición de frontera debe ser tal que, los coeficientes agrupados para el nodo en todo momento debe mantener un valor constante de la variable. Continuando con el ejemplo de difusión en 1-D, planteado en la sección 3.3, en el cual se consideró condiciones de frontera de primera clase, esto es: en $x = 0$ se tiene que $\phi = \phi_A$ y en $x = Hx$ el valor de la variable es $\phi = \phi_B$ (Figura 3.3). La ecuación discretizada en notación de coeficientes agrupados para los nodos internos es $a_P\phi_P = a_W\phi_W + a_E\phi_E + b$ (Ec. 3.29), con la cual para $Nx = 7$ se genera un sistema de ecuaciones algebraicas del tipo,

$$
\begin{bmatrix}
a_P & -a_E & 0 & 0 & 0 \\
-a_W & a_P & -a_E & 0 & 0 \\
0 & -a_W & a_P & -a_E & 0 \\
0 & 0 & -a_W & a_P & -a_E \\
0 & 0 & 0 & -a_W & a_P
\end{bmatrix}
\begin{bmatrix}
\phi_2 \\
\phi_3 \\
\phi_4 \\
\phi_5 \\
\phi_6
\end{bmatrix}
=
\begin{bmatrix}
b_2 + a_W\,\phi_A \\
b_3 \\
b_4 \\
b_5 \\
b_6 + a_E\,\phi_B
\end{bmatrix}
\tag{3.31}
$$

Cuando se implementa un algoritmo de solución para la Ec. (3.31), el algoritmo se debe diseñar para que resuelva todos los nodos discretos, incluyendo los nodos frontera. Ya que en la práctica, con frecuencia no se tienen condiciones de frontera de primera clase y por lo tanto no se conoce el valor de la variable ϕ en la frontera. Entonces, para generalizar el sistema de ecuaciones (Ec. 3.31), la ecuación discreta en la frontera, también debe de ser de la forma $a_P\phi_P = a_W\phi_W + a_E\phi_E + b$. Por ejemplo, para la frontera A, mostrada en la Figura 3.18, la condición de frontera es $\phi = \phi_A$ y su correspondiente ecuación discretizada es,

$$\phi_P = \phi_A \tag{3.77}$$

Entonces, al comparar la ecuación anterior con cada uno de los términos de la Ec. (3.29), se obtiene,

$$
\begin{aligned}
a_P &= 1 \\
a_W &= a_E = 0 \\
b &= \phi_A
\end{aligned}
\tag{3.78}
$$

Se aprecia que, si se sustituyen los valores de los coeficientes de la Ec. (3.78) en $a_P\phi_P = a_W\phi_W + a_E\phi_E + b$, se deduce: $\phi_P = \phi_A$. Entonces, los valores de los coeficientes garantizan que efectivamente se tenga una condición de frontera de primera clase. Análogamente, se puede deducir para la otra frontera en $x = Hx$.

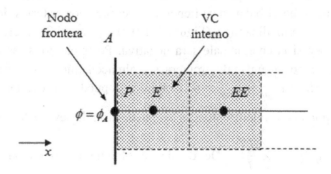

Figura 3.18 Nodo frontera con condición de frontera de primera clase.

Finalmente, ya se tienen todas las ecuaciones discretizadas de los nodos computacionales para el ejemplo de difusión en 1-D. Por lo tanto, el sistema de ecuaciones algebraicas dadas por la Ec. (3.31) se convierte al incluir los nodos frontera en:

$$
\begin{bmatrix}
a_P & 0 & 0 & 0 & 0 & 0 & 0 \\
-a_W & a_P & -a_E & 0 & 0 & 0 & 0 \\
0 & -a_W & a_P & -a_E & 0 & 0 & 0 \\
0 & 0 & -a_W & a_P & -a_E & 0 & 0 \\
0 & 0 & 0 & -a_W & a_P & -a_E & 0 \\
0 & 0 & 0 & 0 & -a_W & a_P & -a_E \\
0 & 0 & 0 & 0 & 0 & 0 & a_P
\end{bmatrix}
\begin{bmatrix}
\phi_1 \\ \phi_2 \\ \phi_3 \\ \phi_4 \\ \phi_5 \\ \phi_6 \\ \phi_{Nx}
\end{bmatrix}
=
\begin{bmatrix}
b_1 \\ b_2 \\ b_3 \\ b_4 \\ b_5 \\ b_6 \\ b_{Nx}
\end{bmatrix}
\tag{3.79}
$$

Donde Nx es el número de nodos máximo en la dirección-x, en este caso, $Nx = 7$, y los términos b para los nodos frontera son: $b_1 = \phi_A$ y $b_{Nx} = \phi_B$. Como se aprecia, la Ec. (3.31) no sufrió cambios drásticos al incluir los nodos frontera. El sistema de ecuaciones algebraicas resultante, sigue siendo una matriz tridiagonal dominante.

3.7.2 Condición de Von Neumann

Esta condición de frontera está definida matemáticamente en dirección-x como, $\dfrac{d\phi}{dx} = Q$, donde Q es un valor dado en la frontera. Normalmente para la transferencia de calor, la expresión matemática para la condición de frontera se obtiene por establecer un balance termodinámico en el nodo frontera, en el balance se tienen que respetar los criterios de signos definidos en termodinámica (Figura 3.19). Esto es, si la energía entra es positivo y si la energía sale sera negativa. Por ejemplo, si se hace un balance térmico en un nodo frontera sin almacenamiento de energía, la expresión sería: $q_{entra} - q_{sale} = 0$. Donde, q_{sale} puede representar un flux de calor por conducción; entonces se puede usar la ley de Fourier para expresar, $q_{sale} = -\lambda \dfrac{dT}{dx}$. De donde se obtiene la condición de Von Neumann como: $\dfrac{dT}{dx} = -\dfrac{q_{entra}}{\lambda}$. De aquí se observa que Q es equivalente a $Q = -\dfrac{q_{entra}}{\lambda}$. Al considerar esta última expresión como condición de frontera en el VC frontera mostrado en la figura 3.19; se aprecia que la ecuación para la condición de frontera en A incluye una derivada y por lo tanto, se tiene que emplear una aproximación para la derivada. En este caso, se emplea una diferencia adelantada (Apéndice B), de tal manera que la condición de frontera discretizada es,

$$\frac{\phi_E - \phi_P}{\delta x_{PE}} = -\frac{q_{entra}}{\lambda} \tag{3.80}$$

Al despejar ϕ_P se obtiene la ecuación discreta final para la condición de frontera de segunda clase:

$$\phi_P = \phi_E + \frac{q_{entra}}{\lambda} \delta x_{PE} \tag{3.81}$$

De manera similar como se realizó para la condición de frontera de primera clase, también aquí, se compara la ecuación anterior con cada uno de los términos de la Ec. (3.29), obteniéndose,

$$a_P = 1$$
$$a_W = 0$$
$$a_E = 1 \tag{3.82}$$
$$b = \frac{q_{entra}}{\lambda} \delta x_{PE}$$

Si se sustituyen los valores de los coeficientes de la Ec. (3.82) en $a_P \phi_P = a_W \phi_W + a_E \phi_E + b$, se recupera la ecuación discreta: $\phi_P = \phi_E + \dfrac{q_{entra}}{\lambda} \delta x_{PE}$.

Lo cual, nos indica que los coeficientes para la condición de frontera han sido determinados adecuadamente. Un caso particular es cuando $q_{entra} = 0$, entonces se tiene una condición de frontera adiabática o condición de frontera homogénea.

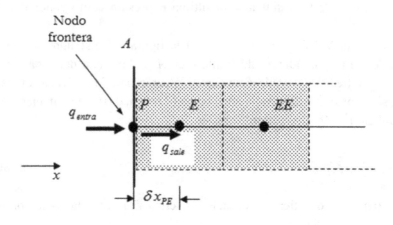

Figura 3.19 Nodo frontera con condición de frontera de segunda clase.

Si la condición de frontera en $x = Hx$ es de segunda clase, la ecuación discreta con un procedimiento similar, se obtiene $\dfrac{\phi_P - \phi_W}{\delta x_{WP}} = \dfrac{q_{entra}}{\lambda}$. De aquí se despeja ϕ_P y se llega a: $\phi_P = \phi_W + \dfrac{q_{entra}}{\lambda} \delta x_{WP}$. Por lo tanto, el valor para los coeficientes en esta frontera pueden escribirse como,

$$a_P = 1$$
$$a_W = 1$$
$$a_E = 0$$
$$b = \frac{q_{entra}}{\lambda} \delta x_{WP}$$

(3.83)

Así, el sistema de ecuaciones algebraicas, incluyendo los nodos frontera, en forma matricial se puede expresar de la siguiente manera,

$$
\begin{bmatrix}
a_P & -a_E & 0 & 0 & 0 & 0 & 0 \\
-a_W & a_P & -a_E & 0 & 0 & 0 & 0 \\
0 & -a_W & a_P & -a_E & 0 & 0 & 0 \\
0 & 0 & -a_W & a_P & -a_E & 0 & 0 \\
0 & 0 & 0 & -a_W & a_P & -a_E & 0 \\
0 & 0 & 0 & 0 & -a_W & a_P & -a_E \\
0 & 0 & 0 & 0 & 0 & -a_W & a_P
\end{bmatrix}
\begin{bmatrix}
\phi_1 \\ \phi_2 \\ \phi_3 \\ \phi_4 \\ \phi_5 \\ \phi_6 \\ \phi_{Nx}
\end{bmatrix}
=
\begin{bmatrix}
b_1 \\ b_2 \\ b_3 \\ b_4 \\ b_5 \\ b_6 \\ b_{Nx}
\end{bmatrix}
\qquad (3.84)
$$

Donde, los términos b para los nodos frontera son: $b_1 = \dfrac{q_{entra}}{\lambda} \delta x_{PE}$ y

$b_{Nx} = \dfrac{q_{entra}}{\lambda} \delta x_{WP}$. El sistema de ecuaciones algebraicas es una matriz tridiagonal dominante.

3.7.3 Condición de Robin

Como se describió en el Capítulo 2, este tipo de condición de frontera se usa en fenómenos de transferencia de calor. Para obtener la ecuación discretizada en la frontera, considérese que en la frontera en $x = 0$ existe una disipación de calor por convección hacia el medio ambiente exterior (Figura 3.20), y en $x = Hx$ se tiene una ganancia de calor por convección desde el exterior (de un balance termodinámico: $q_{cond} = q_{conv}$). Por medio

de la ley de Fourier y la ley de enfriamiento de Newton, para el ejemplo de

1-D de difusión, en $x = 0$ se tiene que $-\lambda \dfrac{dT}{dx} = h\left(T_{ext} - T\right)$ (observe que

en esta frontera, $T > T_{ext}$) y en $x = Hx$ la relación de condición de frontera

es $-\lambda \dfrac{dT}{dx} = h\left(T - T_{ext}\right)$ (note que en esta frontera, $T_{ext} > T$). Donde λ

representa la conductividad térmica, h es el coeficiente convectivo de transferencia de calor y T_{ext} es la temperatura del medio ambiente exterior.

Inicialmente para obtener la ecuación discreta en la frontera en $x = 0$, se hace uso de una aproximación de diferencia adelantada (Apéndice B), de tal manera que la condición de frontera discretizada es,

$$-\lambda \cdot \frac{T_E - T_P}{\delta \, x_{PE}} = h\left(T_{ext} - T_P\right) \tag{3.85}$$

Despejando T_P, se obtiene la ecuación discreta para una condición de frontera de tercera clase,

$$\left(1 + \frac{h}{\lambda}\delta \, x_{PE}\right)T_P = T_E + T_{ext}\frac{h}{\lambda}\delta \, x_{PE} \tag{3.86}$$

Al comparar la ecuación anterior con cada uno de los términos de la Ec. (3.29), se obtienen los coeficientes para la condición en $x = 0$ como:

$$
\begin{aligned}
a_P &= 1 + \frac{h}{\lambda}\delta \, x_{PE} \\
a_W &= 0 \\
a_E &= 1 \\
b &= T_{ext}\frac{h}{\lambda}\delta \, x_{PE}
\end{aligned}
\tag{3.87}
$$

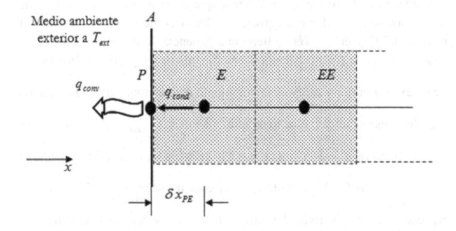

Figura 3.20 Nodo frontera con condición de frontera de tercera clase.

Para finalizar la discretización de condición de frontera de tercera clase, en $x = Hx$ se obtiene $-\lambda \cdot \dfrac{T_P - T_W}{\delta\, x_{WP}} = h\left(T_P - T_{ext}\right)$ (aproximación de diferencia atrasada dada en el apéndice B). De aquí se despeja T_P y se llega a: $\left(1 + \dfrac{h}{\lambda}\,\delta\, x_{WP}\right) T_P = T_W + T_{ext}\,\dfrac{h}{\lambda}\,\delta\, x_{WP}$. Por lo tanto, el valor para los coeficientes es:

$$a_P = 1 + \frac{h}{\lambda}\delta\, x_{WP}$$

$$a_W = 1$$

$$a_E = 0 \qquad\qquad (3.88)$$

$$b = T_{ext}\,\frac{h}{\lambda}\delta\, x_{WP}$$

Puede demostrarse que el sistema de ecuaciones algebraicas resultante, escrita en forma matricial incluyendo las condiciones de frontera de tercera clase, es exactamente el mismo que el obtenido para el caso de condiciones de frontera de segunda clase (Ec. 3.84). Las únicas diferencias son las expresiones para los coeficientes a_P y b correspondientes a los nodos frontera.

En resumen, se puede confirmar que el procedimiento de discretización para las condiciones de frontera es válido para todas las direcciones y para cualquier nodo frontera. La filosofía de discretización para las condiciones de frontera en problemas de 1-D es fácilmente extendida a situaciones de dos y tres dimensiones. Cuando las condiciones de frontera sean discretizadas, el coeficiente a_P por ningún motivo debe anularse ($a_P \neq 0$). Debe notarse, que el sistema resultante de ecuaciones algebraicas, indistinto del tipo de condición de frontera, forma una matriz tridiagonal dominante (1-D).

La notación de coeficientes agrupados simplifica la aplicación de las condiciones de frontera, ya que solo es necesario fijar dos o tres coeficientes para tener la condición deseada (1-D) o más en casos bidimensionales o tridimensionales.

3.8 Consideraciones adicionales

3.8.1 Evaluación del coeficiente de difusión

En todas las formulaciones de discretización desarrolladas previamente, se requiere conocer el coeficiente de difusión Γ en las fronteras o interface de los volúmenes de control (Γ_w, Γ_e, Γ_n..., etc.). Generalmente, en los problemas en los cuales las propiedades físicas son constantes, el coeficiente de difusión es conocido en cualquier posición del dominio espacial de la malla numérica. Sin embargo, cuando el caso corresponde a un problema con propiedades físicas dependientes del espacio o incluso dependientes de la variable incógnita ϕ, es necesario realizar una interpolación para conocer el coeficiente de difusión en la interface del VC. Ya que el coeficiente de difusión al ser un valor escalar estará definido o almacenado en el mismo punto P del volumen de control de la variable ϕ.

El procedimiento más sencillo para obtener el valor del coeficiente en la interface del VC es a través de una interpolación lineal entre dos puntos. Por ejemplo, la determinación de la propiedad Γ en la interface "e", de la Figura 3.21, puede expresarse en función de los puntos P y E como,

$$\Gamma_e = \Gamma_P + \frac{\delta x_{Pe}}{\delta x_{PE}}\left(\Gamma_E - \Gamma_P\right) \tag{3.89}$$

Si la interface "e" se encuentra a la mitad entre los dos puntos P y E, la razón de dimensiones en la Ec. (3.89) sería igual a 0.5, y por lo tanto, Γ_e sería la media aritmética de Γ_P y Γ_E. Esta aproximación conduce, en algunos casos, a resultados incorrectos y no permite manejar adecuadamente los cambios abruptos que puede tener Γ en sistemas de materiales compuestos. Para sobrellevar esta problemática, Patankar en 1978 propuso una aproximación armónica para determinar el valor de la propiedad en la interface del VC. Esta nueva aproximación permite tener una aproximación más real y evita las implicaciones incorrectas que pudieran darse por uso de la aproximación lineal.

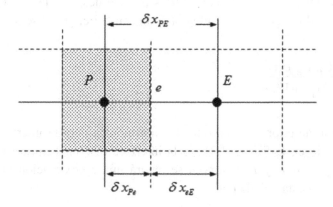

Figura 3.21 Distancias asociadas con la interface "*e*".

Patankar encontró que al realizar una interpolación armónica para la interface *e*, ésta era adecuada para evaluar el flujo en dicha interface. Para encontrar la ecuación para el coeficiente de difusión en la interface *e*, considérese que el flujo en la interface es,

$$q_e = \Gamma_e \frac{T_E - T_P}{\delta x_{PE}} \tag{3.90}$$

Asumiendo que el VC del nodo *P* se encuentra lleno por un material con un coeficiente de difusión Γ_P y que el VC del punto *E* es un material de coeficiente Γ_E, y además que no existe una fuente *S* en el problema. Para ello, se recurre a la solución analítica de la Ec. (3.11), dada por,

$$\Gamma \frac{d\phi}{dx} = c_1 \tag{3.91}$$

Donde c_1 representa una constante. Usando la representación geométrica de la Figura 3.21; se integra esta ecuación entre los puntos *P* y *e*, y posteriormente entre e y E, con ello es posible despejar la constante c_1. Finalmente, al igualar el resultado obtenido con la Ec. (3.90) se llega a,

$$\Gamma_e = \frac{\Gamma_P \, \Gamma_E \, \delta x_{PE}}{\Gamma_E \, \delta x_{Pe} + \Gamma_P \, \delta x_{eE}} \tag{3.92}$$

La ecuación anterior es la aproximación armónica para la interface e del VC mostrado en la Figura 3.21. Si la interface e se encuentra a la mitad entre los puntos P y E, entonces se tendrá una aproximación armónica media, la cual estará dada por:

$$\Gamma_e = \frac{2\Gamma_P \, \Gamma_E}{\Gamma_E + \Gamma_P} \tag{3.93}$$

Para mostrar las deficiencias de una aproximación lineal, considérese el caso en cual se tiene un material con una conductividad $\lambda_E \to 0$. Entonces, de la Ec. (3.93) (aproximación armónica) se obtiene $\lambda_E \to 0$; este resultado implica que el flujo de calor, Ec. (3.90), en la interface e de un material aislante tienda a cero ($q_e \to 0$), lo cual es un resultado físicamente esperado. Sin embargo, si se utiliza la aproximación lineal, Ec. (3.89), se tendría un valor para λ_e y se estaría difundiendo un flujo de calor ficticio.

3.8.2 Linealización del término fuente

El término fuente S puede depender de la variable ϕ y por lo tanto puede representar una fuente no-lineal para la ecuación general de transporte. Si es el caso, el término fuente debe ser linealizado debido que al resolver una EDP no-lineal, ésta se hace de forma iterativa como si fuera una EDP lineal. Además, siempre es mejor linealizar el término fuente que mantenerlo constante. La forma lineal presentada anteriormente es: $S = S_C + S_P \phi_P$, de donde se requiere conocer los coeficientes S_C y S_P, con la condición adicional de que S_P debe ser menor que cero.

Para determinar los coeficientes, considérese que la función $S(\phi)$ es conocida. Una estimación de S en torno a un valor de ϕ_P^* (valor de la variable en la iteración anterior y nodo P) puede obtenerse a partir de una expresión en serie de Taylor como:

$$S = S^* + \left(\frac{dS}{d\phi}\right)^* \left(\phi_P - \phi_P^*\right) \tag{3.94}$$

Donde $S^* = S\left(\phi_P^*\right)$ es el término fuente evaluado con el valor de ϕ_P de la iteración anterior y $\left(\dfrac{dS}{d\phi}\right)^*$ es el gradiente del término fuente evaluado en el punto P. Al comparar la Ec. (3.94) con la Ec. (3.26), es posible identificar los coeficientes de la forma,

$$S_C = S^* - \left(\frac{dS}{d\phi}\right)^* \phi_P^* \tag{3.95}$$

$$S_P = \left(\frac{dS}{d\phi}\right)^* \tag{3.96}$$

Para mostrar la aplicación de la linealización del término fuente, considere que se tiene una función del término fuente del tipo: $S = 5 - 4\phi^2$. Al aplicar las Ecs. (3.95) y (3.96) se obtiene:

$$S_C = \left(5 - 4\phi_P^{*\,2}\right) - \left(-8\phi_P^*\right)\phi_P^* = 5 + 4\phi_P^{*\,2} \tag{3.97a}$$

$$S_P = -8\phi_P^* \tag{3.97b}$$

El procedimiento para determinar los coeficientes es relativamente simple, visto desde el punto de vista del ejemplo anterior. No obstante, al observar el término fuente correspondiente a problemas de flujo de fluidos, transferencia de calor y masa, escritos en resumen en la Tabla 2.2, se nota que no son expresiones sencillas como el ejemplo. Además, a simple vista se aprecia que se cumple $S_P < 0$ para el ejemplo, si y solo si ϕ_P es un escalar como la temperatura o la concentración de especies químicas. Sin embargo, para situaciones mostradas en la Tabla 2.2, en la cual, se involucran variables vectoriales como las velocidades que pueden tener valores negativos, cabe la posibilidad de violar una de las cuatro reglas básicas ($S_P < 0$) y por lo tanto habrá que introducir otras formulaciones alternativas de linealización.

También, del ejemplo anterior, si es el caso que ϕ_P sea una variable que pueda tener un valor negativo se puede usar: $S_C = 5 - 4\phi_P^{*2}$ y $S_p = 0$, esta aproximación quizás es la única cuando la expresión para S es muy complicada. Cualquier otra alternativa de expresar el término fuente, donde se cumpla $S_p < 0$, retardara el proceso de convergencia. El tratamiento matemático del término fuente es muy importante, ya que a menudo es la causa por la cual se presenta divergencia en un proceso iterativo y una adecuada linealización ayudará para alcanzar la convergencia.

3.8.3 Relajación de la solución parcial

Cuando se usa un método iterativo para la solución del sistema de ecuaciones algebraicas, durante el proceso iterativo se puede acelerar o alentar los cambios de la variable ϕ entre una iteración y la siguiente. Este truco numérico se llama sobre-relajación (*overrelaxation*) o bajo-relajación (*underrelaxation*), dependiendo de si los cambios de la variable es acelerada o disminuida respectivamente. La sobre-relajación es comúnmente usada en conjunto con el método de Gauss-Seidel y el esquema resultante es conocido como "Sobre-relajación sucesiva" (*Successive Over-Relaxation*, SOR). La bajo-relajación es útil para los problemas que son no-lineales, ya que pueden aparecer oscilaciones que dificulten el proceso iterativo hacia la convergencia, por lo tanto, la bajo-relajación se usa a menudo para evitar la divergencia en el proceso iterativo de una solución numérica.

Hay varias formas de introducir la sobre-relajación o bajo-relajación. A continuación se presenta el desarrollo para la relajación de la variable ϕ. De la ecuación discreta en notación de coeficientes agrupados,

$$\phi_P = \frac{\sum a_{vecinos}\, \phi_{vecinos} + b}{a_P} \tag{3.98}$$

Definiendo ϕ_P^* como el valor de ϕ_P de la iteración previa. Para determinar el término matemático que hace que el valor de la variable cambie de ϕ_P^* en la iteración previa a ϕ_P en la iteración actual; se manipula la Ec. (3.98) con el valor de ϕ_P^* de la forma,

$$\phi_P = \phi_P^* + \left(\frac{\sum a_{vecinos}\, \phi_{vecinos} + b}{a_P} - \phi_P^* \right) \tag{3.99}$$

En principio, la Ec. (3.99) es la misma que la Ec. (3.98). Sin embargo, se observa que el término dentro del paréntesis representa el cambio en ϕ_P producido por la iteración actual. Como se pretende que ϕ_P no cambie tanto en relación con el valor inicial ϕ_P^*. Entonces, este cambio puede ser relativamente controlado, para ello, este cambio se modifica mediante la introducción de un factor de relajación (α) de la siguiente manera,

$$\phi_P^\alpha = \phi_P^* + \alpha \left(\frac{\sum a_{vecinos}\, \phi_{vecinos} + b}{a_P} - \phi_P^* \right) \tag{3.100a}$$

También, despejando se obtiene la versión para la ecuación en notación de coeficientes agrupados con factor de relajación:

$$\frac{a_P}{\alpha} \phi_P^\alpha = \sum a_{vecinos}\, \phi_{vecinos} + b + (1-\alpha)\frac{a_P}{\alpha} \phi_P^* \tag{3.100b}$$

Con la introducción del factor de relajación en la Ec. (3.99) se está haciendo que ϕ_P cambie únicamente en una fracción α. Se observa que el primer término del paréntesis de la Ec. (3.99) es ϕ_P sin relajar, entonces, si se sustituye la Ec. (3.98) se llega a,

$$\phi_P^\alpha = \phi_P^* + \alpha \left(\phi_P - \phi_P^* \right) \tag{3.101}$$

Normalmente, la Ec. (3.101) se aplica para recalcular la variable después de usar un método de solución de las ecuaciones algebraicas para determinar ϕ_P, el cual es el valor de la variable sin relajar sobre la iteración actual. En la solución de un problema; por introducir el factor de relajación mediante la Ec. (3.100b) durante un proceso iterativo de solución, ficticiamente se hace la matriz de coeficientes más dominante, lo cual es de beneficio para que la solución tienda a la convergencia. La forma que se introduce el factor de relajación por usar la Ec. (3.100b) es durante el cálculo de coeficientes, esto es muy simple, se recalcula el coeficiente "a_p" como $aa_p = \dfrac{a_P}{\alpha}$ y el término "b" como

$$bb = b + \left(1 - \alpha\right) \frac{a_P}{\alpha} \, \phi_P^* \, .$$

Cuando el proceso iterativo converge, esto es, $\phi_P = \phi_P^*$, implica que los valores convergentes de ϕ_P satisfacen la ecuación original (3.98). Un esquema de relajación debe poseer esta propiedad, una solución final convergente aunque obtenida de un valor arbitrario de relajación debe satisfacer la ecuación original.

Si se usan valores para el factor de relajación en el intervalo $0 < \alpha < 1$, el efecto es de baja-relajación. Por otro lado, si el valor de α es mayor que 1 se produce una sobre-relajación.

El valor óptimo de α depende del tipo de estudio a resolver. Un valor de $\alpha \approx 1$ permite acelerar el proceso iterativo y lo hace sensible a situaciones de divergencia; por el contrario, un valor de α cercano a cero retarda el proceso iterativo y lo ayuda a evitar una divergencia. Aunque en general, es necesario emplear la experiencia y la intuición para elegir el valor más apropiado de α para cada caso, existen algunos estudios de investigación donde se ha empleado la teoría de lógica difusa para optimizar el valor de α durante el proceso iterativo (Dragojlovic et al., 2004; Ryoo et al., 1999).

Adicionalmente a la bajo-relajación de las variables dependientes, también es posible bajo-relajar otras cantidades como la densidad, el coeficiente de difusión, el término fuente,… etc, dependiendo del caso a resolver para sobrellevar la no-linealidad o la fuerte dependencia de la variable con las propiedades físicas. De la Ec. (3.101),

$$\rho^\alpha = \rho^* + \alpha\left(\rho - \rho^*\right) \tag{3.102}$$

$$\Gamma^\alpha = \Gamma^* + \alpha\left(\Gamma - \Gamma^*\right) \tag{3.103}$$

$$S_C^\alpha = S_C^* + \alpha\left(S_C - S_C^*\right) \tag{3.104}$$

Obviamente los valores de α no necesariamente tienen que ser iguales.

3.8.4 Criterio de convergencia

Si se usan métodos iterativos para la solución de un sistema de ecuaciones algebraicas, se debe de tener presente que cuando la solución del problema tiende a converger, ésta se aproxima de manera asintótica a la solución de la EDP. También, si el proceso iterativo no-diverge, la solución numérica ya no cambia después de cierto número de iteraciones y no permite obtener una mejora de los resultados hacia la solución del problema. Ello se debe a los errores involucrados en los truncamientos de las aproximaciones, es decir, dependiendo de las aproximaciones utilizadas en el proceso de discretización de las EDP's, se obtendrán ciertos resultados y no se podrá exigir una mejora en ellos a menos que se utilicen aproximaciones más exactas. Es por esto que, es necesario establecer un criterio de convergencia del proceso iterativo a partir del cual se considera la solución suficientemente convergente. Es importante establecer un buen criterio de convergencia, de lo contrario se podría generar una fuente de error debido a una solución no convergida adecuadamente.

Un indicador típico del comportamiento de la convergencia en la iteración k de un proceso iterativo es el **residual local** de la ecuación discretizada, el cual se define como,

$$\left(R_\phi^k \right)_{local} = \left| \left(a_P\, \phi_P \right)^k - \left(\sum_{vecinos} a_{vecinos}\phi_{vecinos} + b \right)^k \right| \qquad (3.105)$$

El residuo local permite obtener un valor para cada VC del dominio computacional. Para tener un único valor indicativo de la convergencia en todo el dominio de solución, se define el **residual global** (R_ϕ^k) de la forma,

$$R_\phi^k = \sum_{VC} \left(R_\phi^k \right)_{local} = \sum_{VC} \left| \left(a_P\, \phi_P \right)^k - \left(\sum_{vecinos} a_{vecinos}\phi_{vecinos} + b \right)^k \right| \qquad (3.106)$$

Algunos autores usan como único valor del residual global a la desviación cuadrática media,

$$R_\phi^k = \sqrt{\sum_{VC}\left[\left(a_P\,\phi_P\right)^k - \left(\sum_{vecinos} a_{vecinos}\phi_{vecinos} + b\right)^k\right]^2}$$ (3.107)

El valor absoluto fue incluido en el residual local para evitar posibles cancelaciones de valores positivos y negativos, lo que podría ocasionar obtener un valor de cero de R_ϕ^k, siendo que los residuales locales no son cero.

El residual global es un valor único que debe decrecer ($R_\phi^k \to 0$) conforme la solución de la variable ϕ, durante el proceso iterativo, tiende a la solución correcta de la ecuación diferencial parcial. Sin embargo, el residual global puede llegar a tener un valor relativamente grande en modelaciones donde la variable ϕ tiene valores grandes en magnitud (Versteeg et al., 2008). Para evitar ello, es necesario que el residual global sea escalado a la magnitud de ϕ. Existen diferentes formas de hacer este escalamiento, para ello, dos formas son definidas como el residual global normalizado ($R_{N-\phi}^k$):

$$R_{N-\phi}^k = \frac{R_\phi^k}{R_\phi^{k_0}}$$ (3.108a)

$$R_{N-\phi}^k = \frac{R_\phi^k}{\sum_{VC}\left|\left(a_P\,\phi_P\right)^k\right|}$$ (3.108b)

En la Ec. (3.108a) el residual global es normalizado por su propio tamaño en la iteración k_0 (usualmente $1 < k_0 < 10$). En la definición de la Ec. (3.108b) se usa la sumatoria sobre todos los VC del término $a_P\phi_P$. Cualquiera de las dos expresiones para $R_{N-\phi}^k$, hacen que el residual se aproxime a cero cuando se obtiene la solución correcta. El beneficio de usar $R_{N-\phi}^k$ es no requerir ajustar caso por caso un valor mínimo de $R_{N-\phi}^k$ para terminar el proceso iterativo de una solución. En general, se considera que se ha conseguido la convergencia cuando todas las variables involucradas en un problema presentan un residuo global normalizado del orden $10^{-4} \leq R_{N-\phi}^{k} \leq 10^{-3}$. Cuando simplemente se usa como criterio de convergencia el residual global (R_{ϕ}^{k}), se recomienda que este sea menor o igual a 10^{-10} para todas las variables del problema.

3.9 Ejemplos de conducción de calor

Para ilustrar el uso del método de volúmenes finitos se presentan a continuación siete ejemplos resueltos. Cada ejemplo permite aprender de forma gradual el uso del método de VF. Los ejemplos han sido elegidos para que el lector genere la habilidad suficiente para resolver problemas lineales o no-lineales de difusión con dependencia espacial y temporal. También, para seis de los ejemplos se presenta su correspondiente solución analítica. Los cinco primeros ejemplos son en una dimensión y los restantes son en dos dimensiones. El primer ejemplo básico es para familiarizarse con la técnica de volúmenes finitos; el segundo y tercer ejemplo consiste en implementar diferentes condiciones de frontera y término fuente; el cuarto ejemplo fue planteado con la idea que el lector implemente situaciones de variación de propiedades físicas y el quinto ejemplo es para uso del término temporal de la variable. En los dos ejemplos bidimensionales se usa lo aprendido en los ejemplos de una dimensión. En todos los problemas resueltos se usa como criterio de convergencia el residual global como desviación cuadrática media con un valor de 1×10^{-10} (Ec. 3.107).

3.9.1 Conducción de calor unidimensional

Ejemplo 3.1: Determinar la variación de temperatura unidimensional $T(x)$, en un barra de plomo homogéneo (λ = 35 $W/m°C$, C_p = 130 $J/kg°C$). Considere que en el medio sólo existe conducción de calor y que a través de él no existe generación de la variable. La barra tiene una longitud de un metro, la cual está sujeta a condiciones de frontera de primera clase (Figura 3.22). Este ejemplo es para familiarizarse con el método de volumen finito. La solución analítica del problema es:

$$T(x) = \frac{T_B - T_A}{Hx} x + T_A.$$

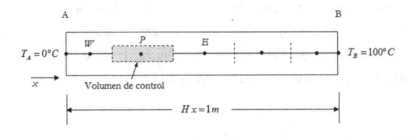

Figura 3.22 Problema de conducción de calor en 1-D.

Solución del ejemplo 3.1: El primer paso de la solución numérica del problema es la determinación de las características geométricas (generación de malla computacional). Para ello, se usan las Ecs. (3.13)-(3.15) y con un número de nodos $Nx = 7$ se obtiene para una malla uniforme: $\Delta x = 0.2m$. Las coordenadas de cada uno de los puntos nodales son (Tabla 3.1):

Tabla 3.1 Coordenadas del sistema en 1-D.

Coord. \ Nodo	1	2	3	4	5	6	7
x (m)	0	0.1	0.3	0.5	0.7	0.9	1

El segundo paso es calcular los coeficientes de cada uno de los nodos discretos. Si se considera que no existe término fuente y debido al medio homogéneo, las propiedades son constantes ($\Gamma = \lambda/C_p$); entonces, los coeficientes son determinados de la Ec. (3.30) y (3.78) para los nodos internos y nodos frontera, respectivamente, obteniéndose los resultados que se presentan en la Tabla 3.2.

Tabla 3.2 Coeficientes del ejemplo 3.1.

Coef. \ Nodo	1	2	3	4	5	6	7
a_W	0	2.692	1.346	1.346	1.346	1.346	0
a_E	0	1.346	1.346	1.346	1.346	2.692	0
a_P	1	4.038	2.692	2.692	2.692	4.038	1
b	0	0	0	0	0	0	100

Como tercer paso se tiene que resolver el sistema de ecuaciones algebraicas lineales, en este caso para un número de nodos igual a 7. De forma sencilla, se usa el método iterativo de Jacobi presentado en el apartado 3.3.3 (mayor detalle se encuentra en el Capítulo 6). Para el problema de conducción de calor, la Ec. (3.32) se puede escribir,

$$T_P = \frac{a_W \, T_W^* + a_E \, T_E^* + b}{a_P} \tag{3.109}$$

El asterisco indica el valor de temperatura de la iteración anterior, la cual puede escribirse en notación de programación como:

$$T(i) = \frac{a_W(i) \, T^*(i-1) + a_E(i) \, T^*(i+1) + b(i)}{a_P(i)} \tag{3.110}$$

La ecuación (3.110) es aplicable para todos los nodos del sistema, incluyendo los nodos frontera. En el caso de los nodos fronteras: $i = 1$ e $i = 7$, el coeficiente $a_W(1) = 0$ y $a_E(7) = 0$, respectivamente. Los coeficientes dependen de las propiedades y como éstas son constantes, los coeficientes también son constantes durante el proceso iterativo y no hay necesidad de calcularlos en cada iteración. Por lo tanto, aplicando la Ec. (3.110) para cada nodo computacional y asumiendo un valor adivinado de temperatura constante en los nodos internos de 50°C y de 0°C en los nodos frontera; se obtiene después de 1, 5 y 10 iteraciones, la siguiente distribución de temperatura (Tabla 3.3):

Tabla 3.3 Resultados de temperatura para el ejemplo 3.1.

Temp. \ Nodo	1	2	3	4	5	6	7
T (°C) (1 iteración)	0	16.67	50	50	50	16.67	100
T (°C) (5 iteraciones)	0	7.41	30.56	38.89	69.44	85.19	100
T (°C) (10 iteraciones)	0	10.01	26.72	50	66.69	89.99	100

Finalmente, la solución numérica converge en 139 iteraciones obteniéndose un comportamiento lineal de la distribución de temperatura. Los valores de temperatura obtenidos numéricamente se encuentran en la Tabla 3.4, se aprecia que estos valores son los mismos que los correspondientes obtenidos con la solución analítica. Los errores no son significativos para este problema. En la Figura 3.23 se muestra el comportamiento del residual global (R_ϕ^k), en la cual se aprecia que a medida que se incrementan las iteraciones, el residual disminuye hasta el valor establecido de paro.

Tabla 3.4 Resultado de temperatura convergido para el ejemplo 3.1.

Temp. \ Nodo	1	2	3	4	5	6	7
T (°C) (Analítica)	0	10	30	50	70	90	100
T (°C)	0	10	30	50	70	90	100

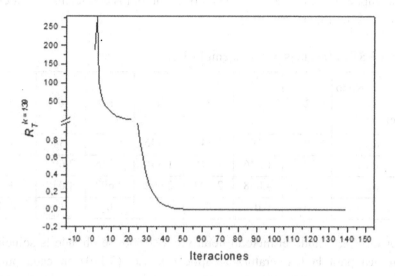

Figura 3.23 Residual global para el problema de conducción de calor en 1-D.

Ejemplo 3.2: Repetir el problema del ejemplo 3.1, con la diferencia que en la frontera $x = Hx$ (punto B) se tiene una condición de segunda clase, es decir se tiene un flujo de calor impuesto de $Q = 1000W$. Este ejercicio es para familiarizarse con el uso de diferentes condiciones de frontera. La solución analítica del problema es: $T(x) = \dfrac{q}{\lambda} x + T_A$, donde $q = \dfrac{Q}{Area}$ con una área unitaria para este problema.

Solución del ejemplo 3.2: Para la solución de este problema se observa que:

1.- Los valores de las características geométricas son los mismos que los obtenidos en el ejemplo 3.1.

2.- Los valores de los coeficientes de cada nodo computacional son iguales que en el ejercicio anterior, con excepción de que el valor de los coeficientes en la frontera $x = Hx$ son diferentes. En este caso, para la determinación de los coeficientes en la frontera con condición de flujo de calor impuesto, se usa la Ec. (3.83). Por lo tanto, los coeficientes para este ejercicio son (Tabla 3.5):

Tabla 3.5 Coeficientes para el ejemplo 3.2.

Coef. \\ Nodo	1	2	3	4	5	6	7
a_W	0	2.692	1.346	1.346	1.346	1.346	1
a_E	0	1.346	1.346	1.346	1.346	2.692	0
a_P	1	4.038	2.692	2.692	2.692	4.038	1
b	0	0	0	0	0	0	2.857

Nuevamente, usando el método iterativo de Jacobi se obtiene la solución numérica para la temperatura al aplicar la Ec. (3.110) en cada punto nodal. La solución numérica converge en 922 iteraciones, obteniéndose la distribución de temperatura mostrada en la Tabla 3.6; al igual que en el ejercicio anterior, de la comparación de resultados numéricos con los valores analíticos, los errores son despreciables.

Tabla 3.6 Resultado de temperatura convergido para el ejemplo 3.2.

Temp. \\ Nodo	1	2	3	4	5	6	7
T (°C) (Analítica)	0	2.86	8.57	14.29	20	25.71	28.57
T (°C)	0	2.86	8.57	14.29	20	25.71	28.57

Ejemplo 3.3: Repetir el problema del ejemplo 3.1, con la única diferencia que en centro de la barra ($x = 0.5\ m$) se tiene un flujo de calor modificado de $q/C_P = 750$, con sus respectivas unidades. Este ejercicio es para usar el término fuente del modelo matemático.

Solución del ejemplo 3.3: En este problema se tiene que:

1.- Los valores de las características geométricas son los mismos que los obtenidos en el ejemplo 3.1.

2.- Los valores de los coeficientes de cada nodo computacional son iguales que en el ejemplo 3.1, con excepción que el valor de los coeficientes en el centro de la barra ($i = 4$) son diferentes. En este caso, el flujo de calor se asigna al término fuente S_C (Ec. 3.30), por lo tanto, esta diferencia se refleja en el valor del coeficiente b para el centro de la barra. Los coeficientes de este problema se muestran en la Tabla 3.7:

Tabla 3.7 Coeficientes para el ejemplo 3.3.

Coef. \ Nodo	1	2	3	4	5	6	7
a_W	0	2.692	1.346	1.346	1.346	1.346	0
a_E	0	1.346	1.346	1.346	1.346	2.692	0
a_P	1	4.038	2.692	2.692	2.692	4.038	1
b	0	0	0	150	0	0	100

Al emplear el método iterativo de Jacobi se obtiene la solución numérica de la Ec. (3.110). La solución numérica converge en 138 iteraciones, la distribución de temperatura se presenta en la siguiente figura, en la cual se puede apreciar que el comportamiento es no-lineal como consecuencia del flujo de calor en el centro de la barra.

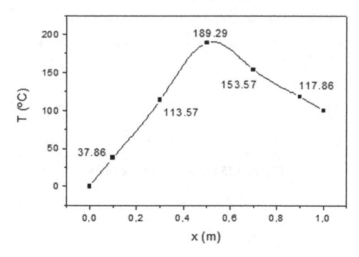

Figura 3.24 Perfil de temperatura para el problema de conducción de calor en 1-D con una fuente de calor.

Ejemplo 3.4: Repetir el problema del ejemplo 3.1, con la diferencia que la barra está compuesta de dos materiales diferentes: Un material aislante (λ_1 = 0.039 W/m °C, C_{P1} = 1800 $J/kg°C$) y plomo (λ_2 = 35 $W/m°C$, C_{P2} = 130 $J/kg°C$). Cada uno de los materiales es homogéneo. Las dimensiones de cada uno de los materiales de la barra compuesta se muestran en la Figura 3.25. Este ejercicio es para usar las relaciones de interpolación para las propiedades de difusión (apartado 3.8). La solución analítica del problema es,

$$T(x) = \frac{T_{interface} - T_A}{Hx_1} x + T_A \quad para \quad 0 \le x \le Hx_1$$

$$T(x) = \frac{T_B - T_{interface}}{(Hx - Hx_1)}(x - Hx_1) + T_{interface} \quad para \quad Hx_1 \le x \le Hx$$

(3.111)

Donde: $T_{interface} = \dfrac{T_A + \dfrac{\lambda_2}{\lambda_1}\dfrac{Hx_1}{(Hx - Hx_1)} T_B}{1 + \dfrac{\lambda_2}{\lambda_1}\dfrac{Hx_1}{(Hx - Hx_1)}}$

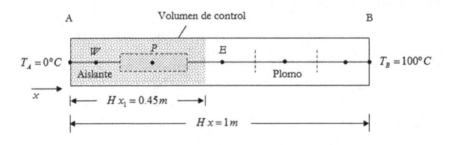

Figura 3.25 Barra compuesta en 1-D.

Solución del ejemplo 3.4: En este problema se aprecia que:

1.- Los valores de las características geométricas son los mismos que los obtenidos en el ejemplo 3.1.

2.- Para determinar los valores de los coeficientes de cada nodo computacional es necesario usar una interpolación para la propiedad de difusión, debido a que la propiedad de difusión tiene dos valores diferentes a los largo de la barra. Para la interpolación de la propiedad difusiva se usa la Ec. (3.92). Los coeficientes de este ejercicio se determinan de la Ec. (3.30) y (3.78), estos son mostrados en la Tabla 3.8:

Tabla 3.8 Coeficientes para el ejemplo 3.4.

Coef. \ Nodo	1	2	3	4	5	6	7
a_W	0	2.17×10^{-4}	1.08×10^{-4}	2.17×10^{-4}	1.346	1.346	0
a_E	0	1.08×10^{-4}	2.17×10^{-4}	1.346	1.346	2.692	0
a_P	1	3.25×10^{-4}	3.25×10^{-4}	1.346	2.692	4.038	1
b	0	0	0	0	0	0	100

A pesar de tener una barra compuesta de dos materiales, los coeficientes son constantes; y se mantienen constantes durante el procedimiento iterativo del método Jacobi. Por lo tanto, aplicando la Ec. (3.110) para cada nodo computacional y asumiendo un valor adivinado de temperatura constante en los nodos internos de 50°C y de 0°C en los nodos frontera; se obtiene después de 1, 5 y 10 iteraciones, la siguiente distribución de temperatura (Tabla 3.9):

Tabla 3.9 Resultado de temperatura para el ejemplo 3.4.

Temp. \ Nodo	1	2	3	4	5	6	7
T (°C) (1 iteración)	0	16.67	50	50	50	16.67	100
T (°C) (5 iteraciones)	0	8.85	48.76	55.55	77.78	85.19	100
T (°C) (10 iteraciones)	0	21.05	59.20	90.11	86.83	96.71	100

Finalmente, la solución numérica converge después de 140 iteraciones obteniéndose un comportamiento no-lineal para la variación de temperatura a lo largo de la barra. Este comportamiento se muestra en la Figura 3.26. La gráfica de la izquierda corresponde a los resultados obtenidos para un número de nodos: $Nx = 7$ y la gráfica de la derecha son los resultados para $Nx = 51$. En la Figura también se encuentran graficados los valores analíticos (valores por debajo de la curva). Se puede apreciar que los valores numéricos de temperatura (valores por arriba de la curva) en la zona del material aislante son más grandes que los correspondientes valores analíticos para $Nx = 7$, lo cual genera error máximo de 12.5%. Sin embargo, cuando la malla espacial se refina con un número de nodos igual a 51, este error disminuye a 0.2%. La solución numérica obtenida con la malla fina de 51 nodos define el comportamiento correcto de la temperatura.

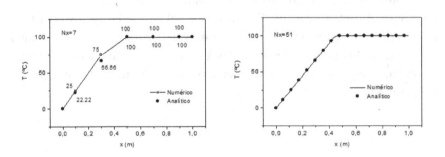

Figura 3.26 Perfil de temperatura para una barra compuesta: Izquierda: $Nx = 7$, Derecha: $Nx = 51$.

Ejemplo 3.5: Determinar la variación de temperatura unidimensional en estado transitorio, $T(x,t)$, en un barra de material homogéneo (λ = 2.0 $W/m°C$, C_p = 1.0 $J/kg°C$, ρ = 1.0 kg/m^3). Considere que en la barra sólo existe conducción de calor y que a través de ella no existe generación de calor. La barra está sujeta a condiciones de frontera de primera clase con una condición inicial $T = T_0\ sen(\pi x)$, donde T_0 = 20 °C (Figura 3.27). Este ejemplo es para implementar el efecto temporal de la temperatura.

La formulación matemática del problema a partir de la Ec. (3.50) es:

$$\frac{\partial(\rho T)}{\partial t} = \frac{\partial}{\partial x}\left(\frac{\lambda}{C_P}\frac{\partial T}{\partial x}\right) \quad en \quad \begin{cases} 0 < x < Hx \\ \quad t > 0 \end{cases} \tag{3.112}$$

Sujeta a las condiciones de frontera,

$$T = T_A = 0°C \quad en \quad x = 0 \quad para \quad t > 0$$
$$T = T_B = 0°C \quad en \quad Hx = 0 \quad para \quad t > 0 \tag{3.113}$$

Con una condición inicial de la forma,

$$T = T_0\ sen(\pi x) \quad en \quad \begin{cases} 0 \le x \le Hx \\ \quad t = 0 \end{cases} \tag{3.114}$$

La solución analítica del modelo matemático es (Özisik, 1985):

$$T(x,t) = T_0\ e^{-\alpha\beta t}\ Sen(\beta x) \tag{3.115}$$

Donde: $\alpha = \dfrac{\lambda}{\rho\,C_P}$ y $\beta = \dfrac{\pi}{Hx}$.

122

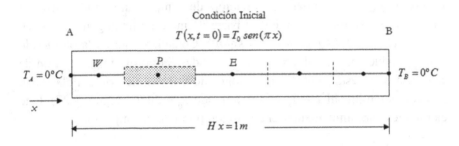

Figura 3.27 Problema transitorio de conducción de calor en 1-D.

Solución del ejemplo 3.5: En este problema se tiene que:

1.- Los valores de las características geométricas son los mismos que los obtenidos en el ejemplo 3.1.

2.- La discretización necesaria del modelo matemático (Ec. 3.112) se presentó en el apartado 3.6.3, así los valores de los coeficientes de cada nodo computacional son determinados de la Ec. (3.66) por el método implícito. En este caso, los coeficientes son diferentes en cada paso de tiempo debido a los términos transitorios involucrados en los coeficientes a_p y b. Para la solución numérica del sistema de ecuaciones algebraicas se usó el método de Gauss-Seidel (ver el Capítulo 6). A continuación se presentan los valores de los coeficientes en el primer paso de tiempo de solución para diferentes incrementos de tiempo: $\Delta t = 0.0001, 0.001, 0.01, 0.1s$ (Tabla 3.10).

Tabla 3.10a Coeficientes con paso de tiempo $\Delta t = 0.0001s$ para el ejemplo 3.5.

$\Delta t = 0.0001s$							
Nodo / Coef.	1	2	3	4	5	6	7
a_P^0	0	2000	2000	2000	2000	2000	0
a_W	0	20	10	10	10	10	0
a_E	0	10	10	10	10	20	0
a_P	1	2030	2020	2020	2020	2030	1
b	0	12360.68	32360.68	40000	32360.68	12360.68	0

Tabla 3.10b Coeficientes con paso de tiempo $\Delta t = 0.001s$ para el ejemplo 3.5.

$\Delta t = 0.001s$							
Nodo / Coef.	1	2	3	4	5	6	7
a_P^0	0	200	200	200	200	200	0
a_W	0	20	10	10	10	10	0
a_E	0	10	10	10	10	20	0
a_P	1	230	220	220	220	230	1
b	0	1236.07	3236.07	4000	3236.07	1236.07	0

Tabla 3.10c Coeficientes con paso de tiempo $\Delta t = 0.01s$ para el ejemplo 3.5.

Coef. \ Nodo	1	2	3	4	5	6	7
				$\Delta t = 0.01s$			
a_P^0	0	20	20	20	20	20	0
a_W	0	20	10	10	10	10	0
a_E	0	10	10	10	10	20	0
a_P	1	50	40	40	40	50	1
b	0	123.61	323.61	400	323.61	123.61	0

Tabla 3.10d Coeficientes con paso de tiempo $\Delta t = 0.1s$ para el ejemplo 3.5.

Coef. \ Nodo	1	2	3	4	5	6	7
				$\Delta t = 0.1s$			
a_P^0	0	2	2	2	2	2	0
a_W	0	20	10	10	10	10	0
a_E	0	10	10	10	10	20	0
a_P	1	32	22	22	22	32	1
b	0	12.36	32.36	40	32.36	12.36	0

Para resolver el sistema de ecuaciones algebraicas resultante del problema transitorio se siguen los pasos que se muestran en el diagrama de flujo de la Figura 3.16. Para concluir el ejercicio, a continuación se reportan los valores obtenidos para la temperatura en cada nodo computacional para un tiempo de $t = 0.1s$ y con diferentes paso de tiempo (Δt). Los resultados son presentados en la Tabla 3.11, de estos, se aprecia que a medida que el paso de tiempo se hace más pequeño ($\Delta t \rightarrow 0$) los resultados son más exactos respecto a la solución analítica; en otras palabras, a medida que la malla temporal se haga más pequeña, el error de discretización tenderá a cero (el método numérico es consistente).

Tabla 3.11 Resultados de temperatura con diferentes paso de tiempo para el ejemplo 3.5.

Temp. \ Nodo	1	2	3	4	5	6	7
T (°C) (Analítica)	0	0.86	2.25	2.78	2.25	0.86	0
T (°C) ($\Delta t = 0.0001s$)	0	0.92	2.4	2.97	2.4	0.92	0
T (°C) ($\Delta t = 0.001s$)	0	0.93	2.44	3.02	2.44	0.93	0
T (°C) ($\Delta t = 0.01s$)	0	1.08	2.82	3.48	2.82	1.08	0
T (°C) ($\Delta t = 0.1s$)	0	2.12	5.56	6.87	5.56	2.12	0

3.9.2 Conducción de calor bidimensional

Ejemplo 3.6: Determinar la variación de temperatura bidimensional, $T(x,y)$, en un placa de plomo homogéneo ($\lambda = 35$ $W/m°C$, $C_p = 130$ $J/kg°C$). Considere que en el medio sólo existe conducción de calor y que a través de él no existe generación de la variable. La placa es cuadrada con una longitud de un metro, la cual está sujeta a las condiciones de frontera que se muestran en la Figura 3.28. Este ejercicio es para implementar situaciones de 2-D o 3-D. La solución analítica del problema es:

$$T\left(x,y\right)=T_A+\frac{2\left(T_B-T_A\right)}{\pi}\sum_{n=1}^{\infty}\frac{1-(-1)^n}{n}\frac{senh\left(\dfrac{n\pi}{Hx}y\right)}{senh\left(n\pi\dfrac{Hy}{Hx}\right)}sen\left(\dfrac{n\pi}{Hx}x\right)\quad(3.116)$$

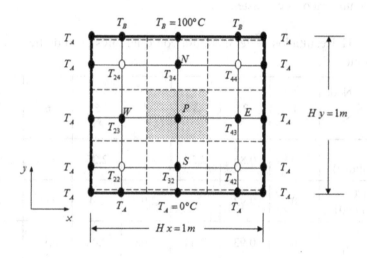

Figura 3.28 Problema de conducción de calor en 2-D.

Solución del ejemplo 3.6: Para determinar las características geométricas del plano computacional se usan las Ecs. (3.13)-(3.15) para cada una de las direcciones; así para un número de nodos $Nx = 5$ y $Ny = 5$ y considerando una malla uniforme se obtiene: $\Delta x = 0.333$ m y $\Delta y = 0.333$ m. Por lo tanto, las coordenadas de cada uno de los puntos nodales son (Tabla 3.12):

Tabla 3.12 Coordenadas para el ejemplo 3.6.

Nodo–j \ Nodo–i	1	2	3	4	5
1	$(0, 0)$	$(0.167, 0)$	$(0.5, 0)$	$(0.833, 0)$	$(1, 0)$
2	$(0, 0.167)$	$(0.167, 0.167)$	$(0.5, 0.167)$	$(0.833, 0.167)$	$(1, 0.167)$
3	$(0, 0.5)$	$(0.167, 0.5)$	$(0.5, 0.5)$	$(0.833, 0.5)$	$(1, 0.5)$
4	$(0, 0.833)$	$(0.167, 0.833)$	$(0.5, 0.833)$	$(0.833, 0.833)$	$(1, 0.833)$
5	$(0, 1)$	$(0.167, 1)$	$(0.5, 1)$	$(0.833, 1)$	$(1, 1)$

Análogamente al ejercicio de una dimensión, los coeficientes de cada uno de los nodos discretos se determinan de las Ecs. (3.39) a (3.41) y (3.78) para los nodos internos y nodos frontera, respectivamente. A continuación se tabulan (Tablas 3.13-3.15) los coeficientes para todos los valores de x ($i = 1,2,...,5$) y $y = 0,0.5,1m$ ($j = 1,3,5$):

Tabla 3.13 Coeficientes en $y = 0$ m para el ejemplo 3.6.

	$y = 0$ m				
Coef. \ Nodo – i	1	2	3	4	5
a_W	0	0	0	0	0
a_E	0	0	0	0	0
a_S	0	0	0	0	0
a_N	0	0	0	0	0
a_P	1	1	1	1	1
b	0	0	0	0	0

Tabla 3.14 Coeficientes en $y = 0.5$ *m* para el ejemplo 3.6.

Coef. \ Nodo – i	1	2	3	4	5
			$y = 0.5$ m		
a_W	0	0.538	0.269	0.269	0
a_E	0	0.269	0.269	0.538	0
a_S	0	0.269	0.269	0.269	0
a_N	0	0.269	0.269	0.269	0
a_P	1	1.346	1.077	1.346	1
b	0	0	0	0	0

Tabla 3.15 Coeficientes en $y = 1$ *m* para el ejemplo 3.6.

Coef. \ Nodo – i	1	2	3	4	5
			$y = 1$ m		
a_W	0	0	0	0	0
a_E	0	0	0	0	0
a_S	0	0	0	0	0
a_N	0	0	0	0	0
a_P	1	1	1	1	1
b	0	100	100	100	0

Para resolver el sistema de ecuaciones algebraicas lineales para este problema de 2-D, nuevamente se recurre al método iterativo de Jacobi. Para ello, se usa la ecuación discretizada de coeficientes agrupados para dos dimensiones: $a_P \phi_P = a_W \phi_W + a_E \phi_E + a_S \phi_S + a_N \phi_N + b$, de esta ecuación se despeja T_P, obteniéndose la ecuación generativa para calcular la temperatura en cada uno de los puntos nodales:

$$T_P = \frac{a_W\,T_W^* + a_E\,T_E^* + a_S\,T_S^* + a_N\,T_N^* + b}{a_P} \tag{3.117}$$

De nuevo, el asterisco indica el valor de temperatura de la iteración anterior, que puede escribirse en notación de programación,

$$\begin{aligned}
T(i,j)=&\big[\,a_W(i,j)\,T^*(i-1,j)+a_E(i,j)\,T^*(i+1,j)+a_S(i,j)\,T^*(i,j-1)+\\
&a_N(i,j)\,T^*(i,j+1)+b(i,j)\,\big]/\,a_P(i,j)
\end{aligned} \tag{3.118}$$

La Ec. (3.118) es aplicable para todos los nodos del sistema, incluyendo los nodos frontera. Al igual que en el ejemplo 3.1, los coeficientes son constantes durante el proceso iterativo y no hay necesidad de calcular los coeficientes en cada iteración. Por lo tanto, aplicando la Ec. (3.118) para cada nodo computacional y asumiendo un valor adivinado de temperatura constante en los nodos internos de 50°C y de 0°C en los nodos frontera; se obtiene después de 1 y 5 iteraciones, la siguiente distribución de temperatura (Tabla 3.16):

Tabla 3.16a Resultados de temperatura para el ejemplo 3.6.

T (°C) (1 iteración)				
$T_{15}=0$	$T_{25}=100$	$T_{35}=100$	$T_{45}=100$	$T_{55}=0$
$T_{14}=0$	$T_{24}=16.67$	$T_{34}=30$	$T_{44}=16.67$	$T_{54}=0$
$T_{13}=0$	$T_{23}=30$	$T_{33}=50$	$T_{43}=30$	$T_{53}=0$
$T_{12}=0$	$T_{22}=16.67$	$T_{32}=30$	$T_{42}=16.67$	$T_{52}=0$
$T_{11}=0$	$T_{21}=0$	$T_{31}=0$	$T_{41}=0$	$T_{51}=0$

Tabla 3.16b Resultados de temperatura para el ejemplo 3.6.

T (°C) (5 iteraciones)				
$T_{15} = 0$	$T_{25} = 100$	$T_{35} = 100$	$T_{45} = 100$	$T_{55} = 0$
$T_{14} = 0$	$T_{24} = 46.52$	$T_{34} = 64$	$T_{44} = 46.52$	$T_{54} = 0$
$T_{13} = 0$	$T_{23} = 15.56$	$T_{33} = 25.56$	$T_{43} = 15.56$	$T_{53} = 0$
$T_{12} = 0$	$T_{22} = 3.85$	$T_{32} = 7.11$	$T_{42} = 3.85$	$T_{52} = 0$
$T_{11} = 0$	$T_{21} = 0$	$T_{31} = 0$	$T_{41} = 0$	$T_{51} = 0$

La solución numérica converge en 48 iteraciones, obteniéndose un comportamiento simétrico respecto al centro del eje vertical. La solución es comparada con la solución analítica del problema (Figura 3.29). A pesar que la solución numérica se obtiene con una malla gruesa ($Nx = 5$ y $Ny = 5$), se aprecia que la solución numérica es cualitativamente similar a los valores de la solución analítica y las diferencias entre ambas soluciones no son significativas. Si se incrementa el número de nodos para disminuir los posibles errores debido al uso de la malla gruesa, se obtiene la solución numérica mostrada en la Figura 3.30, la cual corresponde a una malla numérica de $Nx = 51$ y $Ny = 51$. La solución numérica obtenida con la malla fina define el comportamiento correcto de las isotermas, mostrando la simetría del problema.

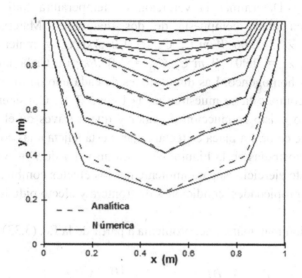

Figura 3.29 Comparación entre la solución numérica y analítica del problema de conducción de calor en 2-D.

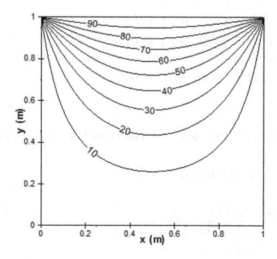

Figura 3.30 Isotermas del problema de conducción de calor en 2-D para una malla fina.

Ejemplo 3.7: Determinar la variación de temperatura bidimensional, $T(x,y)$, en un placa compuesta de dos materiales. Material 1 con propiedades: $\lambda_1 = 0.06$ $W/m°C$, $C_{P1} = 1.0$ $J/kg°C$, y material 2 con propiedades: $\lambda_2 = 0.001$ $W/m°C$, $C_{P2} = 1.0$ $J/kg°C$. Cada uno de los materiales es homogéneo. Las dimensiones de cada uno de los materiales de la placa compuesta se muestran en la Figura 3.31. Considere que en el medio sólo existe conducción de calor y que a través de él no existe generación de calor. La placa es rectangular y está sujeta a las condiciones de frontera mostradas en la Figura 3.31, con un valor de $T_A = 600°C$ y $T_B = 100°C$. Este ejercicio es para implementar los efectos combinados de la variación de propiedades, condiciones de frontera y efecto bidimensional.

La formulación matemática del problema a partir de la Ec. (3.33) es:

$$\frac{\partial}{\partial x}\left(\frac{\lambda}{C_P}\frac{\partial T}{\partial x}\right) + \frac{\partial}{\partial y}\left(\frac{\lambda}{C_P}\frac{\partial T}{\partial y}\right) = 0 \quad en \quad \begin{cases} 0 < x < Hx \\ 0 < y < Hy \end{cases} \tag{3.119}$$

Sujeta a las condiciones de frontera,

$$
\begin{aligned}
T &= T_A \quad en \quad x = 0 \quad &para \quad 0 \le y \le H\,y \\
T &= T_B \quad en \quad x = Hx \quad &para \quad 0 \le y \le H\,y \\
T &= 0°C \quad en \quad y = 0 \quad &para \quad 0 < x < H\,x \\
\frac{\partial T}{\partial y} &= 0 \quad en \quad y = H\,y \quad &para \quad 0 < x < H\,x
\end{aligned}
\tag{3.120}
$$

La solución analítica del modelo matemático es (Chang y Payne, 1991):

Para $0 \le x \le Hx_1$, $\quad 0 \le y \le Hy$

$$T(x,y) = \sum_{m=0}^{\infty} \frac{2}{Hy}\frac{sen(\beta_m y)}{senh\left(\dfrac{\beta_m}{2}\right)}\left\{\frac{T_A}{\beta_m} senh\left[\beta_m\left(\frac{1}{2}-x\right)\right] + T_{\mathrm{int\,erface}}\, senh(\beta_m x)\right\} \tag{3.121a}$$

Para $Hx_1 \le x \le Hx$, $\quad 0 \le y \le Hy$

$$T(x,y) = \sum_{m=0}^{\infty} \frac{2}{Hy} \frac{sen(\beta_m y)}{senh\left(\frac{\beta_m}{2}\right)} \left\{ T_{interface} senh\left[\beta_m(1-x)\right] + \frac{T_B}{\beta_m} senh\left[\beta_m\left(x-\frac{1}{2}\right)\right] \right\} \quad (3.121b)$$

Donde: $\quad T_{interface} = \dfrac{\lambda_1 T_A + \lambda_2 T_B}{\beta_m (\lambda_1 + \lambda_2)\cosh\left(\dfrac{\beta_m}{2}\right)}$

$$\beta_m = \left(\frac{2n+1}{2}\right)\frac{\pi}{Hy} \quad, \quad n = 0,1,2\ldots$$

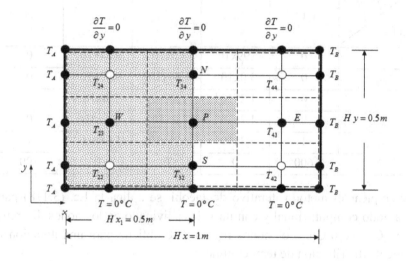

Figura 3.31 Placa compuesta en 2-D.

Solución del ejemplo 3.7:

1.- Los valores de las características geométricas son los mismos que los obtenidos en el ejercicio anterior (ejemplo 3.6).

2.- Similar al ejemplo 3.4, para determinar los valores de los coeficientes es necesario usar una interpolación para la propiedad de difusión.

Para la interpolación de la propiedad difusiva se usa la Ec. (3.92). Los coeficientes son determinados de la Ec. (3.39) a (3.41) para los nodos internos y para los nodos frontera se usan ecuaciones similares a la Ec. (3.78) y (3.83). A continuación se tabulan los coeficientes para todos los valores de x ($i = 1,2,...,5$) y $y = 0.25\ m$ ($j = 3$):

Tabla 3.17 Coeficientes para el ejemplo 3.7.

Coef. \ Nodo –i	$y = 0.25$ m				
	1	2	3	4	5
a_W	0	5.99×10^{-2}	3.0×10^{-2}	9.84×10^{-4}	0
a_E	0	3.0×10^{-2}	9.84×10^{-4}	9.99×10^{-4}	0
a_S	0	1.2×10^{-1}	1.2×10^{-1}	2.0×10^{-3}	0
a_N	0	1.2×10^{-1}	1.2×10^{-1}	2.0×10^{-3}	0
a_P	1	3.3×10^{-1}	2.71×10^{-1}	5.98×10^{-3}	1
b	600	0	0	0	100

Por emplear el método iterativo de Jacobi, se aplica la Ec. (3.118) para cada nodo computacional y con un valor adivinado en los nodos discretos de 50°C y de 0°C en los nodos frontera; se obtiene para una iteración la siguiente distribución de temperatura:

Tabla 3.18 Resultados de temperatura para el ejemplo 3.7.

T (°C) (1 iteración)				
$T_{15} = 600$	$T_{25} = 50$	$T_{35} = 50$	$T_{45} = 50$	$T_{55} = 100$
$T_{14} = 600$	$T_{24} = 16.67$	$T_{34} = 19.31$	$T_{44} = 18.69$	$T_{54} = 100$
$T_{13} = 600$	$T_{23} = 40.91$	$T_{33} = 50$	$T_{43} = 41.64$	$T_{53} = 100$
$T_{12} = 600$	$T_{22} = 16.67$	$T_{32} = 19.31$	$T_{42} = 18.69$	$T_{52} = 100$
$T_{11} = 600$	$T_{21} = 0$	$T_{31} = 0$	$T_{41} = 0$	$T_{51} = 100$

Finalmente, la solución numérica para un número de nodos: $Nx = 5$ y $Ny = 5$ converge después de 265 iteraciones. Para comparar los resultados numéricos con los resultados analíticos, se refina la malla hasta un número de nodos $Nx = 51$ y $Ny = 51$, obteniéndose el comportamiento mostrado en la Figura 3.32. Se aprecia la desviación significativa de las isotermas entre los resultados numéricos y analíticos corresponde a la isoterma 300 y 250°C. El error máximo encontrado es del 3.0%.

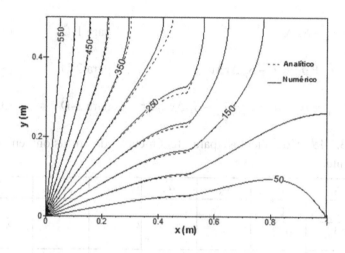

Figura 3.32 Isotermas en 2-D para $Nx = 51$ y $Ny = 51$.

3.10 Resumen

Esté capítulo se presentó con la finalidad de que el lector obtenga una familiarización del MVF y que desarrolle sus propios códigos numéricos. Primeramente, el fenómeno de difusión en una, dos y tres dimensiones en estado permanente fue presentado en forma detallada. Para ello, se describió las diferentes formas en que se pueden llevar a cabo las integrales de superficie y de volumen, de las cuales se usó la regla de medio punto para las respectivas aproximaciones de integración. Para el proceso de discretización, diferentes términos requieren interpolaciones en la interface del VC. Por lo tanto, los términos difusivos requeridos en la interface fueron interpolados mediante un esquema centrado, el cual es un esquema de segundo orden de error. La Tabla 3.19 resume los coeficientes obtenidos para los problemas de difusión en estado permanente. La ecuación algebraica general obtenida es:

$$a_P \phi_P = \sum_{vecinos} a_{vecinos} \phi_{vecinos} + b \tag{3.122}$$

Donde

$$a_P = a_W + a_E - S_P \, \Delta x \qquad\qquad \text{para 1-D} \qquad (3.123a)$$

$$a_P = a_E + a_W + a_N + a_S - S_P \, \Delta x \Delta y \qquad\qquad \text{para 2-D} \qquad (3.123b)$$

$$a_P = a_E + a_W + a_N + a_S + a_T + a_B - S_P \, \Delta x \Delta y \Delta z \qquad \text{para 3-D} \qquad (3.123c)$$

Tabla 3. 19 Coeficientes para fenómenos de difusión en estado permanente.

	a_W	a_E	a_S	a_N	a_B	a_T	b
1-D	$\dfrac{\Gamma_w}{\delta x_{WP}}$	$\dfrac{\Gamma_e}{\delta x_{PE}}$					$S_C \, \Delta x$
2-D	$\dfrac{\Gamma_w}{\delta x_{WP}} \Delta y$	$\dfrac{\Gamma_e}{\delta x_{PE}} \Delta y$	$\dfrac{\Gamma_s}{\delta y_{SP}} \Delta x$	$\dfrac{\Gamma_n}{\delta y_{PN}} \Delta x$			$S_C \, \Delta x \Delta y$
3-D	$\dfrac{\Gamma_w}{\delta x_{WP}} \Delta y \Delta z$	$\dfrac{\Gamma_e}{\delta x_{PE}} \Delta y \Delta z$	$\dfrac{\Gamma_s}{\delta y_{SP}} \Delta x \Delta z$	$\dfrac{\Gamma_n}{\delta y_{PN}} \Delta x \Delta z$	$\dfrac{\Gamma_b}{\delta z_{BP}} \Delta x \Delta y$	$\dfrac{\Gamma_t}{\delta z_{PT}} \Delta x \Delta y$	$S_C \, \Delta x \Delta y \Delta z$

Posteriormente fue presentada la discretización general para incluir la variación temporal de la variable "ϕ". Al usar un esquema totalmente implícito para la aproximación de integración en el tiempo, los coeficientes que se modifican son:

$$a_P = \rho_P \frac{\Delta x}{\Delta t} + a_E + a_W - S_P \, \Delta x$$

$$\text{para 1-D} \qquad (3.124a)$$

$$b = \rho_P^0 \frac{\Delta x}{\Delta t} \phi_P^0 + S_C \, \Delta x$$

$$a_P = \rho_P \frac{\Delta x \Delta y}{\Delta t} + a_E + a_W + a_N + a_S - S_P \Delta x \Delta y$$

$$b = \rho_P^0 \frac{\Delta x \Delta y}{\Delta t} \phi_P^0 + S_C \Delta x \Delta y$$

para   2-D (3.124b)

$$a_P = \rho_P \frac{\Delta x \Delta y \Delta z}{\Delta t} + a_E + a_W + a_N + a_S + a_T + a_B - S_P \Delta x \Delta y \Delta z$$

$$b = \rho_P^0 \frac{\Delta x \Delta y \Delta z}{\Delta t} \phi_P^0 + S_C \Delta x \Delta y \Delta z$$

para   3-D (3.124c)

Adicionalmente, se discretizaron las condiciones de frontera más comunes encontradas en la dinámica de fluidos computacional.

En la sección 3.8 (consideraciones adicionales) se presentó la forma de interpolar el coeficiente de difusión en la interface del VC, la forma matemática de linealizar el término fuente. También, se mostró la introducción de un factor de relajación para la ecuación de coeficientes agrupados, lo cual se puede realizar durante el cálculo de los coeficientes o posteriormente al usar un SOLVER (método de solución de ecuaciones algebraicas). Las expresiones presentadas para introducir la relajación son:

$$\frac{a_P}{\alpha} \phi_P^\alpha = \sum a_{vecinos} \phi_{vecinos} + b + (1-\alpha) \frac{a_P}{\alpha} \phi_P^* \tag{3.125}$$

$$\phi_P^\alpha = \phi_P^* + \alpha \left(\phi_P - \phi_P^* \right) \tag{3.126}$$

Para un proceso iterativo de solución se presentaron diferentes criterios de paro (criterio de convergencia) en la sección de consideraciones adicionales. Entre estos, cuando se usa un único valor del residual global llamado desviación cuadrática media,

$$R_\phi^k = \sqrt{\sum_{\forall} \left[\left(a_P \phi_P\right)^k - \left(\sum_{vecinos} a_{vecinos} \phi_{vecinos} + b \right)^k \right]^2} \tag{3.127}$$

Finalmente, como cierre de los fundamentos teóricos para la familiarización con el MVF y con la finalidad que el lector implemente su propio código computacional se resolvieron 7 ejemplos. Los ejemplos fueron elegidos para que el lector genere la habilidad suficiente para resolver problemas lineales o no-lineales de difusión con dependencia espacial y temporal.

3.11 Ejercicios

3.1.- Determine el perfil de temperatura $T(x)$ en un sólido homogéneo de longitud L a partir de $\dfrac{d}{dx}\left(\dfrac{dT}{dx}\right)+\dfrac{g}{\lambda}=0$. Donde, λ y g son constantes y representan la conductividad térmica y la generación de calor en el sólido, respectivamente. El material homogéneo tiene las siguientes condiciones de frontera: en $x = 0$ se encuentra aislado, esto es, $\dfrac{dT}{dx}=0$ y en $x = L$ se disipa calor por convección con un coeficiente de transferencia de calor h a un fluido a temperatura T_∞. Compare la solución numérica obtenida con la respectiva solución analítica del problema, dada como:

$$T(x) = \frac{gL^2}{2k}\left[1-\frac{x^2}{L^2}\right]+\frac{gL}{h}+T_\infty .$$

3.2.- Mediante la técnica de volumen finito, determine numéricamente el perfil de temperatura $T(x)$ en un sólido de longitud L a partir de $\dfrac{d}{dx}\left(\lambda\dfrac{dT}{dx}\right)$. Considere que la propiedad λ varía linealmente con la longitud del sólido. El sólido en $x = 0$ se encuentra a una temperatura T_1 y en $x = L$ se tiene una temperatura T_2. Si $L = 1m$, $T_1 = 0°C$ y $T_2 = 100°C$ proporcione los valores de $T(x)$ en $x = 0.25\,L$, $0.5\,L$ y $x = 0.75\,L$.

Figura 3.33 Ejercicio 3.2.

3.3.- Obtenga el perfil de temperatura $T(x)$ en un sólido no-homogéneo de longitud Hx. Las condiciones de frontera son de primera clase, esto es, $T = T_A$ y $T = T_B$ en $x = 0$ y $x = Hx$, respectivamente (Figura 3.34). Considere los siguientes casos para los valores de conductividad térmica: (1) $\lambda = constante$, (2) $\lambda = 0.08(1 + 0.005T)$ y (3) $\lambda = 237(1 + 0.005T)$.

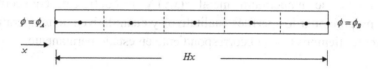

Figura 3.34 Ejercicio 3.3.

3.4.- Numéricamente obtenga la temperatura $T(x,y)$ en una placa cuadrada de cobre. Todas las fronteras se encuentran sujetas a las condiciones mostradas en la Figura 3.35. En la placa no existe generación de calor a través de la misma. Sugiera valores para las dimensiones a y b y un coeficiente convectivo h para obtener los perfiles cuantitativos de temperatura en estado permanente.

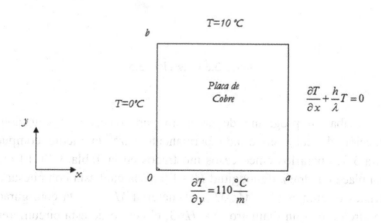

Figura 3.35 Ejercicio 3.4.

3.5.- Determine el perfil de temperatura $T(x,y,t)$ en una placa de material homogéneo de cobre, cuyas dimensiones son: $0 \leq x \leq a$, $0 \leq y \leq b$. Todas las fronteras se encuentran sujetas a condiciones de frontera homogéneas como se muestra en la Figura 3.36. La placa se encuentra inicialmente a una temperatura $T(x,y,t = 0) = F(x,y)$ y no existe generación de calor a través de la misma. Sugiera valores para las dimensiones a y b, una distribución de temperatura inicial $F(x,y)$ y un coeficiente convectivo h para proporcionar los perfiles cualitativos y cuantitativos de temperatura a diferentes tiempos hasta el correspondiente en estado permanente.

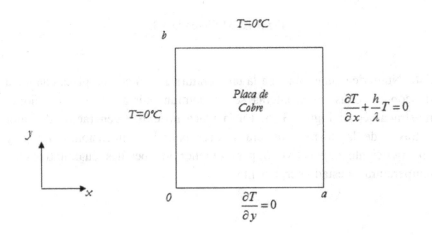

Figura 3.36 Ejercicio 3.5.

3.6.- Escriba un programa de cómputo para resolver la ecuación de conducción de calor en estado permanente para un medio compuesto (Figura 3.37) para los cinco casos mostrados en la Tabla 3.20. El medio es una placa cuadrada de longitud $H = 1.0$ m, la cual está compuesta de 3 materiales diferentes (M_1, M_2, M_3). El material M_3 tiene la configuración de un círculo con un diámetro $D = Hx/3$, el centro de esta circunferencia coincide con el centro de la placa. La mitad izquierda del M_3 para ciertos casos se encuentra a una temperatura constante T_A y la mitad derecha se mantiene a un valor constante T_B y en otros casos su temperatura es desconocida y por determinar. Los valores de estas temperaturas son dados para cada caso en la Tabla 3.20. Cada una las 4 fronteras de la placa interactúan con el medio ambiente de diferente manera, ello es descrito en la Tabla 3.20. Las propiedades termofísicas de los materiales a usar para el problema son: ρ = 2702,11340,120 *kg/m³*; C_p = 903,129,1800 *J/kg.K* y λ = 237,35.3,0.039 *W/m.K* correspondientes al material de aluminio, plomo y corcho, respectivamente. Note que el diagrama esquemático no está realizado a escala con las verdaderas dimensiones de los materiales.

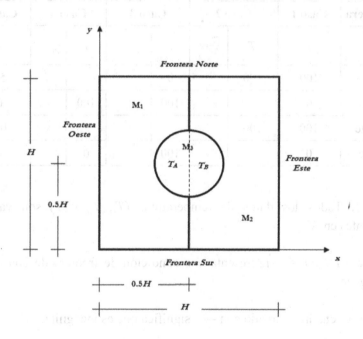

Figura 3.37 Ejercicio 3.6.

Tabla 3.20. Ejercicio 3.6.

	Caso 1	Caso 2	Caso 3	Caso 4	Caso 5
M_1	Aluminio	Aluminio	Aluminio	Aluminio	Aluminio
M_2	Aluminio	Aluminio	Aluminio	Aluminio	Plomo
M_3	Aluminio	Aluminio	Aluminio	Corcho	Corcho
T_A	100	100	0	---**	---**
T_B	100	0	0	---**	0

Frontera	Caso 1	Caso 2		Caso 3		Caso 4		Caso 5
	T	T	$\frac{\partial T}{\partial n}=0$	T	$\frac{\partial T}{\partial n}=0$	T	$\frac{\partial T}{\partial n}=0$	T
Sur	100	100		0			√	50
Oeste	0	0		100		100		0
Norte	100	100			√		√	100
Este	0		√	100		0		0

Nota 1. Todos los datos de temperaturas (T_A, T_B y T) son valores constantes en °C.

Nota 2. $\partial T / \partial n = 0$, representa una condición de frontera de 2da. clase homogénea.

Nota 3. El cuadro marcado con ---** significa que es incógnita.

CAPÍTULO 4

Método de Volumen Finito para Problemas de Convección-Difusión

4.1 Esquemas numéricos

Para completar la solución numérica de la ecuación general de conservación (ecuación general conservativa de convección-difusión) para la variable ϕ (Ec. 2.36) es necesario discretizar los términos convectivos. En capítulos previos se han discretizado los términos transitorio, difusivos y fuente. La discretización del término convectivo en la ecuación de convección-difusión nos lleva a problemas donde el movimiento del fluido tiene una participación importante y los efectos de convección deben ser considerados. En estos casos, la difusión siempre está presente, por lo que es necesario examinar la combinación de ambos efectos. Aunque en este capítulo se da por hecho que el campo de velocidades es conocido, en el siguiente capítulo será abordado el problema de flujo de fluidos (movimiento de fluido); aquí nos interesa determinar el comportamiento de la variable escalar "ϕ" cuando es transportada por una distribución fluido-dinámica de velocidades. Para la discretización de los términos convectivos existen diferentes tipos de aproximaciones que en general se pueden clasificar en esquemas de bajo y alto orden.

Para ubicar la problemática acerca de la discretización de término convectivo considérese la ecuación general de convección-difusión en una dimensión en estado permanente y sin término fuente para la variable escalar "ϕ":

$$\frac{\partial \left(\rho u \cdot \phi\right)}{\partial x} = \frac{\partial}{\partial x}\left(\Gamma \frac{\partial \phi}{\partial x}\right) \tag{4.1}$$

Las condiciones de frontera para la variable "ϕ" son: $\phi = \phi_0$ en $x = 0$ y $\phi = \phi_{Hx}$ en $x = Hx$. Si se considera que las propiedades físicas y que el flujo "ρu" son constantes, entonces se puede escribir la solución analítica de la Ec. (4.1) como,

$$\frac{\phi - \phi_0}{\phi_{Hx} - \phi_0} = \frac{e^{\left(\frac{Pe\,x}{Hx}\right)} - 1}{e^{(Pe)} - 1} \tag{4.2}$$

Donde Pe es el número de Peclet, el cual será definido más adelante.

Si se integra la Ec. (4.1) sobre el volumen de control de la Figura 4.1 (regla de medio punto), se obtiene,

$$\left(\rho u A \phi\right)_e - \left(\rho u A \phi\right)_w = \left(\Gamma A \frac{\partial \phi}{\partial x}\right)_e - \left(\Gamma A \frac{\partial \phi}{\partial x}\right)_w \tag{4.3}$$

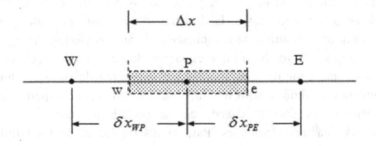

Figura 4.1 Volumen de control para el punto P.

Se puede apreciar en la Ec. (4.3) que es necesario conocer los valores de las variables, gradientes, etc. en las caras de los volúmenes de control. Esto permitirá calcular los flujos y como consecuencia los coeficientes necesarios para la solución de la variable en el punto o nodo P. El cálculo de las relaciones necesarias para las variables en las caras de los VC's es una de las principales dificultades cuando se usa el método de volumen finito; por lo que la convergencia del algoritmo y la exactitud de los resultados, dependen de la forma de calcular la variable en la interface del VC.

Se aprecia de la Ec. (4.3), que es necesario conocer los flujos convectivos y los flujos difusivos para determinar los flujos totales en las caras del volumen de control. La diferencia entre los esquemas de aproximación radica en seleccionar el tipo de aproximación de los términos convectivos; ya que para la aproximación del gradiente difusivo, se recomienda usar siempre una diferencia centrada. Está demostrado analíticamente que la mejor aproximación para los términos difusivos es una diferencia centrada (Versteeg et al., 2008). Por el contrario, las aproximaciones para los términos convectivos son más complicadas, dependiendo del tipo de aproximación se pueden llegar a tener problemas de convergencia e incluso soluciones irreales o ilógicas.

Las aproximaciones para los términos difusivos del lado derecho de la Ec. (4.3) se presentaron en el capítulo anterior. Entonces, el principal problema en la discretización del término convectivo es el cálculo de los valores de la propiedad de transporte "ϕ" en las caras o fronteras del volumen de control, esto es, ϕ_e y ϕ_w. Para ello, se recurre a una interpolación que nos permita obtener el valor de la variable deseada en la cara de un VC a partir de los valores de la variable en los puntos nodales. En la actualidad existen diferentes alternativas para realizar la discretización bajo los efectos de la convección, estas alternativas son interpolaciones llamadas *Esquemas Numéricos*. Los esquemas numéricos se clasifican de acuerdo al número de nodos usados para realizar dicha aproximación, lo cual define de cierta manera el orden de truncamiento de la aproximación. En la Figura 4.2 se muestran algunos de los esquemas numéricos más comunes (Patankar, 1980; Gaskell y Lau, 1988; Leonard, 1979-1991; Sweby, 1984; Lien y Leschziner, 1993).

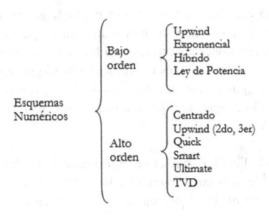

Figura 4.2 Clasificación de los esquemas numéricos.

Teóricamente, los resultados numéricos pueden ser muy cercanos a la solución exacta del problema cuando el número de volúmenes de control del sistema físico es infinito, independientemente del método de diferenciación usado. Sin embargo, en problemas prácticos, sólo se pueden usar un número finito de volúmenes de control y cuando este número es relativamente pequeño, los resultados serán físicamente reales si la forma de discretización tiene ciertas propiedades fundamentales. Las más importantes son (Patankar, 1980; Versteeg et al., 2008):

Conservativo. Para asegurar la conservación de la variable en todo el dominio, el flux de la variable que sale a través de un VC debe ser igual al flux que entra al VC adyacente. Para lograr esto, el flux a través de la interface común debe representarse en forma consistente usando la misma expresión para representar ambos fluxes.

Acotado. Una característica deseable para satisfacer la acotabilidad es tener un sistema diagonalmente dominante. Dos son los requerimientos para lograrlo: el primero es satisfacer el *"Criterio de Scarborough"*. Este criterio requiere que,

$$\frac{\sum |a_{vecinos}|}{|a_P|} \begin{cases} \leq 1 & \text{En todos los nodos} \\ < 1 & \text{Al menos en un nodo} \end{cases} \quad (4.4)$$

El segundo criterio requiere que todos los coeficientes en las ecuaciones discretizadas deben tener el mismo signo. Cumplir este criterio ayuda a obtener resultados físicamente realistas.

Transportividad. Para asegurar la transportividad del movimiento de fluido se debe tomar en cuenta la influencia de los nodos vecinos sobre el nodo P (Figura 4.1). Para ello, se define el número de Peclet (Pe); el cual es una medida de la razón de fuerzas convectivas y difusivas, en otras palabras, es una medida de intensidad de la convección. El Pe se define como:

$$Pe = \frac{F}{D} = \frac{\rho u}{\Gamma / \delta x} \quad (4.5)$$

En la Ec. (4.5) se observa que cuando $Pe \to 0$, la influencia sobre el nodo P debe ser por difusión y cuando $Pe \to \infty$, la influencia debe ser por convección.

En el caso de difusión pura, el fluido se encuentra estático y la variable en el nodo P es influenciada de manera proporcional por la variable en el nodo W y E, considerando que la distancia entre nodos sea uniforme. Cuando se considera el caso de pura convección, la variable en el punto P estará influenciada principalmente por el valor de la variable en el nodo W, ello debido a la dirección de la velocidad u (Versteeg et. al., 2008).

Entonces, para elegir una aproximación en la discretización del término convectivo, es recomendable que el esquema considere las características mencionadas para afirmar que se está usando un esquema conservativo, acotado y que toma en cuenta la dirección e intensidad convectiva. Aun tomando en cuenta estas características, queda pendiente la situación de exactitud de la aproximación o esquema, la cual se relaciona con el uso de esquemas de bajo o alto orden.

La popularidad de los esquemas de bajo orden está basada en una combinación de simplicidad del algoritmo a desarrollar, rápida convergencia y obtención de resultados relativamente satisfactorios. La base principal son problemas idealizados en estado permanente, en una dimensión, con propiedades físicas constantes y sin término fuente. En problemas bidimensionales y tridimensionales; los esquemas de bajo orden son satisfactoriamente aceptables si en las direcciones de flujo que ocasionan los efectos de 2-D y 3-D, las velocidades son bajas o se tienen números de Peclet pequeños. En general, se puede decir que los esquemas de bajo orden son altamente recomendables en problemas de estado permanente, unidimensionales y sin términos fuentes. Aunque los esquemas de bajo orden poseen características de estabilidad y rápida convergencia, estos esquemas en muchas ocasiones carecen de exactitud, principalmente en problemas que involucran flujos oblicuos o recirculatorios. Para sobrellevar la problemática que puede conducir el uso de esquemas de bajo orden, diversos autores han desarrollado esquemas de alto orden, cuyas interpolaciones son más complejas y con resultados más exactos que las interpolaciones de los esquemas de bajo orden. Con los primeros esquemas de alto orden, surgieron situaciones como problemas de convergencia, oscilaciones durante el proceso iterativo y soluciones numéricas no acotadas.

Uno de los primeros esquemas de alto orden y de lo más conocidos, fue propuesto por Leonard (1979), el esquema fue llamado QUICK (*Quadratic Upstream Interpolation for Convective Kinetics*). Leonard fue pionero en el desarrollo de esquemas de alto orden y propuso una serie de esquemas para sobrellevar comportamientos del movimiento de fluido con cambios bruscos de la variable (Leonard, 1979). Sin embargo, no fue hasta en 1992 cuando Hayase et al., reformularon el esquema QUICK bajo el concepto de la *"Corrección Diferida"*; la nueva formulación garantiza que se cumplan las cuatro reglas básicas de Patankar, las cuales fueron establecidas en el Capítulo 3. El uso de la implementación de esquemas de alto orden mediante la corrección diferida es usado ampliamente en CFD para evitar inestabilidades numéricas.

A continuación se presenta una serie de aproximaciones para distintos esquemas, así como su alcance y limitaciones.

4.2 Convección-Difusión unidimensional

La ecuación integrada de convección-difusión,

$$\left(\rho\, u\, A\, \phi\right)_e - \left(\rho\, u\, A\, \phi\right)_w = \left(\Gamma\, A\, \frac{\partial \phi}{\partial x}\right)_e - \left(\Gamma\, A\, \frac{\partial \phi}{\partial x}\right)_w \qquad (4.3)$$

debe satisfacer continuidad, entonces para una dimensión,

$$\frac{d}{dx}\left(\rho\, u\right) = 0 \qquad (4.6)$$

Ahora, si se considera el volumen de control representado en la Figura 4.1, la integración de la ecuación de continuidad, al usar una aproximación de regla de medio punto, está dada por:

$$\left(\rho u\, A\right)_e - \left(\rho u\, A\right)_w = 0 \qquad (4.7)$$

Para obtener las ecuaciones discretas para problemas de convección-difusión y simplificar el procedimiento, se pueden definir dos variables F y D que representan el flux convectivo de masa por unidad de área y la conductancia de la difusión en las caras o fronteras del VC, quedando estas variables definidas como,

$$F = \rho u \qquad y \qquad D = \frac{\Gamma}{\delta x} \qquad (4.8)$$

De tal manera que los valores en las caras del VC para la variable F y D son:

$$F_e = \left(\rho u\right)_e \quad , \quad F_w = \left(\rho u\right)_w \qquad (4.9)$$

$$D_e = \frac{\Gamma_e}{\delta\, x_{PE}} \quad , \quad D_w = \frac{\Gamma_w}{\delta\, x_{WP}} \qquad (4.10)$$

Asumiendo que las áreas del VC son iguales ($A_w = A_e = A$) y empleando una diferencia centrada para los términos difusivos, se tiene que la ecuación algebraica que representa la convección-difusión de la variable "ϕ", está dada por:

$$F_e\,\phi_e - F_w\,\phi_w = D_e\,(\phi_E - \phi_P) - D_w\,(\phi_P - \phi_W) \tag{4.11}$$

y la ecuación algebraica de continuidad es,

$$F_e - F_w = 0 \tag{4.12}$$

A partir de la ecuación discreta (4.11), se requiere el uso de una interpolación o esquema numérico para la variable en la interface del VC: ϕ_e y ϕ_w. En los siguientes apartados, se presenta una breve descripción de diferentes esquemas numéricos.

4.2.1 Esquema centrado

La aproximación del esquema "*centrado*" se usa para calcular los valores de la variable "ϕ" en las fronteras del VC como una media aritmética o una aproximación lineal, por lo que,

$$\phi_e = \frac{\left(\phi_P + \phi_E\right)}{2} \tag{4.13}$$

$$\phi_w = \frac{\left(\phi_W + \phi_P\right)}{2} \tag{4.14}$$

Sustituyendo en el término convectivo de la Ec. (4.11), se llega a,

$$\frac{F_e}{2}\left(\phi_P + \phi_E\right) - \frac{F_w}{2}\left(\phi_W + \phi_P\right) = D_e\left(\phi_E - \phi_P\right) - D_w\left(\phi_P - \phi_W\right) \tag{4.15}$$

Al arreglar y subsecuente sustitución de la ecuación discreta de continuidad, se obtiene:

$$\left[\left(D_w + \frac{F_w}{2}\right) + \left(D_e - \frac{F_e}{2}\right) + \left(F_e - F_w\right)\right]\phi_P = \left(D_w + \frac{F_w}{2}\right)\phi_W + \left(D_e - \frac{F_e}{2}\right)\phi_E \qquad (4.16)$$

Finalmente, la ecuación algebraica de convección-difusión en una dimensión puede compactarse en notación de coeficientes agrupados como,

$$a_P\phi_P = a_W\phi_W + a_E\phi_E \qquad (4.17)$$

donde

$$a_W = D_w + \frac{F_w}{2} \quad , \quad a_E = D_e - \frac{F_e}{2} \quad ,$$
$$a_P = a_W + a_E + \left(F_e - F_w\right) \qquad (4.18)$$

Para resolver un problema de convección-difusión será necesario escribir las ecuaciones discretas (algebraicas) para todos los nodos de la malla que representan el dominio físico.

Se puede verificar que este esquema es equivalente a uno de diferencias finitas centradas, tanto para las derivadas del término convectivo como para las del término difusivo, por lo tanto es un esquema de segundo orden en exactitud, es decir, $0(\Delta x)^2$. Se sabe que el esquema centrado usado para aproximar el término convectivo puede ocasionar problemas de estabilidad durante el proceso iterativo. También, es posible establecer que tanto a_E como a_W pueden ser negativos si el valor de F se hace muy grande ($u > 0$) o muy chico ($u > 0$) con respecto al valor de D, con lo cual el esquema centrado en ocasiones podría ser un esquema no-acotado. Por lo tanto, es posible establecer la condición límite de estabilidad como: $|F| < 2D$ o $|Pe| < 2$ (donde a_E y a_W sean siempre positivos). Esta condición establece que el esquema es estable si y solo si el transporte convectivo es poco importante con respecto al difusivo. Con base a la solución analítica (Ec. 4.2), en la Figura 4.3 se presenta el comportamiento de la variable ϕ para diferentes números de Peclet. Se aprecia que la aproximación lineal del esquema centrado para ϕ es poco realista, excepto para el caso de $Pe = 0$ donde solo existe difusión pura.

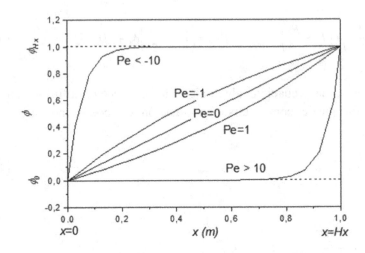

Figura 4.3 Perfil de ϕ para diferentes números de Peclet.

Otra situación particular del esquema centrado es que no toma en cuenta la dirección de flujo y por lo tanto, es un esquema que no cumple con la propiedad de transportabilidad.

4.2.2 Esquema upwind

Debido a que la formulación del esquema centrado no considera la dirección del flujo para los casos altamente convectivos es necesario idear una manera que tome en cuenta precisamente la dirección del flujo. Así, un remedio para sobrellevar las dificultades encontradas con el esquema centrado es usar el esquema *"upwind"* o esquema de corrientes arriba. Aunque el esquema es de primer orden ($0(\Delta x)$), el esquema propone una mejor aproximación para la variable en la interface al tomar en cuenta la dirección de la corriente principal del flujo. En la Figura 4.4 se presentan los valores nodales que se usan para calcular los valores en las caras del VC cuando el flujo es en dirección positiva o negativa.

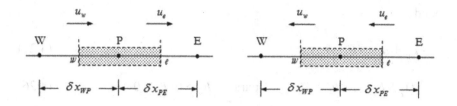

Figura 4.4 Volumen de control para flujos positivos y negativos.

Cuando el flujo es en una dirección positiva; $u_w > 0$, $u_e > 0$ ($F_w > 0$, $F_e > 0$), el esquema upwind aproxima la variable "ϕ" en la interface del VC como:

$$\phi_w = \phi_W \quad y \quad \phi_e = \phi_P \tag{4.19}$$

Que al sustituir en la ecuación discretizada (4.11) se tiene,

$$F_e\phi_P - F_w\phi_W = D_e(\phi_E - \phi_P) - D_w(\phi_P - \phi_W) \tag{4.20}$$

La cual puede ser re-ordenada como,

$$\left(D_w + D_e + F_e\right)\phi_P = \left(D_w + F_w\right)\phi_W + D_e\,\phi_E \tag{4.21}$$

Al introducir la ecuación de continuidad discretizada, se llega a,

$$[(D_w + F_e) + D_e + F_e - F_w)]\phi_P = (D_w + F_w)\phi_W + D_e\phi_E \tag{4.22}$$

De manera análoga, se desarrolla el caso cuando el flujo es en una dirección negativa; $u_w < 0$, $u_e < 0$ ($F_w < 0$, $F_e < 0$), por lo tanto se obtiene,

$$[D_w + (D_e - F_e) + (F_e - F_w)]\phi_P = D_w\phi_W + (D_e - F_e)\phi_E \tag{4.23}$$

De manera compacta en notación de coeficientes agrupados, las Ecs. (4.22)-(4.23) se escriben como,

$$a_P\phi_P = a_W\phi_W + a_E\phi_E \tag{4.24}$$

Donde:

$$a_p = a_W + a_E + (F_e - F_w) \tag{4.25}$$

$$a_W = D_w + F_w \quad , \quad a_E = D_e \qquad \text{para} \qquad F_w > 0, F_e > 0 \tag{4.26}$$

$$a_W = D_w \quad , \quad a_E = D_e - F_e \qquad \text{para} \qquad F_w < 0, F_e < 0 \tag{4.27}$$

Los coeficientes a_W y a_E se pueden expresar en general para cualquier dirección del flujo por medio de la función máxima, esto es:

$$a_W = D_w + \max[F_w, 0] \tag{4.28}$$

$$a_E = D_e + \max[-F_e, 0] \tag{4.29}$$

Para este esquema, se puede demostrar que los coeficientes son todos siempre positivos, por lo tanto, el esquema es estable.

Por otro lado, de los resultados de la Figura 4.3 se aprecia que la aproximación del esquema upwind resulta razonable solo en el caso de $|Pe| \gg 1$, es decir con problemas altamente convectivos o convección dominante.

6.2.3 Esquema híbrido

Con base en la solución analítica es posible obtener una expresión exacta para los coeficientes a_W y a_E, esto es (Patankar, 1980):

$$a_E = \frac{F_e}{e^{(F_e/D_e)} - 1} \quad \text{y} \quad a_W = \frac{F_w \, e^{(F_w/D_w)}}{e^{(F_w/D_w)} - 1} \tag{4.30}$$

A pesar de contar con expresiones exactas para los coeficientes resultantes del problema unidimensional, los cuales dejan de ser exactos para situaciones multidimensionales, términos fuentes, etc; y debido a que el cálculo numérico de funciones exponenciales no es muy eficiente, hace que el método exacto (también conocido como exponencial) no sea justificado en casos de cálculo de problemas complejos de gran demanda computacional.

Los coeficientes de la Ec. (4.30) se pueden escribir en términos del número de Peclet como,

$$\frac{a_E}{D_e} = \frac{Pe_e}{e^{(Pe_e)} - 1} \tag{4.31}$$

$$\frac{a_W}{D_w} = \frac{Pe_w \, e^{(Pe_w)}}{e^{(Pe_w)} - 1} \tag{4.32}$$

En la Tabla 4.1 se presentan los valores exactos del coeficiente $\dfrac{a_E}{D_e}$ en función del número de Peclet (comportamiento exponencial); con base a estos valores, diferentes investigadores propusieron nuevos esquemas numéricos, entre ellos, el esquema híbrido y ley de potencia.

El esquema *"híbrido"* fue desarrollado por Spalding en 1972, y es una combinación del esquema upwind y centrado. El esquema considera una formulación con base al número de Peclet local, introduciendo aproximaciones lineales por tramos para evitar el cálculo de funciones exponenciales.

Para formular el esquema híbrido considérese los valores exactos mostrados en la Tabla 4.1, se puede observar que el comportamiento asintótico de los datos exactos en el límite cuando $Pe_e \to \infty$, se tiene que $\dfrac{a_E}{D_e} \to 0$. Por otro lado, en el límite cuando $Pe_e \to -\infty$, $\dfrac{a_E}{D_e} \to -Pe_e$ y finalmente, la ecuación de la tangente en el punto $Pe_e = 0$, es: $\dfrac{a_E}{D_e} = 1 - \dfrac{Pe_e}{2}$. Con estas consideraciones es posible aproximar linealmente, por tramos, el comportamiento exponencial de los datos exactos (Tabla 4.1), como,

$$\frac{a_E}{D_e} = -Pe_e \quad \text{para} \quad Pe_e < -2 \tag{4.33}$$

$$\frac{a_E}{D_e} = 1 - \frac{Pe_e}{2} \quad \text{para} \quad -2 \le Pe_e \le 2 \tag{4.34}$$

$$\frac{a_E}{D_e} = 0 \quad \text{para} \quad Pe_e > 2 \tag{4.35}$$

Las ecuaciones anteriores pueden compactarse en una sola expresión, esto es,

$$a_E = \max\left[-F_e, \left(D_e - \frac{F_e}{2}\right), 0\right] \tag{4.36}$$

De manera análoga, se puede hacer para el coeficiente a_W, obteniéndose:

$$a_W = \max\left[F_w, \left(D_w + \frac{F_w}{2}\right), 0\right] \tag{4.37}$$

Tabla 4.1 Variación de $\dfrac{a_E}{D_e}$ en función del número de Peclet.

Número de Peclet (Pe_e)	$\dfrac{a_E}{D_e} = \dfrac{Pe_e}{e^{(Pe_e)} - 1}$ (Exacto)	$\dfrac{a_E}{D_e} = -Pe_e$	$\dfrac{a_E}{D_e} = 1 - \dfrac{Pe_e}{2}$	$\dfrac{a_E}{D_e} = 0$
-4.5	4.55	4.5		
-4	4.07	4		
-3.5	3.61	3.5		
-3	3.16	3		
-2.5	2.72	2.5		

-2	2.31	2	2	
-1.5	1.93		1.75	
-1	1.58		1.5	
-0.5	1.27		1.25	
0	1		1	
0.5	0.77		0.75	
1	0.58		0.5	
1.5	0.43		0.25	
2	0.31		0	0
2.5	0.22			0
3	0.16			0
3.5	0.11			0
4	0.07			0
4.5	0.05			0

El esquema híbrido para bajos números de Peclet es similar a usar un esquema centrado para los términos convectivos, pero cuando $|Pe| > 2$ es similar a utilizar la formulación del esquema upwind, donde el término convectivo es el de mayor significado y el término difusivo es cero.

4.2.4 Esquema de ley de potencia

La forma del esquema de "*ley de potencia*" fue desarrollada por Patankar en 1980, esta formulación tiene ventajas de exactitud, comparada con el esquema centrado e híbrido. Para esta formulación, en lugar de usar una aproximación lineal por tramos para representar los datos exactos (Tabla 4.1), se puede usar una aproximación por ley de potencia que permita conseguir resultados cercanos a los del esquema exacto o exponencial a un costo computacional más reducido. Patankar estableció, para un mejor ajuste a los datos exponenciales, cuatro intervalos del número de Peclet; estos intervalos fueron establecidos principalmente al observar que la desviación del esquema híbrido respecto a la curva exacta es grande en $Pe \pm 2$, esta desviación hace que se agrupen los efectos de difusión prematuramente a cero tan pronto $|Pe|$ excede 2. En la Figura 4.5 se marca con círculos estas desviaciones.

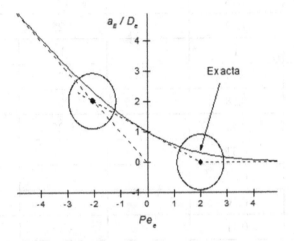

Figura 4.5 Desviación del esquema híbrido respecto al valor exacto de $\dfrac{a_E}{D_e}$

Las relaciones propuestas por Patankar para el cociente $\dfrac{a_E}{D_e}$ son,

$$\frac{a_E}{D_e} = \begin{cases} -Pe_e & para & Pe_e < -10 \\ (1+0.1Pe_e)^5 - Pe_e & para & -10 \leq Pe_e < 0 \\ (1-0.1Pe_e)^5 & para & 0 \leq Pe_e \leq 10 \\ 0 & para & Pe_e > 10 \end{cases} \qquad (4.38)$$

Los resultados de la Ec. (4.38) se presentan en la Figura 4.6, en la cual se aprecia que las desviaciones observadas con el esquema híbrido ya no existen.

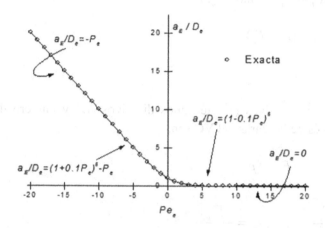

Figura 4.6 Función $\dfrac{a_E}{D_e}$ para el esquema de ley de potencia.

La forma final de los coeficientes a_W y a_E del esquema de ley de potencia es:

$$a_W = D_w \max \left[0,(1 - 0.1 \mid F_w/D_w \mid)^5\right] + \max \left[F_w,0\right] \tag{4.39}$$

$$a_E = D_e \max \left[0,(1 - 0.1 \mid F_e/D_e \mid)^5\right] + \max \left[-F_e,0\right] \tag{4.40}$$

En 1980, Patankar compactó de forma general los esquemas numéricos presentados anteriormente, al cual le llamo la formulación generalizada para la ecuación de convección-difusión. Para poder obtener la formulación generalizada, Patankar definió una función en términos del número de Peclet para cada uno de los esquemas anteriores. Así, finalmente la ecuación algebraica en notación de coeficientes agrupados para el problema unidimensional, en estado permanente y sin término fuente se puede escribir como,

$$a_P \phi_P = a_E \phi_E + a_W \phi_W + b \tag{4.41}$$

donde:

$$a_E = D_e A(\mid Pe_e \mid) + \max \left[-F_e,0\right] \tag{4.42}$$

$$a_W = D_w \, A(\,|\, Pe_w \,|\,) + \max \, [F_w, 0] \tag{4.43}$$

$$a_p = a_W + a_E + (F_e - F_w) \tag{4.44}$$

$$b = 0 \tag{4.45}$$

Los flujos convectivos (F), términos difusivos (D) y número de Peclet (Pe) a través de las caras del VC son,

$$F_e = (\rho u)_e \quad , \quad F_w = (\rho u)_w \tag{4.46}$$

$$D_e = \frac{\Gamma_e}{\delta \, x_{PE}} \quad , \quad D_w = \frac{\Gamma_w}{\delta \, x_{WP}} \tag{4.47}$$

$$
\begin{aligned}
Pe_e &= F_e/D_e \quad , \\
Pe_w &= F_w/D_w
\end{aligned}
\tag{4.48}
$$

La función $A(\,|\, Pe \,|\,)$ es una función que depende del esquema numérico utilizado. En la Tabla 4.2 se muestran las equivalencias de la función $A(\,|\, Pe \,|\,)$ para los diferentes esquemas discutidos previamente (Patankar, 1980).

Tabla 4.2 Función $A(\,|\, Pe \,|\,)$.

Esquema numérico	$A(\,|\, Pe \,|\,)$
Centrado	$1 - 0.5 \,|\, Pe \,|$
Upwind	1
Exacto o Exponencial	$\dfrac{|\, Pe \,|}{e^{|\, Pe \,|} - 1}$
Híbrido	$\max \, [0, (1 - 0.5 \,|\, Pe \,|\,)]$
Ley de potencia	$\max \, [0, (1 - 0.1 \,|\, Pe \,|\,)]^5$

Los esquemas que se han presentado utilizan uno o dos puntos nodales para la aproximación de la variable en la interface del volumen de control. En resumen, de estos esquemas convencionales se puede decir,

Esquema Centrado: usa el promedio de los dos valores nodales más cercanos a la frontera del volumen de control para aproximar a la variable en la interface. Funciona bien para problemas a bajas velocidades pero no es aconsejable para situaciones altamente convectivas, ya que no representa adecuadamente el transporte convectivo de las propiedades.

Esquema Upwind: aproxima el valor de la variable en la frontera del VC con el valor nodal inmediato a la frontera, según el sentido de la velocidad. Presenta resultados físicamente aceptables pero con baja exactitud. Para mejorar exactitud de los resultados se tiene que usar una malla más densa. Tiene un buen comportamiento para la convergencia, ya que no es oscilatorio.

Esquema Híbrido: combina las características del esquema centrado y del esquema de upwind. Usa el esquema centrado para velocidades bajas y para velocidades elevadas utiliza las características del esquema upwind.

Esquema de Ley de Potencia: es una modificación del esquema híbrido con base a la solución exacta unidimensional para mejorar la exactitud.

4.3 Convección-Difusión Multidimensional

Con la finalidad de completar la discretización general de la ecuación de convección-difusión para la variable ϕ, la formulación matemática para los problemas de convección-difusión en una dimensión se extiende para problema de dos y tres dimensiones en estado transitorio.

4.3.1 Integración bidimensional

En la Figura 4.7 se muestra un VC sobre una malla cartesiana bidimensional, esta malla se utiliza para la discretización general de la ecuación convección-difusión. Este VC representa un volumen de control genérico de la malla espacial y está relacionado con sus nodos vecinos; norte (N), sur (S), este (E), oeste (W).

La ecuación general para la variable "ϕ" puede escribirse para dos dimensiones en coordenadas cartesianas como,

$$\frac{\partial(\rho\phi)}{\partial t} + \frac{\partial}{\partial x}(\rho u\phi) + \frac{\partial}{\partial y}(\rho v\phi) = \frac{\partial}{\partial x}\left(\Gamma\frac{\partial\phi}{\partial x}\right) + \frac{\partial}{\partial y}\left(\Gamma\frac{\partial\phi}{\partial y}\right) + S \quad \text{en} \quad \begin{cases} 0 < x < Hx \\ 0 < y < Hy \end{cases} \quad (4.49)$$

Donde Hx y Hy son las longitudes del sistema en la dirección "x" y "y", respectivamente.

Al integral espacialmente la Ec. (4.49) sobre los límites geométricos del volumen de control, se obtiene al usar una aproximación de regla de medio punto:

$$\frac{\partial(\overline{\rho\phi})}{\partial t}\Delta V + \left[(\rho u A\phi)_e - (\rho u A\phi)_w\right] + \left[(\rho v A\phi)_n - (\rho v A\phi)_s\right] =$$

$$\left[\Gamma_e A_e\left(\frac{\partial\varphi}{\partial x}\right)_e - \Gamma_w A_w\left(\frac{\partial\varphi}{\partial x}\right)_w\right] +$$

$$\left[\Gamma_n A_n\left(\frac{\partial\varphi}{\partial y}\right)_n - \Gamma_s A_s\left(\frac{\partial\varphi}{\partial y}\right)_s\right] + \overline{S}\Delta V \qquad (4.50)$$

donde A es la sección transversal de la cara correspondiente del volumen de control "P" y $\Delta V = (\Delta x)(\Delta y)(1)$ es el volumen para el caso bidimensional.

Es importante mencionar que los términos $(\overline{\rho\phi})$ y $\overline{S}$ son términos promedios representativos de todo el volumen de control y $(\rho u A\phi)_e$, $(\rho u A\phi)_w$, etc., corresponden a la salida o entrada al volumen de control, respectivamente. Debido a que se consideran distribuciones uniformes en todo el volumen de control o en las fronteras del mismo, hay un error en la aproximación espacial, pero éste tiende a minimizarse a medida que los volúmenes de control se hacen más pequeños. Esta es la filosofía del método numérico cuando se usa una aproximación de volumen de control.

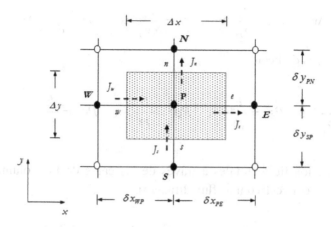

Figura 4.7 Volumen de control sobre una malla bidimensional

Es necesario que la Ec. (4.50) se integre en el tiempo, para ello, se usa un esquema de integración implícito en el tiempo. Por lo tanto, el resultado de la integración temporal de la Ec. (4.50) en el volumen de control es,

$$\frac{\left[(\rho\phi)_P - (\rho\phi)_P^0\right]}{\Delta t}\Delta x \Delta y + \left[(\rho u\phi)_e - (\rho u\phi)_w\right]\Delta y + \left[(\rho v\phi)_n - (\rho v\phi)_s\right]\Delta x =$$

$$\left[\Gamma_e\left(\frac{\partial\phi}{\partial x}\right)_e - \Gamma_w\left(\frac{\partial\phi}{\partial x}\right)_w\right]\Delta y + \left[\Gamma_n\left(\frac{\partial\phi}{\partial y}\right)_n - \Gamma_s\left(\frac{\partial\phi}{\partial y}\right)_s\right]\Delta x + \bar{S}\Delta x \Delta y \quad (4.51)$$

Para simplificar la ecuación anterior, se definen los siguientes términos que ayudan a compactar dicha ecuación.

Los fluxes convectivos o intensidad convectiva a través de las caras del volumen de control:

$$F_w = (\rho u)_w \Delta y \quad , \quad F_e = (\rho u)_e \Delta y \quad , \quad F_s = (\rho v)_s \Delta x \quad , \quad F_n = (\rho v)_n \Delta x \quad (4.52)$$

Los términos difusivos o conductancias en las caras del volumen de control:

$$D_w = \frac{\Gamma_w}{\delta\,x_{WP}}\Delta y \quad, \quad D_e = \frac{\Gamma_e}{\delta\,x_{PE}}\Delta y \quad, \quad D_s = \frac{\Gamma_s}{\delta\,y_{SP}}\Delta x \quad, \quad D_n = \frac{\Gamma_n}{\delta\,y_{PN}}\Delta x \qquad (4.53)$$

Y los números de Peclet:

$$Pe_w = \frac{F_w}{D_w} \quad ; \quad Pe_e = \frac{F_e}{D_e} \quad , \quad Pe_s = \frac{F_s}{D_s} \quad , \quad Pe_n = \frac{F_n}{D_n} \qquad (4.54)$$

Finalmente, los flujos totales a través de las caras de los volúmenes de control (flux convectivo más flux difusivo):

$$
\begin{aligned}
J_w &= \left[(\rho\,u\,\phi)_w - \left(\Gamma\frac{\partial\phi}{\partial x}\right)_w\right]\Delta y \quad, \quad
J_e = \left[(\rho\,u\,\phi)_e - \left(\Gamma\frac{\partial\phi}{\partial x}\right)_e\right]\Delta y \quad, \\
J_s &= \left[(\rho\,v\,\phi)_s - \left(\Gamma\frac{\partial\phi}{\partial y}\right)_s\right]\Delta x \quad, \quad
J_n = \left[(\rho\,v\,\phi)_n - \left(\Gamma\frac{\partial\phi}{\partial y}\right)_n\right]\Delta x
\end{aligned}
\qquad (4.55)
$$

Sustituyendo la Ec. (4.55) en la Ec. (4.51) se obtiene la siguiente expresión,

$$\frac{\left[(\rho\phi)_P - (\rho\phi)_P^0\right]}{\Delta t}\Delta x\,\Delta y + \left[J_e - J_w\right] + \left[J_n - J_s\right] = \overline{S}\,\Delta x\,\Delta y \qquad (4.56)$$

Similarmente al capítulo anterior, el término fuente $\overline{S}$ se puede descomponer en,

$$\overline{S} = S_C + S_P\phi_P \qquad (4.57)$$

Por lo tanto, la Ec. (4.56) se puede expresar como,

$$\frac{\left[(\rho\phi)_P - (\rho\phi)_P^0\right]}{\Delta t}\Delta x\,\Delta y + \left[J_e - J_w\right] + \left[J_n - J_s\right] = \left(S_C + S_P\phi_P\right)\Delta x\,\Delta y \qquad (4.58)$$

Ahora, para el caso particular de la ecuación de continuidad, la Ec. (4.58) se reduce a,

$$\frac{\left(\rho_P - \rho_P^0\right)}{\Delta t}\Delta x \Delta y + \left[F_e - F_w\right] + \left[F_n - F_s\right] = 0 \tag{4.59}$$

Para asegurar una mejor convergencia en la discretización de la ecuación de convección-difusión se introduce la conservación de masa (continuidad). De esta manera se asegura que la solución final que se obtiene mediante el proceso iterativo cumplirá con el principio de continuidad. Esto se logra al multiplicar la Ec. (4.59) por "ϕ_p" y restando la ecuación resultante a la Ec. (4.58), se llega a:

$$\left(\phi_P - \phi_P^0\right)\frac{\rho_P^0}{\Delta t}\Delta x \Delta y + \left[\left(J_e - F_e\phi_P\right) - \left(J_w - F_w\phi_P\right)\right] + \left[\left(J_n - F_n\phi_P\right) - \left(J_s - F_s\phi_P\right)\right] =$$

$$\left(S_C + S_P\phi_P\right)\Delta x \Delta y - \left[\left(F_e - F_w\right) + \left(F_n - F_s\right)\right]\phi_P \tag{4.60}$$

Para llegar a la notación de coeficientes agrupados (expresar la variable de un nodo "P" en función de la variable de los nodos vecinos N, S, E, W y en función de otros parámetros que engloben el término fuente), se usa la formulación de esquema generalizado de Patankar (1980) para evaluar los siguientes términos,

$$\left(J_e - F_e\phi_P\right) = a_E\left(\phi_P - \phi_E\right) \quad , \quad \left(J_w - F_w\phi_P\right) = a_W\left(\phi_W - \phi_P\right) \quad ,$$

$$\left(J_n - F_n\phi_P\right) = a_N\left(\phi_P - \phi_N\right) \quad , \quad \left(J_s - F_s\phi_P\right) = a_S\left(\phi_S - \phi_P\right) \tag{4.61}$$

Finalmente, al sustituir la Ec. (4.61) en la Ec. (4.60) se obtiene la ecuación de convección-difusión bidimensional en notación de coeficientes agrupados:

$$a_P\phi_P = a_W\phi_W + a_E\phi_E + a_S\phi_S + a_N\phi_N + b \tag{4.62a}$$

o también como:

$$a_P\phi_P = \sum_{vecinos} a_{vecinos}\phi_{vecinos} + b \tag{4.62b}$$

donde:

$$a_E = D_e \, A\big(|Pe_e|\big) + \max\big[-F_e, 0\big] \quad , \quad a_W = D_w \, A\big(|Pe_w|\big) + \max\big[F_w, 0\big] \quad ,$$
$$a_N = D_n \, A\big(|Pe_n|\big) + \max\big[-F_n, 0\big] \quad , \quad a_S = D_s \, A\big(|Pe_s|\big) + \max\big[F_s, 0\big] \tag{4.63}$$

$$a_P^0 = \rho_P^0 \frac{\Delta x \Delta y}{\Delta t} \tag{4.64}$$

$$a_P = a_W + a_E + a_S + a_N + a_P^0 - S_P \, \Delta x \, \Delta y +$$
$$\big(F_e - F_w\big) + \big(F_n - F_s\big) \tag{4.65}$$

$$b = a_P^0 \, \phi_P^0 + S_C \, \Delta x \, \Delta y \tag{4.66}$$

La función $A(|Pe|)$ es una función que depende del esquema numérico (Tabla 4.2).

4.3.2 Integración tridimensional

Para un sistema en tres dimensiones, considérese la ecuación gobernante de convección-difusión para la variable "ϕ" en estado transitorio y un término de generación.

$$\frac{\partial(\rho\phi)}{\partial t} + \frac{\partial}{\partial x}(\rho u \phi) + \frac{\partial}{\partial y}(\rho v \phi) + \frac{\partial}{\partial z}(\rho w \phi) =$$
$$\frac{\partial}{\partial x}\left(\Gamma \frac{\partial \phi}{\partial x}\right) + \frac{\partial}{\partial y}\left(\Gamma \frac{\partial \phi}{\partial y}\right) + \frac{\partial}{\partial z}\left(\Gamma \frac{\partial \phi}{\partial z}\right) + S \quad en \quad \begin{cases} 0 < x < Hx \\ 0 < y < Hy \\ 0 < z < Hz \end{cases} \tag{4.67}$$

Donde Hx, Hy y Hz son las longitudes del sistema en la dirección "x", "y" y "z", respectivamente. Se considera un volumen de control en tres dimensiones (Figura 4.8), en el cual aparecen 6 puntos vecinos al punto "P". El volumen de control de la Figura 4.8 tiene las dimensiones: $dV = dx\,dy\,dz$.

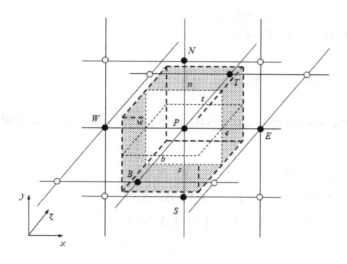

Figura 4.8 Volumen de control en tres dimensiones.

Similarmente a la integración matemática realizada en espacio y tiempo implícito para el caso bidimensional, se obtiene la ecuación de convección-difusión en notación de coeficientes agrupados como:

$$a_P\phi_P = a_W\phi_W + a_E\phi_E + a_S\phi_S + a_N\phi_N + a_B\phi_B + a_T\phi_T + b \tag{4.68a}$$

o también como:

$$a_P\phi_P = \sum_{vecinos} a_{vecinos}\phi_{vecinos} + b \tag{4.68b}$$

donde:

$$a_E = D_e\, A\big(|Pe_e|\big) + \max[-F_e, 0] \quad , \quad a_W = D_w\, A\big(|Pe_w|\big) + \max[F_w, 0] \quad ,$$
$$a_N = D_n\, A\big(|Pe_n|\big) + \max[-F_n, 0] \quad , \quad a_S = D_s\, A\big(|Pe_s|\big) + \max[F_s, 0] \quad , \tag{4.69}$$
$$a_T = D_t\, A\big(|Pe_t|\big) + \max[-F_t, 0] \quad , \quad a_B = D_b\, A\big(|Pe_b|\big) + \max[F_b, 0]$$

$$a_P^0 = \rho_P^0\, \frac{\Delta x\, \Delta y\, \Delta z}{\Delta t} \tag{4.70}$$

$$a_P = a_W + a_E + a_S + a_N + a_B + a_T + a_P^0 - S_P \, \Delta x \, \Delta y \, \Delta z +$$
$$\left(F_e - F_w \right) + \left(F_n - F_s \right) + \left(F_t - F_b \right)$$
(4.71)

$$b = a_P^0 \, \phi_P^0 + S_C \, \Delta x \, \Delta y \, \Delta z$$
(4.72)

y los fluxes convectivos a través de las caras del volumen de control son,

$$F_w = (\rho u)_w \Delta y \, \Delta z \quad , \quad F_e = (\rho u)_e \Delta y \, \Delta z \quad ,$$
$$F_s = (\rho v)_s \Delta x \, \Delta z \quad , \quad F_n = (\rho v)_n \Delta x \, \Delta z \quad ,$$
$$F_b = (\rho w)_b \Delta x \, \Delta y \quad , \quad F_t = (\rho w)_t \Delta x \, \Delta y$$
(4.73)

Así también, las conductancias en las caras del volumen de control quedan definidas como,

$$D_w = \frac{\Gamma_w}{\delta x_{WP}} \Delta y \, \Delta z \quad , \quad D_e = \frac{\Gamma_e}{\delta x_{PE}} \Delta y \, \Delta z \quad ,$$

$$D_s = \frac{\Gamma_s}{\delta y_{SP}} \Delta x \, \Delta z \quad , \quad D_n = \frac{\Gamma_n}{\delta y_{PN}} \Delta x \, \Delta z \quad ,$$
(4.74)

$$D_b = \frac{\Gamma_b}{\delta z_{BP}} \Delta x \, \Delta y \quad , \quad D_t = \frac{\Gamma_n}{\delta z_{PT}} \Delta x \, \Delta y$$

El número de Peclet (Pe) es la razón del flux convectivo (F) y la conductancia (D), esto es: $Pe = F / D$. La función $A(\,|Pe|\,)$ es elegida de la Tabla 4.2 según el esquema numérico.

4.4 Ejemplos de convección-difusión

Para mostrar la aplicación y limitaciones de los esquemas numéricos se presenta una serie de ejemplos. Cada ejemplo permite ilustrar el alcance del esquema numérico empleado. Los ejemplos se han elegido para que el lector pueda resolver problemas convectivos-difusivos, en los cuales se implementen los diferentes esquemas numéricos.

4.4.1 Convección-Conducción unidimensional

Ejemplo 4.1: Determine mediante el esquema centrado la variación de temperatura en estado permanente, $T(x)$, en un dominio unidimensional, el cual tiene propiedades constantes ($\lambda = 2.0$ $W/m°C$, $C_P = 1.0$ $J/kg°C$, $\rho = 1.0$ kg/m^3). Considere que la variable se transporta por convección y conducción de calor, y que a través del medio unidimensional no existe generación de calor. El medio tiene una longitud de un metro ($H = 1.0$ m), el cual está sujeto a condiciones de frontera de primera clase (Figura 4.9). La solución analítica para la temperatura $T(x)$ es,

$$T(x) = T_A + (T_B - T_A) \frac{\exp^{(\rho u\, x/(\lambda/C_P))} - 1}{\exp^{(\rho u\, H/(\lambda/C_P))} - 1} \tag{4.75}$$

La solución numérica obtenida debe ser comparada con la solución analítica para los siguientes casos:

Caso 1.1: Considere un valor de velocidad de $u = 0.4$ m/s en cualquier punto del medio (incluye los nodos frontera), valores de temperatura en la frontera de $T_A = 0°C$ y $T_B = 100°C$. Adicionalmente, use un número de nodos de $Nx = 7$.

Caso 1.2: Repita el Caso 1.1 con valores de temperatura en la frontera de $T_A = 100°C$ y $T_B = 0°C$. Compare los resultados obtenidos para este caso con los correspondientes del caso 1.1.

Caso 1.3: Repita el ejercicio del Caso 1.1 con un valor de velocidad de $u = 50$ m/s.

Caso 1.4: Resuelva el caso 1.3 con un número de nodos de $Nx = 21$.

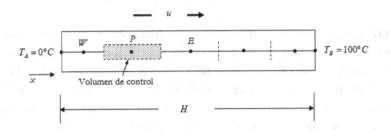

Figura 4.9 Problema de convección-conducción en 1-D.

Solución ejemplo 4.1 (caso 1.1): Al igual que el ejemplo 3.1 del capítulo 3, la malla numérica es la misma para $Nx = 7$ ($\Delta x = 0.2\ m$). Por lo tanto, Las coordenadas de cada uno de los puntos nodales son (Tabla 4.3):

Tabla 4.3 Coordenadas del ejemplo 4.1.

Coord. \ Nodo	1	2	3	4	5	6	7
x (m)	0	0.1	0.3	0.5	0.7	0.9	1

En segundo lugar, se tienen que calcular los coeficientes de cada uno de los nodos discretos. Si se toma en cuenta que no existe un término fuente, entonces, los coeficientes para los nodos internos se determinan de la Ec. (4.42)-(4.45) y los correspondientes para los nodos frontera de la Ec. (3.78). Para aplicar las Ecs. (4.42)-(4.45) es necesario conocer los fluxes convectivos (F_e, F_w), las conductancias o intensidades difusivas (D_e, D_w) y el número de Peclet (Pe_e, Pe_w) respectivo. Entonces, con los datos del problema y las coordenadas es posible obtener estos parámetros. Estos son obtenidos de las Ecs. (4.46)-(4.48) para los correspondientes nodos internos (Tabla 4.4):

Tabla 4.4 Información del ejemplo 4.1.

Coef. \ Nodo	2	3	4	5	6
D_w	20	10	10	10	10
D_e	10	10	10	10	20
F_w	0.4	0.4	0.4	0.4	0.4
F_e	0.4	0.4	0.4	0.4	0.4
Pe_w	0.02	0.04	0.04	0.04	0.04
Pe_e	0.04	0.04	0.04	0.04	0.02

Por lo tanto, los coeficientes para todos los nodos discretos son (Tabla 4.5):

Tabla 4.5 Coeficientes del ejemplo 4.1.

Coef. \ Nodo	1	2	3	4	5	6	7
a_W	0	20.2	10.2	10.2	10.2	10.2	0
a_E	0	9.8	9.8	9.8	9.8	19.8	0
a_P	1	30	20	20	20	30	1
b	0	0	0	0	0	0	100

La forma matricial del sistema de ecuaciones algebraicas es,

$$
\begin{bmatrix}
1 & 0 & 0 & 0 & 0 & 0 & 0 \\
-20.2 & 30 & -9.8 & 0 & 0 & 0 & 0 \\
0 & -10.2 & 20 & -9.8 & 0 & 0 & 0 \\
0 & 0 & -10.2 & 20 & -9.8 & 0 & 0 \\
0 & 0 & 0 & -10.2 & 20 & -9.8 & 0 \\
0 & 0 & 0 & 0 & -10.2 & 30 & -19.8 \\
0 & 0 & 0 & 0 & 0 & 0 & 1
\end{bmatrix}
\begin{bmatrix}
T_1 \\ T_2 \\ T_3 \\ T_4 \\ T_5 \\ T_6 \\ T_7
\end{bmatrix}
=
\begin{bmatrix}
0 \\ 0 \\ 0 \\ 0 \\ 0 \\ 0 \\ 100
\end{bmatrix}
\tag{4.76}
$$

Como último paso se tiene que resolver el sistema de ecuaciones algebraicas, en este caso para un número de nodos igual a 7. Para obtener la solución del sistema de ecuaciones algebraicas se puede usar el método establecido en el capitulo 3 o para otros métodos y mayor detalle revisar el capitulo 6. En particular para este problema y los restantes del capitulo 4, si se emplea un método iterativo se debe usar como criterio de paro, el residual global como desviación cuadrática media con un valor de 1×10^{-10} (ver Ec. 3.107). La solución numérica del sistema de ecuaciones (4.76) se presenta en la Tabla 4.6. En esta tabla también se muestran los valores de la solución analítica del problema y las respectivas diferencias y el error porcentual. Para esta malla gruesa, se aprecia que los resultados numéricos con el esquema centrado son satisfactorios, ya que el valor del error porcentual es prácticamente despreciable.

Tabla 4.6 Resultados del caso 1.1 (ejemplo 4.1).

Nodo	T (°C) (Analítica)	T (°C) (Numérica)	Diferencia	Error Porcentual
1	0	0	0	0
2	9.1242	9.1234	0.0008	0.009
3	27.9294	27.9288	0.0006	0.002
4	47.5021	47.5018	0.0003	0.001
5	67.8735	67.8737	-0.0002	0.000
6	89.0763	89.0770	-0.0007	-0.001
7	100	100	0	0

Solución del ejemplo 4.1 (caso 1.2): Para la solución numérica de este caso, se observa que los valores correspondientes a las características geométricas son los mismos que los obtenidos en el caso 1.1. También, los valores de los coeficientes para los nodos internos son iguales que los respectivos para el caso 1.1. Debido a los cambios en los valores de temperatura de la frontera, los coeficientes deben ser recalculados para esta posición. Por lo tanto, los valores para los coeficientes de todos los nodos computacionales son (Tabla 4.7),

Tabla 4.7 Coeficientes del caso 1.2 (ejemplo 4.1).

Nodo Coef.	1	2	3	4	5	6	7
a_W	0	20.2	10.2	10.2	10.2	10.2	0
a_E	0	9.8	9.8	9.8	9.8	19.8	0
a_P	1	30	20	20	20	30	1
b	100	0	0	0	0	0	0

Al resolver el sistema de ecuaciones algebraicas se obtiene el perfil de temperatura mostrado en la Tabla 4.8. En la tabla, también se tabulan los resultados del caso 1.1. Tal vez, debido a los valores invertidos de temperatura para la frontera entre el caso 1.1 y 1.2, se pensaría que los resultados obtenidos para el caso 1.2 deberían ser los valores invertidos del caso 1.1. Este pensamiento sería cierto, solo si se trata de un fenómeno de conducción de calor puro o que adicionalmente, también se hubiera invertido la dirección de la velocidad ($u = -0.4$ m/s), lo cual no fue el caso. Entonces en conclusión, debido a que en ambos casos se tiene un fenómeno de convección-difusión, el primer pensamiento se descarta y los resultados se atribuyen a la dirección convectiva.

Tabla 4.8 Resultados de temperatura para el caso 1.1 y 1.2 (Ejemplo 4.1).

Nodo	T (°C) (Caso 1.1)	T (°C) (Caso 1.2)
1	0	100
2	9.12	90.88
3	27.93	72.07
4	47.50	52.50
5	67.87	32.13
6	89.08	10.92
7	100	0

Solución del ejemplo 4.1 (caso 1.3): Al igual que en los casos anteriores, las características geométricas son las mismas que las correspondientes al caso 1.1.

Debido a que se cambió la magnitud de la velocidad, entonces se espera que los valores de coeficientes también lo hagan, principalmente por los cambios de los fluxes convectivos (F_e, F_w). Al aplicar las Ecs. (4.46)-(4.48) se obtienen para los nodos internos los fluxes convectivos, las conductancias y el número de Peclet (Tabla 4.9):

Tabla 4.9 Información del caso 1.3 (ejemplo 4.1).

Coef. \ Nodo	2	3	4	5	6
D_w	20	10	10	10	10
D_e	10	10	10	10	20
F_w	50	50	50	50	50
F_e	50	50	50	50	50
Pe_w	2.5	5	5	5	5
Pe_e	5	5	5	5	2.5

Por lo tanto, los coeficientes son,

Tabla 4.10 Coeficientes del caso 1.3 (ejemplo 4.1).

Coef. \ Nodo	1	2	3	4	5	6	7
a_W	0	45	35	35	35	35	0
a_E	0	-15	-15	-15	-15	-5	0
a_P	1	30	20	20	20	30	1
b	0	0	0	0	0	0	100

Al observar los valores de los coeficientes de la Tabla 4.10, se aprecia que en particular el coeficiente a_E tiene valores negativos. Este valor negativo es resultado del incremento de la magnitud de velocidad y por consecuencia se incrementan los fluxes convectivos y el número de Peclet (ver Ec. 4.18). En otras palabras, para el caso 1.3, se tiene un problema altamente convectivo con números de Peclet mayor a 1 para una malla numérica de 7 nodos. Al calcular los coeficientes con el esquema centrado se viola una de las cuatro reglas básicas establecidas en el apartado 3.3.2.1, en el cual se menciona que todos los coeficientes:

a_E, a_W y a_P deben de ser positivos, de lo contrario es posible que se obtengan soluciones irreales o inconsistentes.

En la Tabla 4.11 se muestran los resultados numéricos y analíticos de temperatura, así como las correspondientes diferencias.

Tabla 4.11 Resultados del caso 1.3 (ejemplo 4.1).

Nodo	T (ºC) (Analítica)	T (ºC) (Numérica)	Diferencia
1	0	0	0
2	0	-0.42	0.42
3	0	0.83	-0.83
4	0	-2.08	2.08
5	0.06	4.72	-4.66
6	8.21	-11.16	19.37
7	100	100	0

En la Figura 4.10 se presentan cualitativamente los perfiles de temperaturas. Con base a estos resultados, se aprecia que se ha obtenido una solución irreal con valores negativos de temperatura y que el esquema centrado genera una solución numérica oscilatoria alrededor de la solución exacta del problema.

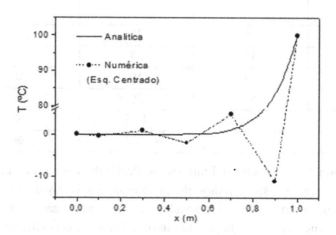

Figura 4.10 Perfil de temperatura para el caso 1.3.

Solución del ejemplo 4.1 (caso 1.4): Con base en los resultados del caso 1.3, es posible mejorar los resultados si se hace un refinamiento de la malla numérica. Se apreció que el aumento de la magnitud de la velocidad ocasionó un incremento en los valores de los fluxes convectivos y por lo tanto el número de Peclet ($Pe = F/D$). Como consecuencia, el resultado de temperatura que se obtuvo es irreal debido al uso del esquema centrado. De los resultados para el caso 1.1 y 1.2, el uso del esquema centrado es satisfactorio para valores del número de Peclet bajos. Entonces, se puede mantener un valor bajo del número de Peclet para el caso 1.3 si se aumenta el valor de las conductancias ($D = \Gamma/\delta x$). Esto se logra al disminuir el valor de δx, esto es refinar la malla numérica. El refinamiento de la malla tiene el costo del aumento de tiempo computacional. Sin embargo, existe un límite ($\delta x \rightarrow 0$) en el cual los resultados son independientes de la malla numérica. En otras palabras, por mucho que se refine la malla, los resultados no cambiarán. Por lo tanto, el ejercicio del caso 1.4 pretende demostrar lo explicado para un número de nodos de 21.

Al usar las Ecs. (4.46)-(4.48) se obtienen para los nodos internos los fluxes convectivos, las conductancias y el número de Peclet (Tabla 4.12):

Tabla 4.12 Información del caso 1.4 (ejemplo 4.1).

Coef. \ Nodo	2	3-18	19
D_w	76	38	38
D_e	38	38	76
F_w	50	50	50
F_e	50	50	50
Pe_w	0.66	1.32	1.32
Pe_e	1.32	1.32	0.66

Al comparar los resultados del número de Peclet del caso 1.3 con el caso 1.4, se observa que éste se redujo de un valor de 5 a 1.32 y de 2.5 a 0.66. Por lo tanto, se espera que los resultados de temperatura sean consistentes, ya que se tienen valores bajos del número de Peclet. Los coeficientes para los nodos internos son,

Tabla 4.13 Coeficientes del caso 1.4 (ejemplo 4.1).

Coef. \ Nodo	1	2	3-18	19	21
a_W	0	101	63	63	0
a_E	0	13	13	51	0
a_P	1	114	76	114	1
b	0	0	0	0	100

Finalmente, en la Figura 4.11 se muestra la comparación cualitativa de temperatura para una malla numérica de 21 nodos. Se puede apreciar que los resultados mediante el esquema centrado al refinar la malla numérica son satisfactorios.

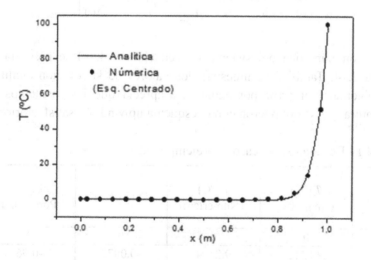

Figura 4.11 Perfil de temperatura para el caso 1.4.

Ejemplo 4.2: Resuelva el problema del ejemplo 4.1 mediante el esquema upwind con valores de temperatura en la frontera: $T_A = 0°C$ y $T_B = 100\ °C$. Considere un número de nodos de $Nx = 7$ para los siguientes casos:

Caso 2.1: Considere un valor de velocidad de $u = 0.4$ m/s.

Caso 2.2: Considere un valor de velocidad de $u = 50$ m/s.

Solución del ejemplo 4.2 (caso 2.1): Las coordenadas de cada uno de los puntos nodales son las mismas que las obtenidas para el ejemplo 4.1. Los coeficientes de cada uno de los nodos discretos se determinan de las Ecs. (4.42)-(4.45) y la Ec. (3.78). Por lo tanto, el sistema de ecuaciones algebraicas a resolver en un arreglo matricial es el siguiente,

$$
\begin{bmatrix}
1 & 0 & 0 & 0 & 0 & 0 & 0 \\
-20.4 & 30.4 & -10 & 0 & 0 & 0 & 0 \\
0 & -10.4 & 20.4 & -10 & 0 & 0 & 0 \\
0 & 0 & -10.4 & 20.4 & -10 & 0 & 0 \\
0 & 0 & 0 & -10.4 & 20.4 & -10 & 0 \\
0 & 0 & 0 & 0 & -10.4 & 30.4 & -20 \\
0 & 0 & 0 & 0 & 0 & 0 & 1
\end{bmatrix}
\begin{bmatrix}
T_1 \\ T_2 \\ T_3 \\ T_4 \\ T_5 \\ T_6 \\ T_7
\end{bmatrix}
=
\begin{bmatrix}
0 \\ 0 \\ 0 \\ 0 \\ 0 \\ 0 \\ 100
\end{bmatrix}
\tag{4.77}
$$

La solución numérica del sistema de ecuaciones (4.77) se presenta en la Tabla 4.14. También se muestran los valores de la solución analítica del problema y el error porcentual. Se aprecia que los resultados de temperatura que se obtuvieron con el esquema upwind son satisfactorios.

Tabla 4.14 Resultados del caso 2.1 (ejemplo 4.2).

Nodo	T (°C) (Analítica)	T (°C) (Numérica)	Diferencia	Error Porcentual
1	0	0	0	0
2	9.1242	9.2114	-0.0872	-0.96
3	27.9294	28.0028	-0.0734	-0.26
4	47.5021	47.5458	-0.0437	-0.09
5	67.8735	67.8706	0.0029	0.00
6	89.0763	89.0083	0.0680	0.08
7	100	100	0	0

Solución del ejemplo 4.2 (caso 2.2): La solución de este caso es similar al caso anterior, con la modificación del incremento de la magnitud de velocidad de 0.4 a 50 m/s. Los valores de temperatura para este caso se presentan en la Tabla 4.15. También se muestran los valores que se obtuvieron con el esquema centrado (caso 1.3). A diferencia de los resultados con el esquema centrado, en el cual se obtuvieron resultados irreales, los resultados con el esquema upwind son consistentes con diferencias significativas respecto a los valores exactos.

Tabla 4.15 Comparación de valores de temperatura para el caso 2.2 (ejemplo 4.2).

Nodo	T (°C) (Analítica)	T (°C) (Esq. Upwind)	T (°C) (Esq. Centrado)
1	0	0	0
2	0	0.02	-0.42
3	0	0.13	0.83
4	0	0.79	-2.08
5	0.06	4.76	4.72
6	8.21	28.57	-11.16
7	100	100	100

En la Figura 4.12 se presenta el comportamiento cualitativo de la temperatura para este caso. Se observa que los valores de temperatura con el esquema upwind son razonables.

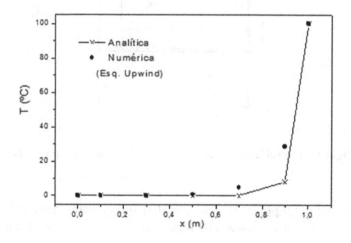

Figura 4.12 Perfil de temperatura para el caso 2.2.

4.4.2 Convección-Conducción bidimensional

Ejemplo 4.3: Determine mediante el esquema upwind la variación de temperatura en estado permanente, $T(x,y)$, en un dominio en dos dimensiones, el cual tiene propiedades constantes ($\lambda = 237$ W/m $°C$, $C_p = 903$ J/kg $°C$, $\rho = 2702$ kg/m^3). Considere que la variable se transporta por convección y conducción de calor, y que a través del medio bidimensional no existe generación de calor y que las componentes de velocidad (u, v) son constantes en cualquier punto del dominio físico (incluye los nodos frontera). El medio es geométricamente cuadrado con una longitud de un metro ($H = 1.0m$), el cual está sujeto a condiciones de frontera de primera clase (Figura 4.13). El modelo matemático de estado permanente para este caso es la ecuación de convección-difusión para la temperatura, esto es,

$$\frac{\partial}{\partial x}(\rho u T) + \frac{\partial}{\partial y}(\rho v T) = \frac{\partial}{\partial x}\left(\frac{\lambda}{C_P}\frac{\partial T}{\partial x}\right) + \frac{\partial}{\partial y}\left(\frac{\lambda}{C_P}\frac{\partial T}{\partial y}\right) \quad \text{en} \quad \begin{cases} 0 < x < H \\ 0 < y < H \end{cases} \quad (4.78)$$

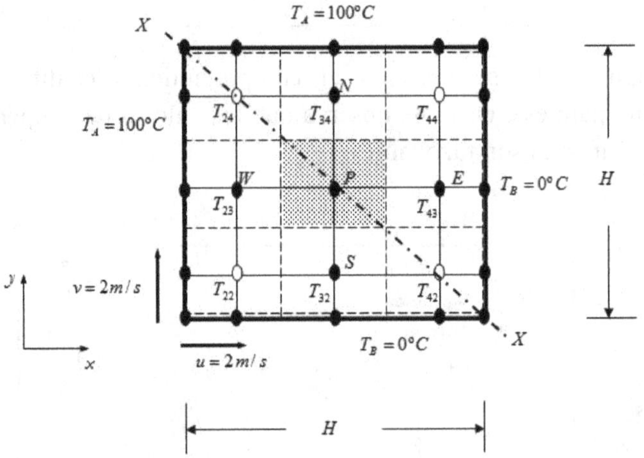

Figura 4.13 Problema de convección-conducción de calor en 2-D.

Solución del ejemplo 4.3: Las características geométricas del plano computacional para un número de nodos $Nx = 5$ y $Ny = 5$ son las mismas del ejemplo 3.6 del capítulo anterior.

En este caso, los coeficientes de cada uno de los nodos discretos se determinan de las Ecs. (4.63) a (4.66) y (3.78) para los nodos internos y nodos frontera, respectivamente. A continuación se tabulan los coeficientes para todos los valores de x (i = 1,2,...,5) y y = 0,0.5,1m (j = 1,3,5):

Tabla 4.16a Coeficientes para y= 0 m del ejemplo 4.3.

Coef. \ Nodo-i	1	2	3	4	5
a_W	0	0	0	0	0
a_E	0	0	0	0	0
a_S	0	0	0	0	0
a_N	0	0	0	0	0
a_P	1	1	1	1	1
b	100	0	0	0	0

(Encabezado de tabla: y = 0 m)

Tabla 4.16b Coeficientes para y= 0.5 m del ejemplo 4.3.

Coef. \ Nodo-i	1	2	3	4	5
a_W	0	1801.858	1801.596	1801.596	0
a_E	0	0.262	0.262	0.525	0
a_S	0	1801.596	1801.596	1801.596	0
a_N	0	0.262	0.262	0.262	0
a_P	1	3603.979	3603.717	3603.979	1
b	100	0	0	0	0

(Encabezado de tabla: y = 0.5 m)

Tabla 4.16c Coeficientes para $y=1$ m del ejemplo 4.3.

Coef. \ Nodo $-i$	1	2	3	4	5
			$y = 1$ m		
a_W	0	0	0	0	0
a_E	0	0	0	0	0
a_S	0	0	0	0	0
a_N	0	0	0	0	0
a_P	1	1	1	1	1
b	100	100	100	100	0

Al resolver el sistema de ecuaciones algebraicas correspondiente a todos los nodos computacionales, se obtienen los valores de temperatura que se muestran en la Tabla 4.17.

Tabla 4.17 Valores de temperatura con esquema upwind (ejemplo 4.3).

T (°C)				
$T_{15} = 100$	$T_{25} = 100$	$T_{35} = 100$	$T_{45} = 100$	$T_{55} = 0$
$T_{14} = 100$	$T_{24} = 87.50$	$T_{34} = 68.75$	$T_{44} = 50$	$T_{54} = 0$
$T_{13} = 100$	$T_{23} = 75$	$T_{33} = 50$	$T_{43} = 31.25$	$T_{53} = 0$
$T_{12} = 100$	$T_{22} = 50$	$T_{32} = 24.99$	$T_{42} = 12.49$	$T_{52} = 0$
$T_{11} = 100$	$T_{21} = 0$	$T_{31} = 0$	$T_{41} = 0$	$T_{51} = 0$

Los resultados de este ejercicio se pueden mejorar al refinar la malla numérica. Para ello, se resuelve el caso para una malla de 11x11, 51x51 y de 101x101 nodos computacionales. Los resultados de temperatura adimensional ($\dfrac{T - T_B}{T_A - T_B}$) que se obtienen sobre la diagonal $X - X$ señalada en la Figura 4.13 se presentan en la Figura 4.14. En dicha Figura también se presenta la solución exacta de la temperatura, en la que sobre la diagonal, todos los valores deben ser de 1 y por debajo de ésta, los valores deben ser de 0. En la misma Figura se puede apreciar que los resultados mejoran significativamente al incrementar el número de nodos de la malla numérica, sin embargo, el grado de refinamiento requerido por el esquema upwind para mejorar los resultados puede ser costoso. La desviación del esquema upwind respecto a la solución exacta se conoce como falsa difusión (difusión numérica).

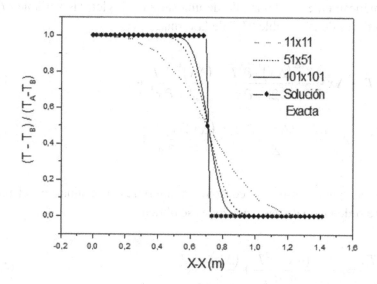

Figura 4.14 Perfil de temperatura para el esquema upwind.

Para explicar el concepto de la falsa difusión, se tomará este ejercicio como base. La exactitud del esquema upwind es de primer orden del error en truncamiento de una serie de Taylor. El uso del esquema upwind asegura estabilidad numérica pero su característica de primer orden lo hace sensible a errores de difusión numérica. Para comprender este efecto de difusión numérica considere el caso de la Ec. (4.78) puramente convectiva (velocidades relativamente altas y por lo tanto, los efectos de difusión pueden ser despreciados en la ecuación), esto es:

$$\frac{\partial}{\partial x}(\rho u T) + \frac{\partial}{\partial y}(\rho v T) = 0 \quad \text{en} \quad \begin{cases} 0 < x < H \\ 0 < y < H \end{cases} \tag{4.79}$$

Con base a la información del Ejemplo 4.3, en donde el campo de velocidades es constante y de dirección positiva; es posible obtener la ecuación discreta de la Ec. (4.79) mediante el esquema upwind como,

$$\rho u \frac{T_P - T_W}{\Delta x} + \rho v \frac{T_P - T_S}{\Delta y} = 0 \tag{4.80}$$

Si se considera la malla numérica de la Figura 4.13, se puede escribir matemáticamente, en desarrollo de una serie de Taylor, las variables T_W y T_S alrededor de la variable "T_P" de la forma,

$$T_W = T_P - \Delta x \frac{\partial T}{\partial x} + \frac{(\Delta x)^2}{2!} \frac{\partial^2 T}{\partial x^2} - \frac{(\Delta x)^3}{3!} \frac{\partial^3 T}{\partial x^3} + \ldots \tag{4.81}$$

$$T_S = T_P - \Delta y \frac{\partial T}{\partial y} + \frac{(\Delta y)^2}{2!} \frac{\partial^2 T}{\partial y^2} - \frac{(\Delta y)^3}{3!} \frac{\partial^3 T}{\partial y^3} + \ldots \tag{4.82}$$

Todas las derivadas de las ecuaciones anteriores se evalúan en el punto "P", re-ordenando dichas ecuaciones se obtiene,

$$\frac{T_P - T_W}{\Delta x} = \frac{\partial T}{\partial x} - \frac{(\Delta x)}{2!} \frac{\partial^2 T}{\partial x^2} + \frac{(\Delta x)^2}{3!} \frac{\partial^3 T}{\partial x^3} - \ldots \tag{4.83}$$

$$\frac{T_P - T_S}{\Delta y} = \frac{\partial T}{\partial y} - \frac{(\Delta y)}{2!} \frac{\partial^2 T}{\partial y^2} + \frac{(\Delta y)^2}{3!} \frac{\partial^3 T}{\partial y^3} - \ldots \tag{4.84}$$

Al sustituir las Ecs. (4.83-4.84) en la Ec. (4.80)

$$\rho u \frac{\partial T}{\partial x} + \rho v \frac{\partial T}{\partial y} = \rho u \frac{(\Delta x)}{2!} \frac{\partial^2 T}{\partial x^2} - O(\Delta x^2) + \rho v \frac{(\Delta y)}{2!} \frac{\partial^2 T}{\partial y^2} - O(\Delta y^2) + \ldots \tag{4.85}$$

De acuerdo al ejercicio, $u = v$ y $\Delta x = \Delta y$, por lo tanto la Ec. (4.85) se reduce a,

$$\rho u \frac{\partial T}{\partial x} + \rho v \frac{\partial T}{\partial y} = \frac{\rho u \Delta x}{2}\left[\frac{\partial^2 T}{\partial x^2} + \frac{\partial^2 T}{\partial y^2}\right] + O\left(\Delta x^2\right) \tag{4.86}$$

O también,

$$\frac{\partial}{\partial x}\left(\rho u T\right) + \frac{\partial}{\partial y}\left(\rho v T\right) = \frac{\rho u \Delta x}{2}\left[\frac{\partial^2 T}{\partial x^2} + \frac{\partial^2 T}{\partial y^2}\right] + O\left(\Delta x^2\right) \tag{4.87}$$

Al comparar la Ec. (4.87) con la ecuación original (4.79), se observa que la Ec. (4.87) modelada por el método de volúmenes finitos con el esquema upwind, introduce un término adicional. El término del lado izquierdo de la Ec. (4.87) corresponde a nuestra ecuación diferencial de partida (Ec. 4.79) y el término del lado derecho es el término adicional, el cual introduce el error de truncamiento. Esto implica que aunque se ha planteado la solución de una ecuación puramente convectiva, al aplicar el esquema upwind se está resolviendo un problema que incorpora cierta difusión numérica generada por la discretización. En términos matemáticos se le denomina difusión numérica o artificial. Nótese que el coeficiente de difusión artificial, $\dfrac{\rho u \Delta x}{2}$, es proporcional al tamaño de la malla, por lo que la difusión numérica se reduce al refinar la malla, aunque nunca podrá ser eliminado por completo (Fernández-Oro, 2012).

4.5 Resumen

Se presentaron diferentes esquemas de interpolación para los términos convectivos, con ello se completó la discretización de la ecuación de convección-difusión. Los esquemas mostrados fueron el esquema centrado, upwind, híbrido y de ley de potencia. Para compactar los esquemas en una sola formulación matemática, se usó la formulación generalizada de Patankar (1980). La Tabla 4.18 resume los coeficientes obtenidos para los problemas de convección-difusión en estado transitorio en 3-D. La ecuación algebraica general obtenida es:

$$a_P \phi_P = \sum_{vecinos} a_{vecinos} \phi_{vecinos} + b \qquad (4.88)$$

Tabla 4.18 Coeficientes para fenómenos de convección-difusión.

Coeficiente	Expresión matemática
a_W	$D_w A(\lvert Pe_w \rvert) + \max [F_w, 0]$
a_E	$D_e A(\lvert Pe_e \rvert) + \max [-F_e, 0]$
a_S	$D_s A(\lvert Pe_s \rvert) + \max [F_s, 0]$
a_N	$D_n A(\lvert Pe_n \rvert) + \max [-F_n, 0]$
a_B	$D_b A(\lvert Pe_b \rvert) + \max [F_b, 0]$
a_T	$D_t A(\lvert Pe_t \rvert) + \max [-F_t, 0]$
a_P	$a_W + a_E + a_S + a_N + a_B + a_T + a_P^0 - S_P \, \Delta x \, \Delta y \, \Delta z +$ $(F_e - F_w) + (F_n - F_s) + (F_t - F_b)$
b	$a_P^0 \phi_P^0 + S_C \Delta x \Delta y \Delta z$

Los fluxes convectivos y las conductancias en la interface del VC necesarias para las expresiones de la Tabla 4.18 son,

$$
\begin{aligned}
F_w &= (\rho u)_w \Delta y \Delta z &, \quad F_e &= (\rho u)_e \Delta y \Delta z &, \\
F_s &= (\rho v)_s \Delta x \Delta z &, \quad F_n &= (\rho v)_n \Delta x \Delta z &, \\
F_b &= (\rho w)_b \Delta x \Delta y &, \quad F_t &= (\rho w)_t \Delta x \Delta y &
\end{aligned}
\qquad (4.89)
$$

$$D_w = \frac{\Gamma_w}{\delta x_{WP}} \Delta y \, \Delta z \quad , \quad D_e = \frac{\Gamma_e}{\delta x_{PE}} \Delta y \, \Delta z \quad ,$$

$$D_s = \frac{\Gamma_s}{\delta y_{SP}} \Delta x \, \Delta z \quad , \quad D_n = \frac{\Gamma_n}{\delta y_{PN}} \Delta x \, \Delta z \quad , \qquad (4.90)$$

$$D_b = \frac{\Gamma_b}{\delta z_{BP}} \Delta x \, \Delta y \quad , \quad D_t = \frac{\Gamma_n}{\delta z_{PT}} \Delta x \, \Delta y$$

Finalmente, el número de Peclet (Pe) se definió como la razón del flux convectivo (F) y la conductancia (D), esto es, $Pe = F/D$. Con esta definición, se estableció la función $A(\,|Pe|\,)$. De acuerdo al esquema numérico a usar, se elige una función $A(\,|Pe|\,)$ de la Tabla 4.2.

Por último, para mostrar la aplicación y limitaciones de los esquemas numéricos se presentaron 3 ejemplos con diferentes casos para 1-D y 2-D. Cada ejemplo y sus correspondientes casos muestran el alcance del esquema numérico empleado. Los ejemplos han sido elegidos para que el lector pueda extender (implementado en el capítulo 3) o desarrollar su propio código numérico para problemas convectivos-difusivos.

4.6 Ejercicios

4.1 ¿Qué esquema de interpolación recomienda para problemas de convección-difusión a bajas velocidades?

4.2 ¿Cuál es la diferencia entre el esquema centrado y el esquema upwind?

4.3 ¿Qué beneficios tiene el uso de un esquema híbrido respecto a un esquema centrado o upwind?

4.4 Determine la solución exacta de la ecuación $\dfrac{\partial}{\partial x}\left(\rho u \cdot \phi - \Gamma \dfrac{\partial \phi}{\partial x}\right) = 0$

para ρu y Γ constantes. Las condiciones de frontera son $\phi = \phi_0$ en $x = 0$ y

$\phi = \phi_L$ en $x = L$. Grafique el comportamiento de $\phi(x)$ para varios valores de $\rho u\, L/\Gamma$.

4.5 Determine la variación de temperatura por convección-difusión, $T(x)$ para un medio homogéneo ($\lambda = 1.0\,W\,/\,m°C$, $C_P = 1.0\,J/kg\,°C$, $\rho = 1.0$ kg/m^3) sin generación de calor. El medio tiene una longitud de un metro, el cual está sujeto a condiciones de frontera de primera clase (Figura 4.15). Use el esquema centrado con un número de nodos $Nx = 21$. Considere los siguientes casos:

Caso A: Velocidad constante, $u = 0.01$ m/s, y valores de temperatura en la frontera de $T_A = 10\ °C$ y $T_B = 50\ °C$.

Caso B: Velocidad constante, $u = 0.1$ m/s , y valores de temperatura en la frontera de $T_A = 10\ °C$ y $T_B = 50\ °C$.

Caso C: Velocidad constante, $u = 1$ m/s, y valores de temperatura en la frontera de $T_A = 10\ °C$ y $T_B = 50\ °C$.

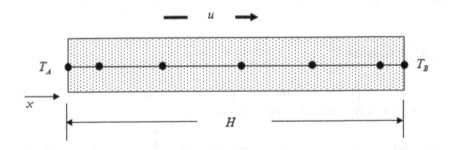

Figura 4.15 Ejercicio 4.5.

4.6 Repita el ejercicio 4.5 para los mismos casos considerando los esquemas: upwind, híbrido y ley de potencia.

4.7 Repita el ejercicio 4.5 para los mismos casos con excepción que en el extremo derecho del medio ($x = H$) se tiene una condición de frontera de segunda clase homogénea $\dfrac{\partial T}{\partial x} = 0$.

4.8 Determine en estado permanente los valores de temperatura correspondiente a los nodos internos, T_{22}, T_{32},...T_{44}, marcados en la Figura 4.15. Considere un medio homogéneo sin generación de calor ($\lambda = 1.0$ $W/m°C$, $C_p = 1.0$ $J/kg°C$, $\rho = 1.0$ kg/m^3). La variable se transporta por convección y conducción de calor con valores constantes de velocidad (u, v) en cualquier punto del dominio físico. El medio es geométricamente cuadrado ($H = 10.0$ m), el cual está sujeto a condiciones de frontera de primera clase (Figura 4.16). Para la discretización use el esquema centrado. Analicé los siguientes casos:

Caso A: Valores de velocidad, $u = v = 0.01$ m/s.

Caso B: Valores de velocidad, $u = 0.1$ y $v = 0.01$ m/s.

Caso C: Valores de velocidad, $u = 1$ y $v = 0.01$ m/s.

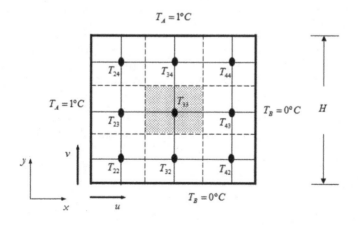

Figura 4.16 Ejercicio 4.8.

4.9 Repita el ejercicio 4.8 para los mismos casos considerando los esquemas: upwind, híbrido y ley de potencia.

4.10 Repita el ejercicio 4.8 para los mismos casos con una malla numérica de 21x21 nodos computaciones. Compare los resultados con los correspondientes del ejercicio 4.8.

CAPÍTULO 5

Método de Volumen Finito para Problemas de Dinámica de Fluidos

5.1 Introducción

En el capítulo anterior se determinó el transporte convectivo-difusivo de la variable "ϕ" bajo la influencia de un campo de velocidades conocidas, también se mostró el efecto de la magnitud y dirección del campo de velocidades. Se concluyó que la convección-difusión de la variable "ϕ" depende de la magnitud y dirección del campo de velocidad local. Para el ejemplo, se consideró que el campo de velocidad fue de alguna manera conocido. Sin embargo, en problemas de dinámica de fluidos, el campo de velocidad se desconoce y emerge como una parte del proceso global de solución en conjunto con otras variables involucradas como temperatura y/o especies químicas.

En los problemas de dinámica de fluidos se ven involucradas las tres componentes de velocidad y la presión, los modelos matemáticos correspondientes para estas variables son las ecuaciones de conservación de masa (continuidad) y momentum presentadas en el Capítulo 2. Cada una de estas ecuaciones puede representarse mediante la ecuación general conservativa de convección-difusión. Por simplicidad, se considera el caso bidimensional de dinámica de fluidos, para un fluido newtoniano e incompresible en régimen laminar. Por lo tanto, las ecuaciones resultantes adaptadas de la ecuación general de convección-difusión son:

$$\frac{\partial \rho}{\partial t} + \frac{\partial (\rho u)}{\partial x} + \frac{\partial (\rho v)}{\partial y} = 0 \tag{5.1}$$

$$\frac{\partial (\rho u)}{\partial t} + \frac{\partial (\rho u \cdot u)}{\partial x} + \frac{\partial (\rho v \cdot u)}{\partial y} = \frac{\partial}{\partial x}\left(\mu \frac{\partial u}{\partial x} \right) + \frac{\partial}{\partial y}\left(\mu \frac{\partial u}{\partial y} \right) - \frac{\partial P}{\partial x} + F_x \tag{5.2}$$

$$\frac{\partial (\rho v)}{\partial t} + \frac{\partial (\rho u \cdot v)}{\partial x} + \frac{\partial (\rho v \cdot v)}{\partial y} = \frac{\partial}{\partial x}\left(\mu \frac{\partial v}{\partial x} \right) + \frac{\partial}{\partial y}\left(\mu \frac{\partial v}{\partial y} \right) - \frac{\partial P}{\partial y} + F_y \tag{5.3}$$

Dos cosas importantes a considerar en las ecuaciones anteriores son: (1) la ecuación de momentum tiene un término convectivo, el cual es altamente no-lineal y (2) las ecuaciones de momentum y continuidad están fuertemente acopladas debido a las componentes de velocidad que aparecen en ellas, lo cual forma un sistema de ecuaciones diferenciales parciales. Por lo que, una complejidad importante se presenta al estimar el rol de la presión en las ecuaciones de momentum, ya que no existe una ecuación de transporte para la presión. También, se observa que en las ecuaciones de momentum, el término de gradiente de presión y otras fuerzas conservativas (F_i) forman parte del término fuente (efectos electromagnéticos, coriolis, gravitatorios, etc.) de la ecuación general de convección-difusión.

Por lo tanto, la principal problemática en la solución numérica de la dinámica de fluidos reside en resolver el rol que desempeña el gradiente de presión en este sistema de ecuaciones diferenciales parciales (Ecs. (5.1)-(5.3)). Los primeros trabajos en la solución de estas ecuaciones fue mediante la formulación de función de corriente-vorticidad (Dix, 1963; Fromm y Harlow, 1963), en el cual se aplica derivadas cruzadas en cada una de la ecuaciones de momentum para obtener una ecuación para dos variables: la vorticidad (ω) y la función de corriente (ψ). En la formulación $\psi - \omega$ queda excluido el gradiente de presión y por lo tanto, es atractivo encontrar la solución por un método numérico tradicional. Sin embargo, cuando esta formulación se extiende a situaciones de 3-D, la definición de la función de corriente no existe; adicionalmente, se tendrán seis variables dependientes: tres componentes del vector vorticidad y otras tres componentes del vector potencial. Finalmente, la problemática se hace mayor que la que se tenía inicialmente: resolver tres componentes de velocidad y la presión.

Sobre la década de los 60's, el Laboratorio Nacional de los Álamos fue el impulsor de las técnicas para el modelado de flujos de fluidos. Métodos que propusieron en aquel entonces fue el método de PIC (*particle-in-cell*), de función de corriente-vorticidad y el método MAC (*marker and cell*) descritos por Harlow y colaboradores. En 1967, A. Chorin propuso un método para sobrellevar el acoplamiento de las ecuaciones de continuidad y momentum para flujo incompresible en estado permanente. Chorin introdujo el concepto de "compresibilidad artificial" para usarlo de manera similar como un falso transitorio; entonces, las soluciones intermedias se miran como resolver un flujo compresible, y cuando el estado permanente se ha alcanzado, el término de compresibilidad artificial se colapsa. Más tarde, Chorin (1968) hizo extensivo el método a casos de estado transitorio.

Sin duda alguna, los métodos desarrollados por Chorin son los métodos que más impacto han causado en el desarrollo de metodologías numéricas para la solución de las ecuaciones de continuidad y momentum (ecuaciones de Navier-Stokes). Sin embargo, no fue hasta 1972, cuando Patankar y Spalding presentaron una formulación implícita en términos de velocidad y presión, dando pie al algoritmo SIMPLE (*Semi-Implicit Method for Pressure-Linked Equations*). La formulación de este algoritmo fue la base de múltiples métodos de acople de manera segregada, en la cual, las no-linealidades se sobrellevan de manera iterativa. Principalmente, una ecuación de corrección de presión se obtiene vía la ecuación de continuidad para corregir el campo de presión y velocidades. En las siguientes secciones se presentan los detalles del algoritmo SIMPLE y algunas de sus variantes para mejorar el esfuerzo computacional del proceso iterativo.

5.2 Algoritmos de acople de Presión-Velocidad

En el desarrollo del algoritmo SIMPLE, Patankar y Spalding (1972) emplearon la idea de la malla desplazada y el concepto de un paso predictor-corrector para el acople de la velocidad y presión. La idea de malla desplazada fue aplicada por primera vez por Harlow y Welch (1965) y el procedimiento de suponer un campo de velocidad y corregirlo mediante el acoplamiento de la presión fue realizado por Chorin (1968). El algoritmo SIMPLE es una técnica de solución secuencial para el acople de las ecuaciones de conservación de masa y momentum, en la cual se usan las variables primarias (velocidades y presión). Entre las dificultades que se presentan en el algoritmo SIMPLE, una es la representación del gradiente de presión en las ecuaciones de momentum. Patankar (1980) mostró que la solución de las ecuaciones de continuidad y momentum, discretizadas en los mismos nodos computacionales, puede conducir a una distribución de presión oscilatoria que no corresponde a la solución real, para sobrellevar esto se tiene la alternativa de usar mallas desplazadas. Otra dificultad que surge es el tratamiento de las condiciones de frontera de la ecuación de corrección de presión (P') y la inconsistencia de tener que usar bajo-relajación para la presión (P), esta inconsistencia se remedia con la modificación del algoritmo SIMPLE (SIMPLEC) propuesta por Van Doormaal y Raithby (1984). Las alternativas para remediar estas dificultades se describen a detalle en las siguientes secciones.

5.2.1 Malla desplazada

Uno de los pasos a usar para el acople de las ecuaciones de continuidad y momentum es el uso de mallas superpuestas en función de las variables que se quieren calcular. Se utilizan tres o cuatro mallas superpuestas para los casos de dos y tres dimensiones, respectivamente.

La malla principal o centrada es aquella en la cual se colocan o almacenan todas las variables escalares, es decir, presión, temperatura, energía cinética turbulenta, etc. Las otras mallas se desplazan en las direcciones x, y, z para almacenar las componentes de velocidad u, v, w, respectivamente. El arreglo del desplazamiento de mallas es de tal forma que, las fronteras o interface de sus volúmenes de control coinciden con los puntos nodales de la malla principal (Figura 5.1).

Una de las ventajas de usar mallas desplazadas (Staggered Grid) es tener sus correspondientes nodos discretos en la posición de interface del VC de la malla principal, ya que para la solución de las variables escalares sobre la malla principal se necesita información de los fluxes convectivos ($F's$) en las interface de los VC, y el hecho de tener almacenado en esta interface los nodos de velocidades evita tener que interpolar los valores. En la Figura 5.1 se muestra el desplazamiento de las mallas para 2-D. La principal ventaja de usar mallas desplazadas fue discutida por Patankar

(1980), la cual consiste en sobrellevar la dificultad de la representación del gradiente de presión de las ecuaciones de momentum.

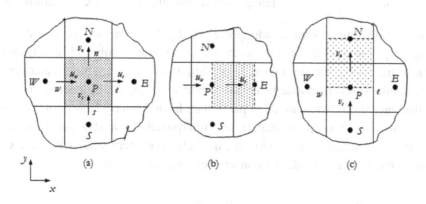

Figura 5.1 Representación de mallas superpuestas: (a) VC para variables escalares, (b) VC para u_e y (c) VC para v_n.

5.2.2 Gradiente de presión

La explicación de este concepto se presenta para una dimensión, éste también puede ser extendido a dos y tres dimensiones, para una malla principal o centrada con cinco VC y puntos nodales *WW,WP,E* y *EE* (Figura 5.2).

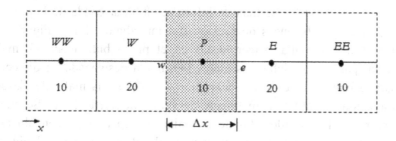

Figura 5.2 Malla principal en 1-D.

La aplicación de la ecuación de momentum en dirección-x sobre el nodo "P" presenta la dificultad de la representación del término de gradiente de presión, $-\dfrac{\partial P}{\partial x}$. Si se integra sobre los límites del VC, el gradiente de presión queda aproximado por $P_w - P_e$. Este término representa la fuerza por unidad de área ejercida por las presiones sobre el VC. Como ya se mencionó anteriormente, la presión al ser una variable escalar será calculada sobre la malla principal y por lo tanto, no se cuenta con la información directamente de la presión en las interfaces de sus volúmenes de control. Entonces, se realiza una interpolación lineal a partir de los valores existentes en los nodos vecinos. De tal manera, que si la malla es uniforme, el gradiente de presión se puede aproximar como,

$$P_w - P_e = \frac{P_W + P_P}{2} - \frac{P_P + P_E}{2} = \frac{P_W - P_E}{2} \tag{5.4}$$

Se puede apreciar de la ecuación anterior que la evaluación del gradiente de presión es la diferencia de presión entre dos puntos alternantes (W y E), esto puede ocasionar una estimación no real por la siguiente razón: si se consideran los valores de la distribución de presión no-uniforme mostrada en al Figura 5.2, el gradiente de presión será cero. Lo anterior indicaría que en las ecuaciones de momentum, la distribución de presión sería constante o uniforme, lo cual es una inconsistencia. Esta inconveniencia es la principal razón de desplazar las mallas para las componentes de velocidad.

El hecho de desplazar las mallas para las velocidades implica que la interface de sus VC se relacione con los puntos nodales de la malla principal y sobre éstos se tiene la información almacenada de la presión, por lo tanto, los balances de presión son inmediatos. En la Figura 5.3, se muestran las mallas superpuestas en el plano bidimensional: malla principal para las variables escalares (●), malla desplazada en dirección -x para la componente de velocidad horizontal (□) y la malla desplazada en dirección -y para la componente de velocidad vertical (△). Se puede observar que las coordenadas de la malla principal se pueden ubicar a través del punto (I,J), mientras que la malla desplazada para la velocidad-u se ubica por la coordenada (i,J) y la malla desplazada para la velocidad-v se localiza por la coordenada (I,j). A partir de aquí, esta nomenclatura será usada cuando sea necesario para ubicar las variables escalares o vectoriales. También, la malla desplazada en la dirección horizontal o vertical, se le denotará como malla-*u* o malla-*v*, respectivamente.

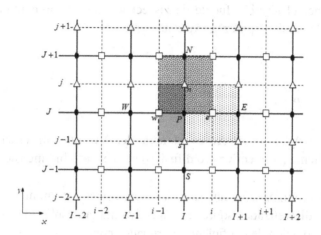

Figura 5.3 Malla principal (●), malla desplazada en dirección -*x* (□) y malla desplazada en dirección -*y*(△).

5.2.3 Algoritmo SIMPLE

El algoritmo SIMPLE tiene más de cuatro décadas de existencia, es numéricamente eficiente y estable, trata tanto fluidos compresibles como incompresibles, la aplicación de este algoritmo ha sido muy utilizado para modelar todo tipo de flujos y geometrías. La filosofía del método es resolver las ecuaciones de conservación, utilizando una formulación en variables primarias sobre un dominio computacional en el cual se encuentran mallas desplazadas.

La estructura del algoritmo SIMPLE está compuesta de dos partes básicamente; la suposición de un campo de presiones que facilita la obtención de una distribución de velocidades y la corrección de estas distribuciones cumpliendo con la ecuación de continuidad de manera iterativa hasta llegar a una solución correcta.

El algoritmo SIMPLE se resume paso a paso como sigue:

- **PASO 1**

Descomponer el término fuente de las ecuaciones de momentum, de tal forma que la presión aparezca explícitamente,

$$b = -A_e\,(P_E - P_P) + b^u \tag{5.5}$$

$$b = -A_n\,(P_N - P_P) + b^v \tag{5.6}$$

donde $A_e = \Delta y$ y $A_n = \Delta x$ es el área del VC que atraviesa el flux correspondiente (convectivo y/o difusivo) para el caso bidimensional.

Bajo la descomposición anterior, las ecuaciones de momentum (Ecs. (5.2)-(5.3)) discretizadas sobre su respectiva malla desplazada, se pueden escribir en notación de coeficientes agrupados como,

$$a^u_{i,J}\,u_{i,J} = a^u_e\,u_e = \sum_{vecinos} a^u_{vecinos}\,u_{vecinos} - A_e\big(P_E - P_P\big) + b^u \tag{5.7}$$

$$a^v_{I,j}\,v_{I,j} = a^v_n v_n = \sum_{vecinos} a^v_{vecinos}\,v_{vecinos} - A_n\big(P_N - P_P\big) + b^v \tag{5.8}$$

- **PASO 2**

Las ecuaciones discretizadas de conservación de momentum pueden ser resueltas si el campo de presión es conocido o estimado. Para esto se supone un campo de presión P^*. El campo de velocidades obtenido puede no satisfacer la ecuación de continuidad a menos que la distribución de P^* sea el correcto. Por representar el nuevo campo de velocidad como u^* y v^*, las Ecs. (5.7) y (5.8) se pueden re-escribir,

$$a^u_e\,u^*_e = \sum_{vecinos} a^u_{vecinos}\,u^*_{vecinos} - A_e\big(P^*_E - P^*_P\big) + b^u \tag{5.9}$$

$$a^v_n\,v^*_n = \sum_{vecinos} a^v_{vecinos}\,v^*_{vecinos} - A_n\big(P^*_N - P^*_P\big) + b^v \tag{5.10}$$

Recordando que los coeficientes de las ecuaciones anteriores tienen una combinación del flux convectivo (F) y de la conductancia (D). Entonces, para la solución de la velocidad u^* en la ecuación de momentum, se requiere conocer los $F's$ y los $D's$ sobre la malla-u ($\square$). Debido al arreglo de la malla se necesita hacer una interpolación, para la interpolación se puede usar una aproximación lineal y usando la notación señalada en la Figura 5.3 se tiene que,

$$F_e^u = (\rho u)_E A_e = \frac{(\rho u)_{i,J} + (\rho u)_{i+1,J}}{2} A_e \quad ,$$

$$F_w^u = (\rho u)_P A_w = \frac{(\rho u)_{i-1,J} + (\rho u)_{i,J}}{2} A_w \quad ,$$

$$F_n^u = (\rho v)_{i,j} A_n = \frac{(\rho v)_{I,J} + (\rho v)_{I+1,J}}{2} A_n \quad , \tag{5.11}$$

$$F_s^u = (\rho v)_{i,j-1} A_s = \frac{(\rho v)_{I,j-1} + (\rho v)_{I+1,j-1}}{2} A_s$$

$$D_e^u = \left(\frac{\Gamma}{\delta x}\right)_E A_e = \frac{\Gamma_{I+1,J}^u}{\left(x_{i+1}^u - x_i^u\right)} A_e \quad ,$$

$$D_w^u = \left(\frac{\Gamma}{\delta x}\right)_P A_w = \frac{\Gamma_{I,J}^u}{\left(x_i^u - x_{i-1}^u\right)} A_w \quad ,$$

$$D_n^u = \left(\frac{\Gamma}{\delta y}\right)_{i,j} A_n = \frac{\Gamma_{I,J}^u + \Gamma_{I,J+1}^u + \Gamma_{I+1,J}^u + \Gamma_{I+1,J+1}^u}{4\left(y_{J+1}^u - y_J^u\right)} A_n \quad , \tag{5.12}$$

$$D_s^u = \left(\frac{\Gamma}{\delta y}\right)_{i,j-1} A_s = \frac{\Gamma_{I,J-1}^u + \Gamma_{I,J}^u + \Gamma_{I+1,J-1}^u + \Gamma_{I+1,J}^u}{4\left(y_J^u - y_{J-1}^u\right)} A_s$$

Análogamente para la solución de la velocidad v^* en la ecuación de momentum, se requiere conocer los $F's$ y los $D's$ sobre la malla-v ($\triangle$). También, se necesita hacer una interpolación y al usar una aproximación lineal se puede obtener,

$$F_e^v = (\rho u)_{i,j} A_e = \frac{(\rho u)_{i,J} + (\rho u)_{i,J+1}}{2} A_e \quad ,$$

$$F_w^v = (\rho u)_{i-1,j} A_w = \frac{(\rho u)_{i-1,J} + (\rho u)_{i-1,J+1}}{2} A_w \quad ,$$

$$F_n^v = (\rho v)_N A_n = \frac{(\rho v)_{I,j} + (\rho v)_{I,j+1}}{2} A_n \quad ,$$

$$F_s^v = (\rho v)_P A_s = \frac{(\rho v)_{I,j-1} + (\rho v)_{I,j}}{2} A_s$$

(5.13)

$$D_e^v = \left(\frac{\Gamma}{\delta x}\right)_{i,j} A_e = \frac{\Gamma_{I,J}^v + \Gamma_{I,J+1}^v + \Gamma_{I+1,J}^v + \Gamma_{I+1,J+1}^v}{4\left(x_{I+1}^v - x_I^v\right)} A_e \quad ,$$

$$D_w^v = \left(\frac{\Gamma}{\delta x}\right)_{i-1,j} A_w = \frac{\Gamma_{I-1,J}^v + \Gamma_{I-1,J+1}^v + \Gamma_{I,J}^v + \Gamma_{I,J+1}^v}{4\left(x_I^v - x_{I-1}^v\right)} A_w \quad ,$$

$$D_n^v = \left(\frac{\Gamma}{\delta y}\right)_N A_n = \frac{\Gamma_{I,J+1}^v}{\left(y_{j+1}^v - y_j^v\right)} A_n \quad ,$$

$$D_s^v = \left(\frac{\Gamma}{\delta y}\right)_P A_s = \frac{\Gamma_{I,J}^v}{\left(y_j^v - y_{j-1}^v\right)} A_s$$

(5.14)

- **PASO 3**

Se propone que la distribución de presión correcta "P" se obtenga a partir de una corrección de presión "P'", como sigue,

$$P = P^* + P'$$ (5.15)

La modificación de la presión implica también una modificación sobre los campos de velocidad a través de velocidades de corrección "u'" y "v'". Entonces, análogamente a la Ec. (5.15), las velocidades correctas se pueden expresar finalmente de la forma,

$$u = u^* + u'$$ (5.16)

$$v = v^* + v'$$ (5.17)

Si a las Ecs. (5.7) y (5.8) de momentum (velocidades correctas) se le restan las Ecs. (5.9) y (5.10) de momentum (velocidades supuestas), se obtiene una nueva ecuación de momentum para las correcciones de velocidad (Ecs. (5.16) y (5.17)) en función del campo de presión corregido (el término fuente se eliminó, ya que es el mismo para las dos ecuaciones) como:

$$a_e^u u_e^{'} = \sum_{vecinos} a_{vecinos}^u u_{vecinos}^{'} - A_e \left(P_E^{'} - P_P^{'} \right) \tag{5.18}$$

$$a_n^v v_n^{'} = \sum_{vecinos} a_{vecinos}^v v_{vecinos}^{'} - A_n \left(P_N^{'} - P_P^{'} \right) \tag{5.19}$$

En este punto se introduce la aproximación de desvanecer los términos $\sum a_{vecinos}^u u_{vecinos}^{'}$ y $\sum a_{vecinos}^v v_{vecinos}^{'}$ con el fin de simplificar la relación entre las velocidades de corrección y la presión de corrección. La omisión de estos términos es la principal aproximación del algoritmo SIMPLE (Patankar, 1980). Entonces, las Ecs. (5.18) y (5.19) se pueden reducir a,

$$u_e^{'} = d_e^u \left(P_P^{'} - P_E^{'} \right) \tag{5.20}$$

$$v_n^{'} = d_n^v \left(P_P^{'} - P_N^{'} \right) \tag{5.21}$$

Donde $d_e^u = \dfrac{A_e}{a_e^u}$ y $d_n^v = \dfrac{A_n}{a_n^v}$, son coeficientes que representan la relación entre las velocidades de corrección y la presión de corrección. Estos coeficientes pueden variar en función de modificaciones realizadas al algoritmo SIMPLE (por ejemplo, el algoritmo SIMPLEC).

También en las ecuaciones anteriores, se observa que las velocidades de corrección de un nodo dependen únicamente de la variación de la presión de corrección. Este criterio es cierto a medida que el proceso iterativo se va aproximando a las velocidades correctas, ya que las velocidades de corrección tenderán a cero. No obstante, el criterio sobreestima el valor de la presión de corrección y por lo tanto, es necesario bajo-relajar su valor para conseguir una convergencia del proceso iterativo.

Conociendo las velocidades de corrección se pueden calcular las velocidades a partir de las relaciones (5.16) y (5.17) como,

$$u_{i,J} = u_e = u_e^* + d_e^u \left(P_P^{'} - P_E^{'} \right) \tag{5.22}$$

$$v_{I,j} = v_n = v_n^* + d_n^v \left(P_P^{'} - P_N^{'} \right) \tag{5.23}$$

- **PASO 4**

Este es el último paso solo falta determinar la información adecuada para la corrección de presión "P'". Esta información se obtiene a partir de la ecuación de continuidad, la cual se integra sobre un VC de la malla principal o centrada, esto es,

$$\frac{\left(\rho_P - \rho_P^0 \right)}{\Delta t} \Delta V + \left[(\rho u A)_e - (\rho u A)_w \right] + \left[(\rho v A)_n - (\rho v A)_s \right] = 0 \tag{5.24}$$

La ecuación anterior puede expresarse en función de la presión de corrección al sustituir las Ecs. (5.22) y (5.23), como:

$$a_P P_P^{'} = a_E P_E^{'} + a_W P_W^{'} + a_N P_N^{'} + a_S P_S^{'} + b' \tag{5.25}$$

donde:

$$a_E = \rho_e \, d_e^u \, A_e$$
$$a_W = \rho_w \, d_w^u \, A_w$$
$$a_N = \rho_n \, d_n^v \, A_n \tag{5.26}$$
$$a_S = \rho_s \, d_s^v \, A_s$$

$$a_P = a_E + a_W + a_N + a_S \tag{5.27}$$

$$b' = \frac{\left(\rho_P^0 - \rho_P \right)}{\Delta t} \Delta V + \left[(\rho u^* A)_w - (\rho u^* A)_e \right] + \left[(\rho v^* A)_s - (\rho v^* A)_n \right] \tag{5.28}$$

Las velocidades en el término fuente "b'''" corresponden a las velocidades obtenidas por resolver las Ecs. (5.9)-(5.10). Se observa que el término fuente corresponde a la ecuación de continuidad integrada en el VC en términos de las velocidades estimadas con signo cambiado. Si el término "b'''" es cero, esto significa que las velocidades estimadas en conjunto con el valor disponible de ($\rho_P^0 - \rho_P$) satisfacen la ecuación de continuidad, y por lo tanto no se necesita la corrección de presión. El término "b'''" representa un término fuente en la ecuación de corrección de presión, el cual debe desvanecerse a cero durante el proceso iterativo.

El valor de la densidad al ser un escalar se encuentra disponible solamente en los nodos de la malla principal; entonces, las densidades en la interface del VC principal, tal como ρ_e, si es necesario debe aproximarse mediante · alguna interpolación.

La ecuación para la corrección de presión es el vehículo para acoplar los campos de presión y velocidad, de tal forma que se corrigen los campos de presión y de velocidad para asegurar que el campo resultante cumpla con la ecuación de continuidad.

La omisión de los términos $\sum a_{vecinos}^u u_{vecinos}'$ y $\sum a_{vecinos}^u v_{vecinos}'$ no afecta a la solución final debido a la corrección de presión, y por consecuencia, para las velocidades será cero cuando se obtenga la convergencia, esto es: $P^* = P$, $u^* = u$ y $v^* = v$. Sin embargo, sí afecta la rapidez con la que se alcanza la convergencia debido a que estos términos en las ecuaciones de correcciones de velocidad: $a_e^u u_e' = \sum_{vecinos} a_{vecinos}^u u_{vecinos}' - A_e\left(P_E' - P_P'\right)$ y $a_n^v v_n' = \sum_{vecinos} a_{vecinos}^v v_{vecinos}' - A_n\left(P_N' - P_P'\right)$, les corresponde un valor durante el proceso iterativo, el cual debe ir desvaneciéndose conforme se avanza hacia la convergencia. Entonces, al ser eliminados desde la formulación de algoritmo, el valor de la corrección de velocidad recae totalmente en "P'''". Este hecho implica que el algoritmo SIMPLE pueda tender a divergir, por lo tanto es necesario bajo-relajar. Mediante la técnica de relajación que se presentó en la sección 3.8.3, se puede escribir,

$$P^{\alpha} = P^* + \alpha_p \, P' \tag{5.29}$$

$$u^{\alpha} = u^{k-1} + \alpha_u \left(u^k - u^{k-1} \right) \tag{5.30}$$

$$v^{\alpha} = v^{k-1} + \alpha_v \left(v^k - v^{k-1} \right) \tag{5.31}$$

Donde α_p es el factor de relajación para "P", α_u y α_v son los factores de relajación para las velocidades corregidas u^k y v^k en la iteración actual, u^{k-1} y v^{k-1} son las velocidades corregidas en la iteración anterior.

En general, la estructura del procedimiento iterativo del algoritmo SIMPLE se puede resumir de la siguiente manera,

1. Estimar un campo de presión y velocidades (se requiere para conocer los $F's$): P^*, u_{guess} y v_{guess}. Nota: Con los valores de u_{guess} y v_{guess} se calculan los $F's$ necesarios (Ec. 5.11 y 5.13) para los coeficientes correspondientes para resolver u^* y v^*.

2. Resolver las ecuaciones de momentum para obtener: u^* y v^*.

3. Resolver la ecuación de corrección de presión para obtener: P'. Nota: se recomienda usar un valor adivinado al inicio de solución de $P' = 0$.

4. Utilizar el campo de corrección de presión P' para corregir el campo de presión como: $P = P^* + P'$.

5. Calcular las componentes de velocidades con los valores de corrección de velocidades dadas por: $u = u^* + u'$ y $v = v^* + v'$.

6. Resolver otras ecuaciones de conservación discretizadas (energía, especies químicas, energía cinética turbulenta, etc.).

7. Aplicar el criterio de convergencia. Si se cumple el criterio, se imprimen los resultados y se concluye la solución numérica. En caso contrario, se continúa con el proceso iterativo.

8. Finalmente, en caso de continuar con el proceso de iteración, la presión P pasa a ser la presión estimada P^*, similarmente las componentes de velocidades y se repiten los pasos a partir del punto 2 hasta que se cumpla el criterio de convergencia.

En la Figura 5.4 se muestra un diagrama de flujo del algoritmo SIMPLE. Se aprecia que la técnica del algoritmo SIMPLE es secuencial, es decir, la solución de las ecuaciones de continuidad y momentum se obtiene de manera consecutiva. El diagrama presentado en esta figura corresponde a una solución de estado permanente. La extensión del algoritmo a una solución de estado transitorio se presenta en la Figura 5.5, en la cual se aprecia que el algoritmo SIMPLE se aplica Δt-veces (el algoritmo se aplica en cada paso de tiempo) hasta alcanzar un tiempo máximo establecido o un criterio de convergencia de estado permanente. La extensión del algoritmo SIMPLE a situaciones de 3-D es relativamente sencilla y los términos correspondientes a la dirección-z surgirán en las ecuaciones discretizadas.

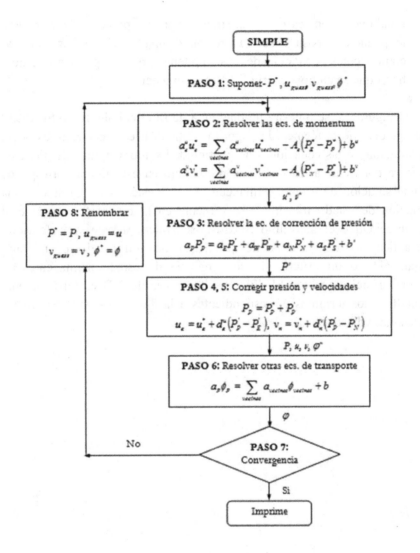

Figura 5.4 Diagrama de flujo del algoritmo SIMPLE.

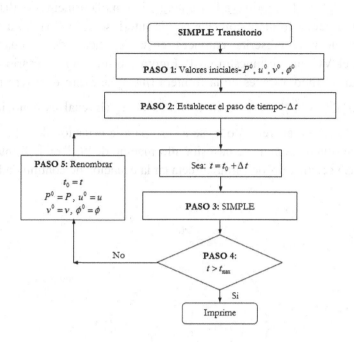

Figura 5.5 Diagrama de flujo del algoritmo SIMPLE transitorio.

5.2.3.1 Condición de frontera para la ecuación de corrección de presión

Debido a que la ecuación de "P'''" no es una de las ecuaciones básicas, es necesario comentar el tratamiento de su condición de frontera, ya que de esta variable se obtiene el valor correcto de la presión "P" durante el proceso iterativo. En la práctica, se pueden presentar dos situaciones de condiciones de frontera. Ya sea que la presión en la frontera es conocida o la componente de velocidad normal a la frontera es especificada. Para estas situaciones se recomienda:

<u>Conocida la presión en la frontera</u>: si el campo de presión estimado P^* es arreglado de tal forma que en la frontera $P^* = P_{Frontera}$, entonces el valor de "P'''" en la frontera debe ser cero. Esto es similar al tratamiento para una condición de Dirichlet mostrada previamente.

<u>Conocida la velocidad normal a la frontera</u>: si la malla principal se diseña de tal forma que la frontera coincide con la interface del VC (Figura 5.6) y la velocidad v_n es prescrita; entonces, en la derivación de la ecuación "P'" para el VC que se muestra en la Figura 5.6, no será necesario que la cantidad de flujo a través de la frontera $(\rho v A)_n$ se exprese en términos de $\left(v_n^* + d_n^v\left(P_P' - P_N'\right)\right)$, pero sí en términos de v_n (la cual es conocida).

Entonces, "P'_N" no aparecerá o a_N será cero para la ecuación de "P'". Por lo tanto, de esta manera no se necesita información de "P_N" en la frontera. En este caso se utiliza v_n de forma directa en la ecuación de continuidad.

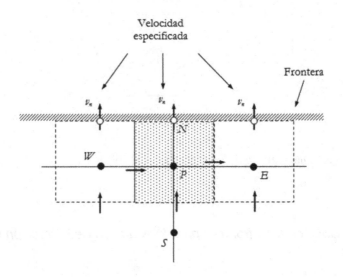

Figura 5.6 VC frontera para la ecuación de continuidad.

5.2.4 Algoritmo SIMPLER

En 1980, Patankar propuso el algoritmo SIMPLER, el cual fue el primer método para mejorar el algoritmo SIMPLE. El algoritmo es altamente efectivo para calcular el campo de presión correctamente y tiene ventajas significativas cuando se resuelven las ecuaciones de momentum; aunque el número de cálculos involucrados en el algoritmo SIMPLER es aproximadamente 30% más grande que en el método SIMPLE, la velocidad de convergencia se reduce en un tiempo de cómputo de 30-50% (Anderson et al., 1984).

En este algoritmo se usa la corrección de presión (P') únicamente para calcular las correcciones de velocidades ($u = u^* + u'$ y $v = v^* + v'$) y se resuelve una ecuación discreta para la presión para obtener el campo de presión correcto. Además, ningún término se omite al derivar la ecuación de presión efectiva. Estos cambios se realizaron con la idea de sobrellevar la inconsistencia entre el valor inicial del campo de presión y el campo de velocidad inicial. La presión inicial se determina por una ecuación discreta de presión, la cual se deriva como sigue. Primero, la ecuaciones de momentum pueden ser re-escritas como,

$$u_e = \frac{\sum\limits_{vecinos} a^u_{vecinos}\, u_{vecinos} + b^u}{a^u_e} - d^u_e\left(P_E - P_P\right) \tag{5.32}$$

$$v_n = \frac{\sum\limits_{vecinos} a^v_{vecinos}\, v_{vecinos} + b^v}{a^v_n} - d^v_n\left(P_N - P_P\right) \tag{5.33}$$

Los coeficientes d^u_e y d^v_n se definieron en el algoritmo SIMPLE. Las fracciones que aparecen en las ecuaciones anteriores, se definen como las pseudo-velocidades: $\hat{u}_e = \dfrac{\sum\limits_{vecinos} a^u_{vecinos}\, u_{vecinos} + b^u}{a^u_e}$ y $\hat{v}_n = \dfrac{\sum\limits_{vecinos} a^v_{vecinos}\, v_{vecinos} + b^v}{a^v_n}$. Por lo tanto, las Ecs. (5.32) y (5.33) se pueden expresar de la forma,

$$u_e = \hat{u}_e - d^u_e\left(P_E - P_P\right) \tag{5.34}$$

$$v_n = \hat{v}_n - d^v_n\left(P_N - P_P\right) \tag{5.35}$$

Si se sustituyen las ecuaciones anteriores en la ecuación de continuidad y se re-ordenan los términos, se puede obtener una ecuación para la presión, la cual queda determinada por:

$$a_P P_P = a_E P_E + a_W P_W + a_N P_N + a_S P_S + b \qquad \text{5.36)}$$

Donde los coeficientes, a_E, a_W, a_N, a_S y a_P están definidos por las Ecs. (5.26) y (5.27), respectivamente. El término b es,

$$b = \frac{\left(\rho_P^0 - \rho_P\right)}{\Delta t} \Delta V + \left[\left(\rho \hat{u} A\right)_w - \left(\rho \hat{u} A\right)_e\right] + \left[\left(\rho \hat{v} A\right)_s - \left(\rho \hat{v} A\right)_n\right] \qquad (5.37)$$

La ecuación de presión (P) es muy similar a la ecuación de corrección de presión (P'), con la única diferencia del término b; mientras que la ecuación de "P'" se resuelve con las velocidades u^* y v^*, la ecuación de "P" usa los valores de pseudo-velocidades. Una característica importante de la Ec. (5.36) es que no se ha hecho ninguna aproximación en su deducción.

El procedimiento iterativo del algoritmo SIMPLER se puede resumir de la siguiente manera,

1. Estimar un campo de presión y velocidades: P^*, u_{guess} y v_{guess}. Nota: Con los valores de u_{guess} y v_{guess} se calculan los $F's$ necesarios (Ec. 5.11 y 5.13) para los coeficientes correspondientes para calcular $\hat{u}$ y $\hat{v}$.

2. Calcular las pseudo-velocidades: $\hat{u}$ y $\hat{v}$.

3. Resolver la ecuación de presión para obtener: P.

4. Agrupar: $P^* = P$.

5. Resolver las ecuaciones de momentum para obtener: u^* y v^*.

6. Resolver la ecuación de corrección de presión para obtener: P'.

7. Calcular las componentes de velocidades con los valores de corrección de velocidades dadas por: $u = u^* + u'$ y $v = v^* + v'$.

8. Resolver otras ecuaciones de conservación discretizadas (energía, especies químicas, energía cinética turbulenta, etc.).

9. Aplicar el criterio de convergencia. Si se cumple el criterio, se imprimen los resultados y se concluye la solución numérica. En caso contrario, se continúa con el proceso iterativo.

10. Finalmente, en caso de continuar con el proceso de iteración, la presión P pasa a ser la presión estimada P^* y se repiten todos los pasos desde el punto 2 hasta que se cumpla el criterio de convergencia.

Se aprecia que los pasos del 2 al 4 en el algoritmo SIMPLER son los pasos adicionales al algoritmo SIMPLE y que aquí no existe el paso donde se corrige el campo de presión (paso 4 en el algoritmo SIMPLE).

5.2.5 Algoritmo SIMPLEC

Este algoritmo fue propuesto por Van Doormal y Raithby (1984), y es una modificación al algoritmo SIMPLE. En el algoritmo SIMPLEC se usa exactamente el mismo concepto que el algoritmo SIMPLE, la diferencia consiste en cómo se considera la relación para la corrección velocidades y la corrección de presión, es decir, los valores de d_e^u y d_n^v son diferentes. En este caso no es necesario bajo-relajar los valores de la corrección de presión "P'". Esta ventaja evita la dificultad de elegir un valor óptimo para el factor de relajación de la presión y por lo tanto, se obtiene una mejora en el proceso iterativo. Los cambios del algoritmo SIMPLEC respecto al algoritmo SIMPLE se presentan a continuación:

A partir de las Ecs. (5.18) y (5.19) de momentum, para la corrección de velocidades, se le restan de ambos lados de la ecuación la sumatoria de los coeficientes vecinos multiplicada por la corrección de velocidad. Esto se puede expresar a partir de las Ecs. (5.18) y (5.19) como,

$$(a_e^u - \sum_{vecinos} a_{vecinos}^u)u_e' = \sum_{vecinos} a_{vecinos}^u \left(u_{vecinos}' - u_e'\right) - A_e\left(P_E' - P_P'\right) = -A_e\left(P_E' - P_P'\right) \quad (5.38)$$

$$(a_n^v - \sum_{vecinos} a_{vecinos}^v)\,v_n^{'} = \sum_{vecinos} a_{vecinos}^v \left(v_{vecinos}^{'} - v_n^{'}\right) - A_n\left(P_N^{'} - P_P^{'}\right) = -A_n\left(P_N^{'} - P_P^{'}\right) \quad (5.39)$$

Las ecuaciones anteriores son tan válidas como las expresiones de las Ecs. (5.18) y (5.19), aquí la aproximación que hace el algoritmo SIMPLEC es suponer que las sumatorias de los coeficientes multiplicada por la diferencia de corrección de velocidades en cada VC es nulo (a diferencia del algoritmo SIMPLE que supone que las sumatorias de los coeficientes multiplicada por sus respectivas velocidades son nulas). Es decir, si la presión "P" se modifica por "P'", la velocidad "u_e" responderá a un cambio a través de "$u_e^{'}$", la cual es una respuesta de sus puntos vecinos "$u_{vecinos}$", todos estos cambios de velocidad podrían ser del mismo orden. La aproximación del algoritmo SIMPLE es que el término $\sum a_{vecinos}^u u_{vecinos}^{'}$ puede ignorarse en la Ec. (5.18), mientras un término de magnitud similar del lado izquierdo de la ecuación puede ser retenido ($\sum a_{vecinos}^u u_e^{'}$ aparece del lado izquierdo cuando la ecuación: para a_p es sustituida en la Ec. 5.18), esto puede ser visto como una inconsistencia.

Como es evidente, la aproximación del algoritmo SIMPLEC es mejor ya que la velocidad de corrección "$u_e^{'}$" es el resultado de sus velocidades vecinas y por lo tanto, el término $\sum a_{vecinos}^u \left(u_{vecinos}^{'} - u_e^{'}\right)$ puede considerarse nulo.

Entonces, las expresiones para los coeficientes d_e^u y d_n^v del algoritmo SIMPLEC son:

$$d_e^u = \frac{A_e}{\left(a_e^u - \sum_{vecinos} a_{vecinos}^u\right)} \qquad y \qquad d_n^v = \frac{A_n}{\left(a_n^v - \sum_{vecinos} a_{vecinos}^v\right)} \quad (5.40)$$

La secuencia de operación de este algoritmo es idéntica al algoritmo SIMPLE, la única diferencia radica el cálculo de los términos d_e^u y d_n^v.

5.2.6 Algoritmo PISO

Este algoritmo se desarrollo por Issa (1986), el algoritmo es un procedimiento de cálculo para acoplamiento de presión-velocidad, el cual se estableció inicialmente como un algoritmo para la solución no-iterativa de problemas de flujos compresibles transitorios. Posteriormente, el algoritmo PISO se adaptó para problemas en estado permanente con un procedimiento iterativo. El algoritmo utiliza un paso para predecir (predictor) los valores de las variables de interés y dos pasos para corregir (corrector). El algoritmo PISO puede ser visto como una extensión del algoritmo SIMPLE, más un posterior paso corrector.

- **Paso de Predicción.**

Se utilizan las mismas ecuaciones discretas que en el algoritmo SIMPLE. Se resuelven las ecuaciones de momentum usando una presión supuesta P^* y como resultado se obtienen unas velocidades supuestas u^* y v^*. Este primer paso es el mismo que se emplea en el algoritmo SIMPLE.

- **Paso Corrector 1.**

Como el campo de velocidades u^* y v^* no satisfacen la ecuación de continuidad a menos que P^* sea la correcta, entonces, se realiza la primera corrección al resolver una ecuación para la corrección de presión P', lo cual permite determinar un campo de velocidades corregidas, denotas como u^{**} y v^{**}, y un campo de presión corregido P^{**}. Esto de manera similar a las Ecs. (5.22), (5.23) y (5.15):

$$u_e^{**} = u_e^* + d_e^u \left(P_P^{'} - P_E^{'} \right) \tag{5.41}$$

$$v_n^{**} = v_n^* + d_n^v \left(P_P^{'} - P_N^{'} \right) \tag{5.42}$$

$$P^{**} = P^* + P' \tag{5.43}$$

Hasta este punto se ha realizado exactamente la misma secuencia que el algoritmo SIMPLE.

- **Paso Corrector 2.**

Este paso es la aportación del algoritmo PISO con intención de mejorar el algoritmo SIMPLE. Las ecuaciones discretizadas para u^{**} y v^{**} son,

$$a_e^u u_e^{**} = \sum_{vecinos} a_{vecinos}^u u_{vecinos}^* - A_e\left(P_E^{**} - P_P^{**}\right) + b^u \tag{5.44}$$

$$a_n^v v_n^{**} = \sum_{vecinos} a_{vecinos}^v v_{vecinos}^* - A_n\left(P_N^{**} - P_P^{**}\right) + b^v \tag{5.45}$$

Análogamente para el campo de velocidades u^{***} y v^{***},

$$a_e^u u_e^{***} = \sum_{vecinos} a_{vecinos}^u u_{vecinos}^{**} - A_e\left(P_E^{***} - P_P^{***}\right) + b^u \tag{5.46}$$

$$a_n^v v_n^{***} = \sum_{vecinos} a_{vecinos}^v v_{vecinos}^{**} - A_n\left(P_N^{***} - P_P^{***}\right) + b^v \tag{5.47}$$

Si se resta de la Ec. (5.46) la Ec. (5.44), y al igual se hace la resta entre las Ecs. (5.47) y (5.45), se obtiene:

$$u_e^{***} = u_e^{**} + \frac{\sum a_{vecinos}\left(u_{vecinos}^{**} - u_{vecinos}^*\right)}{a_P^u} + d_e^u\left(P_P^{''} - P_E^{''}\right) \tag{5.48}$$

$$v_n^{***} = v_n^{**} + \frac{\sum a_{vecinos}\left(v_{vecinos}^{**} - v_{vecinos}^*\right)}{a_P^v} + d_n^v\left(P_P^{''} - P_N^{''}\right) \tag{5.49}$$

Aquí, " $P^{''}$ " es la segunda corrección de presión, de forma que se cumpla,

$$P^{***} = P^{**} + P^{''} \tag{5.50}$$

La sustitución de las Ecs. (5.48) y (5.49) en la ecuación de continuidad permite obtener una ecuación para la presión doblemente corregida ($P^{''}$) como,

$$a_P P_P^{''} = a_E P_E^{''} + a_W P_W^{''} + a_N P_N^{''} + a_S P_S^{''} + b^{''} \tag{5.51}$$

Donde a_E, a_W, a_N, a_S y a_P son definidos por las Ecs. (5.26) y (5.27), respectivamente. El término b'' es,

$$b = \frac{\left(\rho_P^0 - \rho_P\right)}{\Delta t}\Delta V +$$

$$\left[\left(\rho\frac{\sum a_{vecinos}\left(u_{vecinos}^{**} - u_{vecinos}^{*}\right)}{a_e^u}A\right)_w - \left(\rho\frac{\sum a_{vecinos}\left(u_{vecinos}^{**} - u_{vecinos}^{*}\right)}{a_e^u}A\right)_e\right] + \qquad (5.52)$$

$$\left[\left(\rho\frac{\sum a_{vecinos}\left(v_{vecinos}^{**} - v_{vecinos}^{*}\right)}{a_n^v}A\right)_s - \left(\rho\frac{\sum a_{vecinos}\left(v_{vecinos}^{**} - v_{vecinos}^{*}\right)}{a_n^v}A\right)_n\right]$$

Para la derivación de la Ec. (5.51), el término fuente $\left[\left(\rho u^{**}A\right)_w - \left(\rho u^{**}A\right)_e\right] + \left[\left(\rho v^{**}A\right)_s - \left(\rho v^{**}A\right)_n\right]$ es cero, ya que las componentes de velocidad satisfacen continuidad.

El procedimiento iterativo del algoritmo PISO se puede resumir en los siguientes pasos,

1. Estimar un campo de presión: P^*.

2. Resolver las ecuaciones de momentum para obtener: u^* y v^*.

3. Resolver la ecuación de corrección de presión para obtener: P'.

4. Utilizar el campo de corrección de presión "P'" para corregir el campo de presión y las componentes de velocidades: P^{**}, u^{**} y v^{**} (Ecs. (5.41)-(5.43)).

5. Resolver la segunda ecuación de corrección de presión: P'' (Ec. 5.51).

6. Usar el campo de la segunda corrección de presión "P''" para corregir las componentes de velocidades y la presión:, u^{***}, v^{***} y P^{***} (Ecs. (5.48)-(5.50)).

7. Agrupar: $u = u^{***}, v = v^{***}$ y $P = P^{***}$.

8. Resolver otras ecuaciones de conservación discretizadas (energía, especies químicas, energía cinética turbulenta, etc.).

9. Aplicar el criterio de convergencia. Si se cumple el criterio, se imprimen los resultados y se concluye la solución numérica. En caso contrario, se continúa con el proceso iterativo.

10. Finalmente, en caso de continuar con el proceso de iteración, la presión " P " pasa a ser la presión estimada P^* y se repiten todos los pasos nuevamente hasta que se cumpla el criterio de convergencia.

Los algoritmos SIMPLEC y PISO son tan eficientes como el algoritmo SIMPLER en ciertos tipos de flujos, pero no está claro donde los algoritmos SIMPLEC y PISO categóricamente son mejores que el algoritmo SIMPLER. Las comparaciones han mostrado que el comportamiento de cada algoritmo depende de las condiciones del flujo, la forma de acoplamiento entre las ecuaciones de momentum y las ecuaciones de las variables escalares (Versteeg et al., 2008). En 1986, Jang et. al., publicaron la comparación de los algoritmos PISO, SIMPLER y SIMPLEC para una variedad de problemas de flujo fluidos en estado permanente. Para los problemas en los cuales las ecuaciones de momentum no son acopladas a una variable escalar, el algoritmo PISO requiere menos esfuerzo computacional que los algoritmos SIMPLER y SIMPLEC, pero cuando se acopla una ecuación escalar a las ecuaciones de momentum, el algoritmo PISO no tiene una ventaja significativa sobre los otros métodos.

La comunidad científica de CFD ha realizado esfuerzos para mejorar el comportamiento hacia la convergencia de los algoritmos de la familia SIMPLE, entre estos se encuentran los algoritmos nombrados como: SIMPLEST (Spalding, 1980), PRIME (Maliska, 1981, 1986), SIMPLEX (Van Doormaal y Raithby, 1985), SIMPLESSE (Shaw y Sivaloganathan, 1988), SIMPLESSEC (Gjesdal y Lossius, 1997) y MSIMPLER. (Yu et al., 2001), entre otros. Sin embargo, debido a la robustes y popularidad prevalece el uso de los algoritmos SIMPLE, SIMPLER, SIMPLEC y PISO.

5.3 Ejemplo de acople de Presión-Velocidad

Para ilustrar la aplicación de uno de los métodos de acople (SIMPLE) descritos previamente se presenta un ejemplo. El problema del ejemplo consiste en resolver las ecuaciones de continuidad y momentum en 2-D en una cavidad cuadrada. La cavidad esta sujeta a condiciones de frontera de primera clase.

Ejemplo: El problema se define en régimen de flujo laminar e incompresible en una cavidad llena de un fluido con propiedades fisicas de: viscosidad dinámica, $\mu = 1.817 x 10^{-5} \ kg / (m \cdot s)$ y densidad, $\rho = 1.2047 \ kg / m^3$. La cavidad es cuadrada de ancho $Hx = Hy = 1 \ m$ y su pared superior se desplaza (mueve) con una velocidad uniforme $U_0 = 1.508 x 10^{-3} \ m / s$ correspondiente a un número de Reynolds ($Re = \rho H x U_0 / \mu$) de 100. El problema es conocido en inglés como "*Driven-Cavity Problem*". El problema se usa como un problema de referencia para probar y evaluar técnicas numéricas. Ghia et al. en 1982 y 1988 publicaron los resultados de referencia. En la Figura 5.7 se muestra el modelo físico del problema con sus condiciones de frontera, las ecuaciones que gobiernan el fenómeno hidrodinámico son las ecuaciones de conservación de masa y momentum (Ecs. (5.1)-(5.3) en estado permanente y con $F_x = F_y = 0$), las cuales serán resueltas con el uso del algoritmo SIMPLE y el esquema de Ley de Potencia.

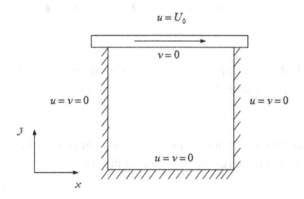

Figura 5.7 Modelo físico del problema hidrodinámico.

Solución del ejemplo: Como primer paso pàra la solución numérica del problema hidrodinámico se necesita generar la malla computacional. Debido al problema de flujo de fluidos en dos dimensiones y con el concepto de malla desplazada se requieren 3 mallas numéricas: una malla llamada malla principal (para almacenar los valores escalares como presión, temperatura, etc.), una malla desplazada en dirección $-x$ (para almacenar los valores de la componente de velocidad $-u$) y una malla desplazada en dirección $-y$ (para almacenar los valores de la componente de velocidad $-v$). En la Figura 5.8 se muestra este arreglo para un número de nodos de la malla principal de $Nx = 5$ y $Ny = 5$; debido al desplazamiento en dirección $-x$, la malla computacional para la componente de velocidad $-u$ tiene un número de nodos: $Nx_u = Nx -1$ y $Ny_u = Ny$. Análogamente, la malla computacional para la componente de velocidad $-v$ tiene un número de nodos: $Nx_v = Nx$ y $Ny_v = Ny -1$.

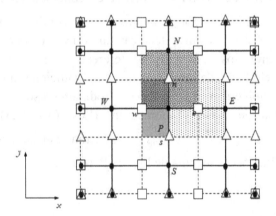

Figura 5.8 Malla principal (●), malla desplazada en dirección $-x$ (□) y malla desplazada en dirección $-y(\Delta)$.

Considerando una malla uniforme, las coordenadas de cada uno de los puntos nodales para las tres mallas son (Tabla 5.1),

Tabla 5.1a Coordenadas de la malla principal (•).

Malla Principal					
Nodo – i \ *Nodo – j*	1	2	3	4	5
1	(0, 0)	(0.167, 0)	(0.5, 0)	(0.833, 0)	(1, 0)
2	(0, 0.167)	(0.167, 0.167)	(0.5, 0.167)	(0.833, 0.167)	(1, 0.167)
3	(0, 0.5)	(0.167, 0.5)	(0.5, 0.5)	(0.833, 0.5)	(1, 0.5)
4	(0, 0.833)	(0.167, 0.833)	(0.5, 0.833)	(0.833, 0.833)	(1, 0.833)
5	(0, 1)	(0.167, 1)	(0.5, 1)	(0.833, 1)	(1, 1)

Tabla 5.1b Coordenadas de la malla desplazada en dirección -*x* (□).

Malla Desplazada en Dirección –*x*				
Nodo – i \ *Nodo – j*	1	2	3	4
1	(0, 0)	(0.333, 0)	(0.667, 0)	(1, 0)
2	(0, 0.167)	(0.333, 0.167)	(0.667, 0.167)	(1, 0.167)
3	(0, 0.5)	(0.333, 0.5)	(0.667, 0.5)	(1, 0.5)
4	(0, 0.833)	(0.333, 0.833)	(0.667, 0.833)	(1, 0.833)
5	(0, 1)	(0.333, 1)	(0.667, 1)	(1, 1)

Tabla 5.1c Coordenadas de la malla desplazada en dirección -y (Δ).

Malla Desplazada en Dirección –y				
Nodo – i **Nodo – j**	**1**	**2**	**3**	**4**	**5**
1	(0, 0)	(0.167, 0)	(0.5, 0)	(0.833, 0)	(1, 0)
2	(0, 0.333)	(0.167, 0.333)	(0.5, 0.333)	(0.833, 0.333)	(1, 0.333)
3	(0, 0.667)	(0.167, 0.667)	(0.5, 0.667)	(0.833, 0.667)	(1, 0.667)
4	(0, 1)	(0.167, 1)	(0.5, 1)	(0.833, 1)	(1, 1)

Los coeficientes de las componentes de velocidades se calculan con base a las relaciones que se presentaron en el capítulo anterior y los coeficientes de la ecuación de corrección de presión (Ec. 5.25) se determinan de las Ecs. (5.26 - 5.28). Para el cálculo de los coeficientes de cada uno de los nodos discretos para las velocidades y para la ecuación de corrección de presión se considera lo siguiente: un valor adivinado en los nodos internos para la componente de velocidad horizontal de 0.5 m/s y de 0.0 m/s para la componente de velocidad vertical y para la corrección de presión como valor de arranque cero; se considera un valor de cero para todas las variables en los nodos frontera incluyendo el valor de la frontera superior de la cavidad para la velocidad horizontal (u), la cual tiene un valor de 1.508x10^{-3} m/s a partir de la segunda iteración del algoritmo.

A continuación se tabulan (Tabla 5.2) los valores de los coeficientes para todos los puntos de coordenadas de x (i = 1,2,3 y 4) y y = 0.167,0.5,0.833 m (j = 2,3,4), estos en la primera iteración para la componente de velocidad horizontal (u). Nota: por simplicidad para el cálculo de a_P (Ec. 4.65), se consideró

$$a_P = a_E + a_W + a_N + a_S + a_P^0 - S_P \Delta x \Delta y \cdot$$

Tabla 5.2a Coeficientes de "u" en la coordenada de $y = 0.167$ m.

	$y = 0.167$ m			
Coef. \ Nodo –i	1	2	3	4
a_W	0	0.10039	0.20078	0
a_E	0	0	0	0
a_S	0	3.634×10^{-5}	3.634×10^{-5}	0
a_N	0	1.817×10^{-5}	1.817×10^{-5}	0
a_P	1	0.10045	0.20084	1
b	0	0	0	0

Tabla 5.2b Coeficientes de "u" en la coordenada de $y = 0.5$ m.

	$y = 0.5$ m			
Coef. \ Nodo –i	1	2	3	4
a_W	0	0.10039	0.20078	0
a_E	0	0	0	0
a_S	0	1.817×10^{-5}	1.817×10^{-5}	0
a_N	0	1.817×10^{-5}	1.817×10^{-5}	0
a_P	1	0.10043	0.20082	1
b	0	0	0	0

Tabla 5.2c Coeficientes de "u" en la coordenada de $y = 0.833$ m.

	$y = 0.833$ m			
Coef. ╲ Nodo $-i$	1	2	3	4
a_W	0	0.10039	0.20078	0
a_E	0	0	0	0
a_S	0	1.817×10^{-5}	1.817×10^{-5}	0
a_N	0	3.634×10^{-5}	3.634×10^{-5}	0
a_P	1	0.10045	0.20084	1
b	0	0	0	0

Con base a la información de todos los coeficientes para la componente de velocidad - u, se obtienen los valores correspondientes de velocidad - u al resolver su correspondiente sistema de ecuaciones algebraicas por el método de Jacobi durante la primera iteración del algoritmo SIMPLE, los cuales se muestran en la Tabla 5.3.

Tabla 5.3 Resultado de la componente de velocidad en dirección -x.

u (m/s)			
(UNA iteración)			
$u_{15} = 0$	$u_{25} = 1.508 \times 10^{-3}$	$u_{35} = 1.508 \times 10^{-3}$	$u_{45} = 0$
$u_{14} = 0$	$u_{24} = 9.045 \times 10^{-5}$	$u_{34} = 4.999 \times 10^{-1}$	$u_{44} = 0$
$u_{13} = 0$	$u_{23} = 1.809 \times 10^{-4}$	$u_{33} = 5.0 \times 10^{-1}$	$u_{43} = 0$
$u_{12} = 0$	$u_{22} = 9.045 \times 10^{-5}$	$u_{32} = 4.999 \times 10^{-1}$	$u_{42} = 0$
$u_{11} = 0$	$u_{21} = 0$	$u_{31} = 0$	$u_{41} = 0$

En la Tabla 5.4 se presentan los valores de los coeficientes para todos los puntos de coordenadas de x ($i = 1,2,3,4$ y 5) y $y = 0.333, 0.667$ m ($j = 2,3$), estos en la primera iteración para la componente de velocidad vertical (v). Nota: por simplicidad para el cálculo de a_p (Ec. 4.65), se consideró $a_P = a_E + a_W + a_N + a_S + a_P^0 - S_P \Delta x \Delta y$.

Tabla 5.4a Coeficientes de "v" en la coordenada de $y = 0.333$ m.

Coef.\Nodo $-i$	1	2	3	4	5
	y = 0.333 m				
a_W	0	3.634×10^{-5}	0.20078	0.20078	0
a_E	0	0	0	3.634×10^{-5}	0
a_S	0	1.817×10^{-5}	1.817×10^{-5}	1.817×10^{-5}	0
a_N	0	1.817×10^{-5}	1.817×10^{-5}	1.817×10^{-5}	0
a_P	1	7.268×10^{-5}	0.20082	0.20085	1
b	0	0	0	0	0

Tabla 5.4b Coeficientes de "v" en la coordenada de $y = 0.667$ m.

Coef.\Nodo $-i$	1	2	3	4	5
	y = 0.667 m				
a_W	0	3.634×10^{-5}	0.20078	0.20078	0
a_E	0	0	0	3.634×10^{-5}	0
a_S	0	1.817×10^{-5}	1.817×10^{-5}	1.817×10^{-5}	0
a_N	0	1.817×10^{-5}	1.817×10^{-5}	1.817×10^{-5}	0
a_P	1	7.268×10^{-5}	0.20082	0.20085	1
b	0	0	0	0	0

Con base a información de coeficientes para la componente de velocidad - v, se obtiene su solución en la primera iteración del algoritmo SIMPLE por aplicar el método de Jacobi, los valores obtenidos de solución se muestran a continuación en la Tabla 5.5.

Tabla 5.5 Resultado de la componente de velocidad en dirección $-y$.

v (m/s) (UNA iteración)				
$v_{14} = 0$	$v_{24} = 0$	$v_{34} = 0$	$v_{44} = 0$	$v_{54} = 0$
$v_{13} = 0$	$v_{23} = 0$	$v_{33} = 0$	$v_{43} = 0$	$v_{53} = 0$
$v_{12} = 0$	$v_{22} = 0$	$v_{32} = 0$	$v_{42} = 0$	$v_{52} = 0$
$v_{11} = 0$	$v_{21} = 0$	$v_{31} = 0$	$v_{41} = 0$	$v_{51} = 0$

Para continuar en la dinámica de adquirir confianza en la implementación del algoritmo SIMPLE, es necesario calcular los coeficientes necesarios para resolver la ecuación de corrección de presión. En la Tabla 5.6 se presentan los valores de estos coeficientes para todos los puntos de coordenadas de x ($i = 1,2,3,4$ y 5) y $y = 0.167, 0.5, 0.833$ m ($j = 2,3,4$), los coeficientes corresponden a los obtenidos durante la primera iteración del algoritmo SIMPLE.

Tabla 5.6a Coeficientes de " P' " en la coordenada de $y = 0.167$ m.

Coef. \ Nodo $-i$	1	2	3	4	5
			$y = 0.167$ m		
a_W	0	0	1.33261	0.66648	0
a_E	0	1.33269	0.66648	0	0
a_S	0	0	0	0	0
a_N	0	1841.711	0.66655	0.66643	0
a_P	1	1843.044	2.66564	1.33291	1
b	0	-3.632×10^{-5}	-0.20071	0.20075	0

Tabla 5.6b Coeficientes de " P' " en la coordenada de $y = 0.5$ m.

	$y = 0.5$ m				
Coef. \ Nodo $-i$	1	2	3	4	5
a_W	0	0	1.33285	0.66655	0
a_E	0	1.33285	0.66655	0	0
a_S	0	1841.711	0.66655	0.66643	0
a_N	0	1841.711	0.66655	0.66643	0
a_P	1	3684.755	3.33249	1.99940	1
b	0	-7.265×10^{-5}	-0.20071	0.20078	0

Tabla 5.6c Coeficientes de " P' " en la coordenada de $y = 0.833$ m.

	$y = 0.833$ m				
Coef. \ Nodo $-i$	1	2	3	4	5
a_W	0	0	1.33261	0.66649	0
a_E	0	1.33261	0.66649	0	0
a_S	0	1841.711	0.66655	0.66643	0
a_N	0	0	0	0	0
a_P	1	1843.044	2.66564	1.33291	1
b	0	-3.632×10^{-5}	-0.20071	0.20075	0

Con base a la información de coeficientes para la ecuación de corrección de presión - P', se obtienen los valores solución para esta variable durante la primera iteración del algoritmo SIMPLE por aplicar el método de Jacobi, los cuales se muestran a continuación en la Tabla 5.7. Para ello se consideró un valor adivinado de $P' = 0$.

Tabla 5.7 Valores de corrección de presión- P'.

P'				
$P'_{15} = 0$	$P'_{25} = 0$	$P'_{35} = 0$	$P'_{45} = 0$	$P'_{55} = 0$
$P'_{14} = 0$	$P'_{24} = -1.971x10^{-8}$	$P'_{34} = -0.07530$	$P'_{44} = 0.15061$	$P'_{54} = 0$
$P'_{13} = 0$	$P'_{23} = -1.971x10^{-8}$	$P'_{33} = -0.06023$	$P'_{43} = 0.10042$	$P'_{53} = 0$
$P'_{12} = 0$	$P'_{22} = -1.971x10^{-8}$	$P'_{32} = -0.07530$	$P'_{42} = 0.15061$	$P'_{52} = 0$
$P'_{11} = 0$	$P'_{21} = 0$	$P'_{31} = 0$	$P'_{41} = 0$	$P'_{51} = 0$

Con base a que el lector contraste todos los resultados presentados en las tablas anteriores (coeficientes y valores de variables), el lector puede tener la confianza que ha implementado correctamente cada una de las subrutinas para el cálculo correspondiente de las etapas del algoritmo SIMPLE. Lo que continúa de acuerdo a los pasos del algoritmo SIMPLE es corregir los valores de presión y velocidades (lo cual se considera relativamente sencillo) y posteriormente aplicar un criterio de convergencia, estos pasos se pueden visualizar en el diagrama de flujo de la Figura 5.4. De no cumplir con el criterio de paro, el algoritmo SIMPLE prosigue con un ciclo repetitivo o iterativo hasta cumplir el criterio establecido. En la Tabla 5.8 se muestran las velocidades corregidas para una iteración.

Tabla 5.8a Componente de velocidad horizontal corregida.

u (m/s)			
(UNA iteración)			
$u_{15} = 0$	$u_{25} = 1.508x10^{-3}$	$u_{35} = 1.508x10^{-3}$	$u_{45} = 0$
$u_{14} = 0$	$u_{24} = 0.24996$	$u_{34} = 0.12498$	$u_{44} = 0$
$u_{13} = 0$	$u_{23} = 0.20009$	$u_{33} = 0.23334$	$u_{43} = 0$
$u_{12} = 0$	$u_{22} = 0.24996$	$u_{32} = 0.12498$	$u_{42} = 0$
$u_{11} = 0$	$u_{21} = 0$	$u_{31} = 0$	$u_{41} = 0$

Tabla 5.8b Componente de velocidad vertical corregida.

v (m/s) (UNA iteración)				
$v_{14} = 0$	$v_{24} = 0$	$v_{34} = 0$	$v_{44} = 0$	$v_{54} = 0$
$v_{13} = 0$	$v_{23} = -4.904 x 10^{-8}$	$v_{33} = 0.02501$	$v_{43} = -0.08329$	$v_{53} = 0$
$v_{12} = 0$	$v_{22} = 4.904 x 10^{-8}$	$v_{32} = -0.02501$	$v_{42} = 0.08329$	$v_{52} = 0$
$v_{11} = 0$	$v_{21} = 0$	$v_{31} = 0$	$v_{41} = 0$	$v_{51} = 0$

Para presentar los resultados del problema planteado en comparación con la literatura, se usa Hx y U_0 como parámetros para adimensionalizar, con ello se obtienen las ecuaciones gobernantes adimensionales dependientes del número de Reynolds (Re = $\rho Hx U_0 / \mu$) y la solución se analiza en función del Re. En la Figura 5.9 se muestran las curvas de comparación de los resultados obtenidos con los correspondientes de la solución de referencia (Ghia et al., 1982); los resultados corresponden a las componentes de velocidad en forma adimensional (u^*, v^*) en función de las coordenadas adimensionales para diferentes números de Reynolds. Para la obtención de resultados de la Figura 5.9 es deseable y se recomienda implementar los trucos numéricos como la baja-relajación y el falso transitorio, con ello el algoritmo es más estable y se puede evitar la divergencia durante el proceso iterativo. Los resultados de la Figura 5.9 corresponden a un número de Reynolds de 100 y 400 con una malla numérica fina. En la figura se puede observar que se obtienen resultados cualitativamente similares a los resultados de referencia.

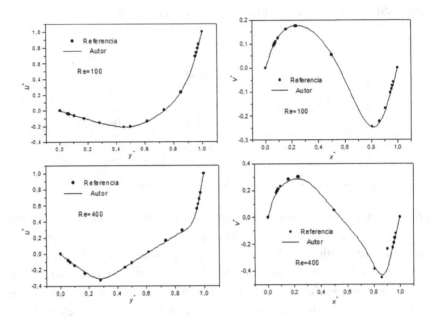

Figura 5.9 Componentes de velocidad en el centro de la cavidad para
Re = 100 y 400.

5.4 Resumen

Para sobrellevar la no-linealidad que presentan las ecuaciones de la
dinámica de fluidos (continuidad y momentum) y obtener una solución
numérica, se presentaron diferentes métodos de acople basados en la
familia del algoritmo SIMPLE. La formulación detallada del algoritmo
SIMPLE se presentó en 2-D, extensión a situaciones de 3-D es similar.
Los pasos del procedimiento iterativo del algoritmo SIMPLE en estado
permanente se resumen como,

Estimar un campo de presión y velocidades: P^*, u_{guess} y v_{guess}. Nota: Con
los valores de u_{guess} y v_{guess} se calculan los $F's$ necesarios (Ec. 5.11 y 5.13)
para los coeficientes correspondientes para resolver u^* y v^*

Resolver las ecuaciones de momentum para obtener: u^* y v^*.

Resolver la ecuación de corrección de presión para obtener: P'.

Utilizar el campo de corrección de presión "P'" para corregir el campo de presión y las componentes de velocidades de:

$$P = P^* + P'$$

$$u = u^* + d_e^u \left(P_P' - P_E' \right)$$

$$v = v^* + d_n^v \left(P_P' - P_N' \right)$$

Resolver otras ecuaciones de conservación: ϕ (energía, especies químicas, energía cinética turbulenta, etc.).

Repetir los pasos (iterar) hasta que P, u, v y ϕ satisfagan un criterio de convergencia.

También, las modificaciones necesarias para los algoritmos SIMPLER, SIMPLEC y PISO fueron mostradas. En particular, el algoritmo SIMPLEC es similar al algoritmo SIMPLE, con la única diferencia que las expresiones para los coeficientes d_e^u y d_n^v, requeridos para la ecuación de corrección de presión, se calculan como:

$$d_e^u = \frac{A_e}{\left(a_e^u - \sum_{vecinos} a_{vecinos}^u \right)} \qquad y \qquad d_n^v = \frac{A_n}{\left(a_n^v - \sum_{vecinos} a_{vecinos}^v \right)} \tag{5.53}$$

Para mantener estabilidad durante el proceso iterativo en los algoritmos de acople se debe aplicar el concepto de bajo-relajación.

Finalmente, para ilustrar la aplicación del algoritmo SIMPLEC se presentó a detalle la solución de un ejemplo. El problema del ejemplo consiste en resolver las ecuaciones de continuidad y momentum en 2-D en una cavidad cuadrada.

5.5 Ejercicios

5.1.- El fenómeno de separación del fluido es una de las características importantes del flujo en configuraciones geométricas que experimentan cambios bruscos. Esta separación puede entenderse como un desprendimiento del flujo principal del contorno. Al emplear una explicación física más adecuada, se puede decir que en dichos flujos se produce una separación de la capa límite como consecuencia de la existencia de gradientes adversos de presión. La separación del flujo da lugar a recirculaciones o zonas de separación que lo caracterizan. Las recirculaciones presentan un punto en el que se produce la separación del flujo de la pared, denominado punto de separación (*detachment point*) y otro en el que el flujo se vuelve a unir a ésta, denominado punto de unión (*reattachment point*). La distancia existente entre estos dos puntos se conoce como longitud de separación o longitud de unión, (*separation o reattachment length*). Las posiciones de estos puntos se utilizan como resultados característicos para diferentes condiciones en este tipo de problemas. Uno de estos problemas es el flujo recirculatorio en un canal rectangular con una expansión brusca (*backward-facing step*: BFS). Este problema es una de las geometrías fundamentales donde la separación del flujo y su punto de re-encuentro ocurren (Figura 5.10).

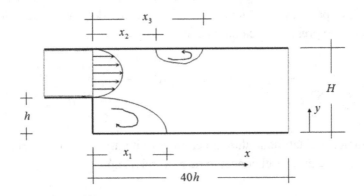

Figura 5.10. Canal rectangular con regiones de recirculación.

Para este problema, considérese un flujo laminar incompresible en 2-D por convección dentro de un canal rectangular alargado con una expansión brusca de $(H - h)$ a (H), como se muestra en la Figura 5.10. El fluido considerado es aire con propiedades constantes. El modelo matemático correspondiente es la ecuación de conservación de masa y momentum en estado permanente:

$$\frac{\partial (\rho u)}{\partial x} + \frac{\partial (\rho v)}{\partial y} = 0 \tag{5.54}$$

$$\frac{\partial (\rho u)}{\partial t} + \frac{\partial (\rho u\, u)}{\partial x} + \frac{\partial (\rho v\, u)}{\partial y} = -\frac{\partial P}{\partial x} + \frac{\partial}{\partial x}\left[\mu \frac{\partial u}{\partial x}\right] + \frac{\partial}{\partial y}\left[\mu \frac{\partial u}{\partial y}\right] \tag{5.55a}$$

$$\frac{\partial (\rho v)}{\partial t} + \frac{\partial (\rho u\, v)}{\partial x} + \frac{\partial (\rho v\, v)}{\partial y} = -\frac{\partial P}{\partial y} + \frac{\partial}{\partial x}\left[\mu \frac{\partial v}{\partial x}\right] + \frac{\partial}{\partial y}\left[\mu \frac{\partial v}{\partial y}\right] \tag{5.55b}$$

Matemáticamente, las condiciones de frontera para la configuración de la Figura 5.10 son:

En la sección de entrada del flujo, para $x = 0$:

$$u = v = 0 \qquad\qquad para \qquad 0 \le y < h$$

$$u = 6u_o\, \bar{y}(1 - \bar{y}), \quad v = 0, \qquad para \qquad h \le y \le H$$

donde: $\bar{y} = \dfrac{y - h}{h}$, $u_o = velocidad\ \ media\ \ en\ \ x = 0$.

En la sección de salida del flujo, para $x = 40h$:

$$\frac{\partial u}{\partial x} = \frac{\partial v}{\partial x} = 0 \qquad para \qquad 0 \le y \le H$$

En la pared horizontal inferior y superior, para $y = 0$ y $y = H$:

$$u = v = 0 \qquad\qquad para \qquad 0 < x < 40h$$

Mediante el uso de algoritmo SIMPLE y el esquema híbrido, determine

el valor del punto de re-encuentro adimensional ($x_1^* = \dfrac{x_1}{h}$) para diferentes

razones de expansión ($H/(H-h)$) con valores desde 1.25 a 2.5 (cada 0.25) para números de Reynolds de 100, 300 y 500. Nota: El número de Reynolds se define con la altura h, $\text{Re} = \rho u_0 h / \mu$. Los resultados esperados se muestran en la Tabla 5.8.

Tabla 5.8. Punto de re-encuentro, x_1^* para diferentes Re.

H(m)	H / (H − h)	Re = 100 x_1^*	Re = 300 x_1^*	Re = 500 x_1^*
0.01	1.25	8.79	15.87	19.30
0.01	1.5	6.54	12.06	13.91
0.01	1.75	5.41	9.29	10.90
0.01	2.0	4.43	8.30	9.29
0.01	2.25	4.13	7.39	8.30
0.01	2.5	3.58	6.96	7.84

5.2.- Repita el ejercicio 5.1 para una razón de expansión de $H/h = 2$ para diferentes números de Reynolds (100, 300, 350, 500 y 600). Compare los resultados obtenidos con el valor del punto de re-encuentro (x_1) de la Tabla 5.9.

Tabla 5.9. Valor del punto de re-encuentro x_1.

Re	x_1
100	2.86
300	7.02
350	7.44
500	9.44
600	10.08

5.3.- El problema consiste en determinar las velocidades y temperaturas del aire en régimen de flujo laminar en estado permanente por convección natural en una cavidad cuadrada. La cavidad se encuentra calentada diferencialmente en las paredes verticales. En la Figura 5.11

se muestra el modelo físico del problema, en el cual las condiciones de velocidad del aire sobre las cuatro paredes son condiciones de no-deslizamiento. Las ecuaciones que gobiernan el fenómeno son las ecuaciones de conservación de masa, momentum y energía para un flujo laminar e incompresible con propiedades constantes (aplica la aproximación de Boussinesq). Para el reporte de los resultados, H y ($\sqrt{g\beta\Delta T H}$) se usan como parámetros de adimensionalización de las escalas de longitud y velocidad, respectivamente. Donde g es la aceleración gravitacional, β es el coeficiente de expansión térmica, $\Delta T = T_H - T_C$ es la diferencia de temperaturas entre las paredes isotérmicas, donde $T_H = 25°C > T_C = 15°C$. Finalmente, el problema en forma adimensional queda en función del número de Rayleigh ($Ra = g\beta\Delta T\, H^3\, /\, \alpha v$) y del número de Prandtl ($Pr = v\, /\, \alpha$), donde v es la viscosidad cinemática y α es la difusividad térmica. La dimensión de la cavidad H se determina con base al número de Rayleigh. Use el algoritmo SIMPLEC con el esquema upwind para obtener los resultados de estado permanente que se muestra en la Tabla 5.10 para un número de $Pr = 0.71$ y un intervalo de Ra de 10^3 a 10^6. Los valores de la tabla corresponden al número de Nusselt promedio (Nu_{medio}), máximo (Nu_{max}) y mínimo (Nu_{min}) en la pared caliente de la cavidad, y a los valores de las componentes de velocidad adimensionales máximas (

$$u^*_{max} = \frac{u_{max}}{\sqrt{g\beta\,\Delta T\,H}}, v^*_{max} = \frac{v_{max}}{\sqrt{g\beta\,\Delta T\,H}}$$) en el centro de la cavidad. El

número de Nusselt local sobre la pared caliente se define con la razón de flujo de calor por convección local respecto al flujo de calor por conducción, esto es,

$$Nu_y = \frac{q_{conv}}{q_{cond}} = \frac{-\lambda\dfrac{\partial T}{\partial x}}{-\lambda\dfrac{T_H - T_C}{H}} = \frac{T_H - T_y}{T_H - T_C}\frac{H}{\Delta x} \tag{5.56}$$

Donde, T_y es la temperatura del fluido en la posición y, y Δx es la distancia horizontal a la cuál se calcula esta temperatura con respecto a la pared vertical caliente. Finalmente, el número de Nusselt medio es el resultado de la integración sobre toda la pared vertical del número de Nusselt local:

$$Nu_{medio} = \int_0^H Nu_y.$$

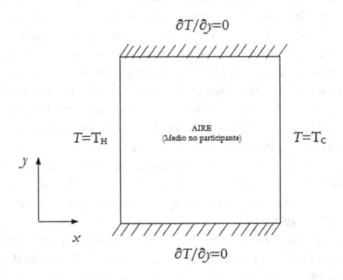

Figura 5.11 Cavidad con paredes isotérmicas calentada diferencialmente.

Tabla 5.10 Resultados del ejercicio 5.3 para $10^3 \leq Ra \leq 10^6$

Parámetro	Ra			
	10^3	10^4	10^5	10^6
Nu_{medio}	1.118	2.243	4.514	8.783
Nu_{max}	1.508	3.533	7.714	17.511
Nu_{min}	0.691	0.588	0.747	1.051
u^*_{max}	0.137	0.191	0.131	0.078
v^*_{max}	0.139	0.232	0.257	0.262

5.4.- Considere el problema de flujo laminar incompresible de flujo inyectado (*Impinging slot jet flow*) para la configuración que se muestra en la Figura 5.12. Para este caso, las condiciones de frontera son las siguientes: para la entrada se supone una velocidad uniforme y temperatura constante (v_{inlet} y T_C), en el lado izquierdo de la configuración ($x = 0$) se considera un plano de simetría para todas las variables con excepción de la componente de la velocidad "u" que es nula, en el lado derecho ($x = L$) se considera la condición de flujo desarrollado (la derivada de la variable en esa dirección es nula), en las paredes se considera la condición de no deslizamiento y aisladas con la excepción de un tramo de la pared inferior de longitud L, la cual se mantiene a una temperatura constante T_H mayor que T_C.

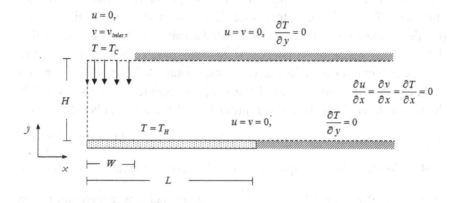

Figura 5.12 Configuración para el caso de flujo inyectado.

Las ecuaciones a resolver son las de continuidad, momentum y energía en estado permanente. El problema queda definido en términos del número de Reynolds (Re $= \rho v_{inlet} (2W)/\mu$). Mediante el algoritmo SIMPLEC y el uso del esquema híbrido determine el número de Nusselt promedio en la pared caliente o inferior de longitud L. Considere los siguientes parámetros: Re $= 200$, $H = 0.04$ m, $L = 20W$, $W = 0.005$ m y una longitud total del canal de 80 W. La placa inferior se encuentra a una temperatura $T_H = 320K$ y el aire se inyecta a una temperatura $T_C = 300K$. La velocidad v_{inlet} se determina del número de Reynolds. Compare el valor obtenido con el correspondiente de la relación $Nu_{medio} = 0.08Re^{0.65}$.

5.5.- Considere el problema de flujo laminar en estado permanente por convección mixta en una cavidad ventilada. La configuración del modelo físico consiste en una cavidad cuadrada abierta en las paredes verticales, se supone que la cavidad es lo suficientemente grande en dirección $-z$ de tal manera que los efectos tridimensionales puedan ser despreciables. La cavidad esta llena de aire como fluido Newtoniano e incompresible en régimen laminar, para ello, se usa la aproximación de Boussinesq en la fuerza de flotación. A la pared vertical izquierda de la cavidad se le suministra un flujo de calor normal constante en función del número de Rayleigh; debido a ello, se genera una diferencia de temperaturas entre la superficie interior de la pared y el aire contenido en la cavidad, provocando intercambio convectivo con el interior de la cavidad. La pared vertical derecha es una pared adiabática y se encuentra abierta en la parte superior. La cavidad es ventilada con aire que entra a una temperatura ambiente ($T_C = 15°C$), a través de la abertura inferior izquierda. Las paredes horizontales se consideran adiabáticas. En la región de salida del aire se consideran condiciones de flujo desarrollado. En la Figura 5.13 se presenta el modelo físico bidimensional de la cavidad. La altura de la cavidad se define como $H = 0.1$ m, las regiones de entrada y salida de aire en la cavidad tienen una altura $h = H/4$. La velocidad de entrada u_{inlet} se determina en términos del número de Reynolds ($Re = \dfrac{u_{inlet} H}{v}$) y el flujo de calor q impuesto sobre la pared se calcula con base al número de Rayleigh ($Ra = \dfrac{g\beta q H^4}{\alpha v \lambda}$). Las ecuaciones gobernantes para este problema son las ecuaciones de conservación de masa, momentum y energía. Use el algoritmo SIMPLEC para resolver las ecuaciones correspondientes en conjunto con el esquema numérico upwind y determine el valor promedio de temperatura del aire en la apertura de salida de la cavidad para $Re = 100$ y $Ra = 10^3, 10^4, 10^5, 10^6$.

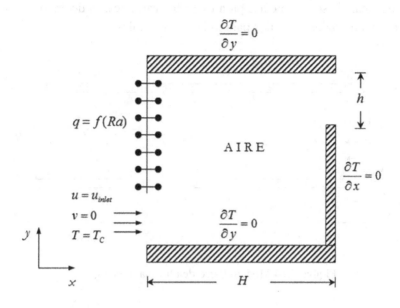

Figura 5.13 Configuración de la cavidad ventilada.

5.6.- Repita el ejercicio 5.5 para un número de Rayleigh de $Ra = 10^4$ y diferentes números de Reynolds (100, 200, 300, 400 y 500).

5.7.- Resuelva el problema para el flujo forzado laminar en un canal rectangular (flujo entre dos placas infinitamente largas en dirección-z) para un número de Reynolds de 2300. En la Figura 5.14 se muestra el modelo físico de las dos placas paralelas con una distancia de separación Hy y una longitud Hx de 60 veces el diámetro hidráulico ($D_h = 2Hy$), para asegurar que el flujo esté completamente desarrollado. Las placas se consideran isotermas ($T_w = 320K$) y las velocidades en ellas son nulas. Los perfiles de temperatura y de velocidad (U_{inlet}) son uniformes a la entrada del canal. Se asume una temperatura de entrada $T_{inlet} = 300K$ y la velocidad de entrada se obtiene de la definición del número de Reynolds ($\mathrm{Re}_{Dh} = \dfrac{\rho U_{in} D_h}{\mu}$).

Para calcular las propiedades termofísicas del aire use una temperatura de referencia, $T_0 = (T_w + T_{inlet})/2$. En la salida del canal se tienen condiciones homogéneas de segunda clase para todas las variables, es decir, en $x = Hx$ se presentan gradientes nulos para todas las variables.

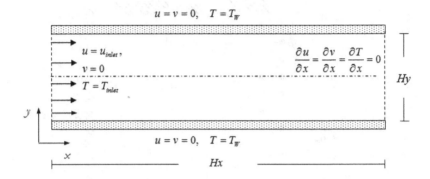

Figura 5.14 Modelo físico de un canal rectangular

Para el problema se tienen que resolver las ecuaciones de masa, momentum y energía. De acuerdo a la evidencia experimental, para que el flujo sea laminar el número de Reynolds debe ser menor que 2300. La solución analítica de la velocidad y temperatura se determina de:

$$u(y) = 6U_{inlet}\frac{H_y y - y^2}{H_y^2} \tag{5.57}$$

$$T(y) = 36\frac{\mu U_{inlet}^2}{\lambda H_y^4}\left(\frac{1}{2}H_y^2 y^2 - \frac{2}{3}H_y y^3 + \frac{1}{3}y^4\right) - \frac{6\mu U_{inlet}^2}{\lambda H_y}\cdot y + T_w \tag{5.58}$$

Compare los resultados numéricos de temperatura a la salida del canal que obtenga con los correspondientes resultados analíticos y numéricos que se presentan en la Tabla 5.11.

Tabla 5.11 Temperaturas a la salida del canal para un $Re_{Dh} = 2300$

$y\,(m)$	$T\,(K)$	
	Solución Analítica	Solución Numérica
0	320	320
0.0019	320	319.9
0.0066	320	319.64
0.0136	320	319.27
0.0238	320	318.72
0.0383	320	317.95
0.0583	320	316.89
0.0849	320	315.56
0.1182	320	314.09
0.1574	320	312.86
0.2	320	312.37
0.2426	320	312.86
0.2818	320	314.09
0.3151	320	315.56
0.3417	320	316.89
0.3617	320	317.95
0.3762	320	318.72
0.3864	320	319.27
0.3934	320	319.64
0.3981	320	319.9
0.4	320	320

CAPÍTULO 6

Métodos de Solución de Sistemas de Ecuaciones Algebraicas

6.1 Introducción

En los capítulos anteriores se observa que los problemas de transporte gobernados por una sola o un grupo de ecuaciones diferenciales y sus respectivas condiciones de frontera se pueden aproximar por un sistema de ecuaciones algebraicas, esto como resultado de haber empleado un método de discretización.

Así, el resultado de la discretización por el método de volumen finito es un grupo de ecuaciones algebraicas discretas, las cuales deben resolverse para obtener los valores discretos de ϕ. Estas ecuaciones algebraicas pueden ser lineales o no-lineales. La complejidad y tamaño del conjunto de ecuaciones algebraicas depende de la dimensión del problema, del número de puntos de la malla y de la estrategia de discretización. Aunque es posible utilizar cualquier procedimiento válido para resolver el conjunto de ecuaciones algebraicas, los recursos de cómputo disponibles son una restricción muy fuerte. El método de solución del sistema de ecuaciones algebraicas es independiente del método de discretización.

Los métodos de solución pueden clasificarse en forma general como directos e iterativos (indirectos). Entre los métodos directos, se encuentran la regla de Cramer de inversión de matrices y la eliminación Gaussiana. Sin embargo, el número de operaciones necesarias para la solución, son normalmente exponenciales al número de las ecuaciones por resolver, por lo que normalmente requieren gran cantidad de memoria en los sistemas de cómputo. Por otro lado, los métodos iterativos son generalmente más económicos computacionalmente que los métodos directos y por ello se prefieren cuando la matriz es dispersa. Entre los métodos iterativos se encuentra el método de Jacobi y Gauss-Seidel, los cuales se emplean para resolver grandes sistemas de ecuaciones algebraicas.

Sin embargo, para la elección de un método de solución de ecuaciones algebraicas, es necesario examinar la naturaleza del sistema resultante de ecuaciones, entre otros: (1) si el problema es lineal o no-lineal, (2) si la matriz de coeficientes es tridiagonal, completa o dispersa (gran número de elemento de la matriz son cero), (3) si el número de operaciones involucrado en el algoritmo es demasiado como para dar una excesiva acumulación de error de redondeo, (4) si la matriz de coeficientes es diagonalmente dominante y (5) si los coeficientes de la matriz están mal condicionados (pequeños cambios en los coeficientes, tales como los introducidos por los errores de redondeo, los cuales producen grandes cambios en la solución).

Se puede afirmar que uno de los algoritmos que más se utiliza en CFD es el desarrollado por Thomas, el cual resuelve rápidamente sistemas de ecuaciones algebraicas tridiagonales y actualmente se conoce como el algoritmo de Thomas o el algoritmo de matriz tridiagonal (TDMA).

A continuación se describen los métodos directos e iterativos, así como sus ventajas y limitaciones.

6.2 Métodos directos

De acuerdo con la discretización obtenida mediante el método de volumen finito para los problemas de difusión en una dimensión, el sistema de ecuaciones algebraicas resultante es (Ec. 3.79):

$$
\begin{bmatrix}
a_P & -a_E & 0 & 0 & 0 & 0 & 0 \\
-a_W & a_P & -a_E & 0 & 0 & 0 & 0 \\
0 & -a_W & a_P & -a_E & 0 & 0 & 0 \\
0 & 0 & -a_W & a_P & -a_E & 0 & 0 \\
0 & 0 & 0 & -a_W & a_P & -a_E & 0 \\
0 & 0 & 0 & 0 & -a_W & a_P & -a_E \\
0 & 0 & 0 & 0 & 0 & -a_W & a_P
\end{bmatrix}
\begin{bmatrix}
\phi_1 \\ \phi_2 \\ \phi_3 \\ \phi_4 \\ \phi_5 \\ \phi_6 \\ \phi_{Nx}
\end{bmatrix}
=
\begin{bmatrix}
b_1 \\ b_2 \\ b_3 \\ b_4 \\ b_5 \\ b_6 \\ b_{Nx}
\end{bmatrix}
\qquad (6.1)
$$

$$
\underbrace{\qquad\qquad\qquad}_{\substack{Matriz\ \ de\ \ Coeficientes \\ \left[A_{i,j}\right]}}
\qquad
\underbrace{\quad}_{\substack{Vector\ Incognita \\ \left[\phi_j\right]}}
\ \underbrace{\quad}_{\substack{Vector\ \square\square ul\ \square\square te \\ \left[B_j\right]}}
$$

Donde $A_{i,j}$ es la matriz de coeficientes, ϕ_j es el vector incógnita para la variable discreta "ϕ" y B_j es el vector resultante debido a términos fuentes o información de condiciones de frontera.

Los métodos directos resuelven la Ec. (6.1) mediante métodos establecidos del algebra lineal. El método directo más simple es el de inversión, donde el vector "ϕ_j" puede ser determinado de,

$$
\phi_j = \left[A_{i,j}\right]^{-1} B_j
$$

Si $\left[A_{i,j}\right]^{-1}$ puede ser encontrada, entonces se garantiza la solución del vector "ϕ_j". Sin embargo, debido a que el número finito de operaciones matemáticas para invertir la matriz $A_{i,j}$ es del orden de Nx^2, los métodos directos de inversión casi no se emplean en problemas prácticos. Para los métodos de discretización empleados; la matriz de coeficientes $A_{i,j}$ es dispersa y diagonalmente dominante, debido al uso de mallas estructuradas es bandeada y en general para muchos problemas es simétrica. Para problemas de una dimensión la matriz $A_{i,j}$ es tridiagonal; pero dependiendo de la naturaleza del problema, las dimensiones y el esquema de interpolación, la matriz de coeficientes puede ser multidiagonal, completa o dispersa. Por lo tanto, se pueden desarrollar algoritmos eficientes de solución al tomar en cuenta las características de la matriz $A_{i,j}$.

Generalmente, se prefieren los métodos directos para sistemas que tienen una matriz de coeficientes bandeados y para problemas que involucran geometrías relativamente simples. Estos son muy eficientes, pero requieren un gran almacenamiento del espacio en memoria en la computadora y dan un aumento en la acumulación de error de redondeo si el número de ecuaciones es grande. Debido a ello, los métodos directos no se usan ampliamente en CFD. Además, en los problemas prácticos se involucran cientos de volúmenes de control y en cada volumen se tienen de 5 a 10 variables desconocidas (Murthy, 2002). Por lo tanto, debido a que la matriz $A_{i,j}$ es muy grande, los métodos directos resultan ser imprácticos. Otra situación, es que generalmente la matriz $A_{i,j}$ es no-lineal; entonces, si se emplea un método directo, éste debe quedar embebido en un ciclo iterativo para actualizar las no-linealidades en $A_{i,j}$. Por lo tanto, el método directo se aplica k veces dentro de un ciclo iterativo y con ello se incrementa el tiempo del proceso de cómputo matemático.

A continuación se muestran una breve discusión de algunos de los métodos directos.

6.2.1 Regla de Cramer

Uno de los muchos métodos elementales de un sistema de ecuaciones algebraicas es emplear la regla de Cramer. El método no es práctico cuando se usa con un gran número de ecuaciones debido a que el método involucra una gran cantidad de operaciones. Al resolver un grupo de Nx ecuaciones, el número de operaciones básicas necesarias es del orden de Nx^4. El método implica que, el doble del número de ecuaciones a ser resuelto incrementa el tiempo de cómputo en un orden de 2^4 veces. Aún si el tiempo de cómputo fuera favorable, la exactitud será disminuida por los errores de redondeo.

6.2.2 Eliminación de Gauss

Este es un método directo que se usa comúnmente para resolver sistemas de ecuaciones algebraicas. En este método, la matriz de coeficientes $A_{i,j}$ se transforma en una matriz triangular superior por la aplicación sistemática de algunas operaciones algebraicas, bajo la cual la solución al sistema de ecuaciones permanece invariante. Dos principales operaciones que se aplican, incluye: (1) Multiplicación o división de alguna ecuación algebraica por una constante y (2) Re-emplazamiento de alguna ecuación por la suma (o diferencia) de esta ecuación con alguna otra ecuación.

Una vez que el sistema se transforma en una forma de diagonal superior, la solución inicia desde la última ecuación por un proceso de sustitución inversa.

El siguiente ejemplo ilustra el procedimiento, el cual involucra solo tres variables desconocidas (ϕ_1, ϕ_2 y ϕ_3), así el sistema de ecuaciones algebraicas es,

$$a_{11}\,\phi_1 + a_{12}\,\phi_2 + a_{13}\,\phi_3 = b_1 \tag{6.2a}$$

$$a_{21}\,\phi_1 + a_{22}\,\phi_2 + a_{23}\,\phi_3 = b_2 \tag{6.2b}$$

$$a_{31}\,\phi_1 + a_{32}\,\phi_2 + a_{33}\,\phi_3 = b_3 \tag{6.2c}$$

Se elige la primera ecuación como la ecuación pivote, la cual se usa para eliminar ϕ_1 de las Ecs. (6.2b) y (6.2c), entonces se obtiene:

$$a_{11}\,\phi_1 + a_{12}\,\phi_2 + a_{13}\,\phi_3 = b_1 \tag{6.3a}$$

$$0 \;+\; a_{22}^{*}\,\phi_2 + a_{23}^{*}\,\phi_3 = b_2^{*} \tag{6.3b}$$

$$0 \;+\; a_{32}^{*}\,\phi_2 + a_{33}^{*}\,\phi_3 = b_3^{*} \tag{6.3c}$$

Para eliminar ϕ_2 de la tercera ecuación, la segunda ecuación se usa como la ecuación pivote. Entonces, el sistema de ecuaciones (6.3) toma la forma diagonal superior,

$$a_{11}\,\phi_1 + a_{12}\,\phi_2 + a_{13}\,\phi_3 = b_1 \tag{6.4}$$

$$0 \;+\; a_{22}^{*}\,\phi_2 + a_{23}^{*}\,\phi_3 = b_2^{*} \tag{6.5}$$

$$0 \;+\; 0 \;+\; a_{33}^{**}\,\phi_3 = b_3^{**} \tag{6.6}$$

Las variables desconocidas ϕ_j se determinan inmediatamente del sistema, iniciando desde la última ecuación por una sustitución hacia atrás. Entonces, se obtiene:

$$\phi_3 = \frac{b_3^{**}}{a_{33}^{**}} \tag{6.7}$$

$$\phi_2 = \frac{(b_2^* - a_{23}^* \, \phi_3)}{a_{22}^*} \tag{6.8}$$

$$\phi_1 = \frac{(b_1 - a_{12} \, \phi_2 - a_{13} \, \phi_3)}{a_{11}} \tag{6.9}$$

El procedimiento de arriba puede ser generalizado a un sistema de Nx ecuaciones algebraicas.

El número de multiplicaciones involucradas en la solución de un sistema de Nx ecuaciones algebraicas con una matriz completa con el método de eliminación de Gauss varía del orden de Nx^3, el cual es mucho menor que el orden de Nx^4 en la solución con la regla de Cramer (Özisik, 1994).

6.2.3 Algoritmo de Thomas

Debido a la forma particular de las ecuaciones algebraicas discretas, se puede hacer uso de un algoritmo eficiente para su solución. Este algoritmo se llama "algoritmo de Thomas" o TDMA (*TriDiagonal-Matrix Algorithm*). La designación TDMA se refiere al hecho de que en la matriz de coeficientes $A_{i,j}$ todos los coeficientes diferentes de cero se alinean en sí mismo a lo largo de tres diagonales de la matriz (Ferziger y Peric, 2002).

Por conveniencia, para la descripción del algoritmo, considere que los puntos discretos (puntos de la malla numérica) fueron numerados como: $i = 1,2,...,Nx$, donde los puntos $i = 1$ e $i = Nx$ corresponden a los puntos discretos de la frontera.

Las ecuaciones discretizadas para problemas en una 1-D pueden ser escritas como,

$$a_P(i)\phi_P(i) = a_W(i)\phi_W(i-1) + a_E(i)\phi_E(i+1) + b(i) \qquad i = 1, 2 \ldots Nx \quad (6.10)$$

Se aprecia que la variable $\phi_P(i)$ ésta relacionada a los valores de las variables vecinas $\phi_W(i-1)$ y $\phi_E(i+1)$. Para tomar en cuenta la forma especial de las ecuaciones en los puntos frontera, siempre que se hace la discretización de las condiciones de frontera, indistintamente del tipo de condición se debe tener,

$$a_W(i=1) = 0 \quad y \quad a_E(i = Nx) = 0 \quad (6.11)$$

Así, los valores de $\phi_W(0)$ y $\phi_E(Nx+1)$ no tienen ningún significado físico (Figura 6.1).

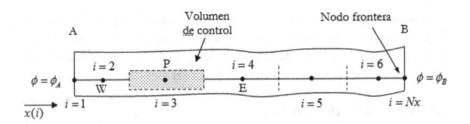

Figura 6.1 Volúmenes de control en una dimensión.

De acuerdo con la Figura 6.1, emplear la Ec. (6.10) para $i = 1$ implica que ϕ_1 es conocida en términos de ϕ_2 al aplicar la condición dada en la Ec. (6.11). Para $i = 2$, de la Ec. (6.10) existe una relación entre ϕ_1, ϕ_2 y ϕ_3, pero como ϕ_1 se expresa en términos de ϕ_2, esta relación se reduce a una expresión entre ϕ_2 y ϕ_3. En otras palabras, ϕ_2 puede ser expresada en términos ϕ_3. Este proceso de sustitución se continúa hasta que ϕ_{Nx} se expresa formalmente en términos de ϕ_{Nx+1}. Pero, debido a que ϕ_{Nx+1} no existe, se obtiene el valor numérico de ϕ_{Nx} en esta etapa. Esto nos permite iniciar un proceso de sustitución básica hacia atrás, en la cuál ϕ_{Nx-1} se obtiene de ϕ_{Nx}, ϕ_{Nx-2} de $\phi_{Nx-1}, \ldots, \phi_2$ de ϕ_3 y ϕ_1 de ϕ_2. Esta es la esencia del TDMA.

Para desarrollar los pasos del algoritmo TDMA, se inicia al considerar que el proceso de sustitución hacia adelante, se puede escribir con la relación,

$$\phi_P(i) = P(i)\phi_E(i+1) + Q(i) \tag{6.12}$$

Si se evalúa la relación anterior para el punto $i - 1$, la ecuación se puede escribir como,

$$\phi_W(i-1) = P(i-1)\phi_P(i) + Q(i-1) \tag{6.13}$$

Sustituyendo la Ec. (6.13) en la Ec. (6.10), se llega a:

$$a_P(i)\phi_P(i) = a_W(i)\left[P(i-1)\phi_P(i) + Q(i-1)\right] + a_E(i)\phi_E(i+1) + b(i) \tag{6.14}$$

Arreglando se tiene:

$$\phi_P(i) = \frac{a_E(i)}{a_P(i) - a_W(i)P(i-1)}\phi_E(i+1) + \frac{b(i) + a_W(i)Q(i-1)}{a_P(i) - a_W(i)P(i-1)} \tag{6.15}$$

Al comparar la Ec. (6.15) con la Ec. (6.12), se obtiene,

$$P(i) = \frac{a_E(i)}{a_P(i) - a_W(i)P(i-1)} \tag{6.16}$$

$$Q(i) = \frac{b(i) + a_W(i)Q(i-1)}{a_P(i) - a_W(i)P(i-1)} \tag{6.17}$$

A estas últimas ecuaciones se les llama *relaciones de recurrencia*. Se puede observar que $P(i)$ y $Q(i)$ están dadas en términos de $P(i-1)$ y $Q(i-1)$. Para iniciar el proceso del cálculo se deben determinar las relaciones de recurrencia en todos los puntos nodales. Así, para el caso de $i = 1$ y al usar la condición de la Ec. (6.11), la Ec. (6.16) y (6.17) se reducen a,

$$P(1) = \frac{a_E(1)}{a_P(1)} \tag{6.18a}$$

$$Q(1) = \frac{b(1)}{a_P(1)} \tag{6.18b}$$

Para determinar los valores de $P(i)$ y $Q(i)$ en los nodos restantes ($i = 2,3,...,Nx$) se usan las Ecs. (6.16) y (6.17). Nótese que para $i = Nx$, se sabe que $a_E(Nx) = 0$ y por lo tanto, $P(Nx) = 0$. Con $P(Nx) = 0$ y por medio de la Ec. (6.12) se obtiene,

$$\phi_P(Nx) = Q(Nx) \tag{6.19}$$

Ahora, nos encontramos en la posición de iniciar una sustitución hacia atrás al usar la Ec. (6.12), lo cual concluye el proceso de cálculo del algoritmo. Los pasos del algoritmo de Thomas o TDMA se resumen de la siguiente manera:

1. Calcular $P(1)$ y $Q(1)$ de la Ec. (6.18).

2. Usar las relaciones de recurrencia (Ec. 6.16 y 6.17) para obtener $P(i)$ y $Q(i)$ para $i = 2,3,...,Nx$.

3. Agrupar o asignar $\phi_P(Nx) = Q(Nx)$ (Ec. 6.19).

4. Usar la Ec. (6.12) para $i = Nx - 1, Nx - 2,...,3,2,1$ para obtener $\phi_P(Nx - 1)$, $\phi_P(Nx - 2)$, ..., $\phi_P(3)$, $\phi_P(2)$, $\phi_P(1)$.

El Algoritmo de Thomas (TDMA) es muy eficaz y es un método conveniente para resolver sistemas de ecuaciones algebraicas, siempre y cuando las ecuaciones algebraicas se presenten en la forma de la Ec. (6.10). A diferencia de los otros métodos, el TDMA requiere almacenamiento y tiempo proporcional a Nx, en lugar de Nx^2 o Nx^3 como es el caso de otros métodos. Por lo tanto, no únicamente el tiempo computacional es mucho menor, también los errores de redondeo se reducen significativamente.

6.3 Métodos iterativos

Los métodos iterativos o indirectos se usan ampliamente como métodos de solución de ecuaciones algebraicas en CFD. La filosofía del método es adivinar el valor de la variable "ϕ" y corregirlo progresivamente mediante la aplicación repetida de la ecuación discreta hasta que se satisface un criterio de convergencia.

Cuando el número de ecuaciones es muy grande, la matriz de coeficientes es dispersa pero no bandeada y el almacenamiento de cómputo es crítico, es aquí cuando se prefiere un método iterativo en lugar de un método directo de solución. Si el método iterativo es convergente, la solución obtenida está dentro de una exactitud específica respecto a la solución exacta en un finito pero no pre-determinado número de operaciones. El método es ciertamente a converger para un sistema que tiene una matriz diagonalmente dominante.

Un método iterativo no es garantía de convergencia para la solución de la variable "ϕ"; la única forma en que se garantice la convergencia de un método iterativo en los problemas lineales es cumpliendo con el "*Criterio de Scarborough*". Este criterio requiere que,

$$\frac{\sum |a_{vecinos}|}{|a_P|} \begin{cases} \leq 1 & \textit{En todos los nodos} \\ < 1 & \textit{Al menos en un nodo} \end{cases} \tag{6.20}$$

La condición anterior requiere que para cada ecuación discreta, la magnitud del elemento diagonal sea más grande que o igual a la suma de las magnitudes de los otros coeficientes en la ecuación. Sin embargo, en la práctica la convergencia se obtiene cuando esta condición no es del todo cierta o que se llegue a cumplir. Toda matriz de coeficientes $A_{i,j}$ que satisface la Ec. (6.20) es diagonalmente dominante. En los métodos directos no se requiere cumplir este criterio para obtener una solución de la variable.

Los métodos iterativos son algoritmos simples, fáciles de aplicar y no están restringidos al uso de geometrías simples. Estos también se prefieren cuando el número de operaciones en los cálculos es demasiado grande, de manera que los métodos directos pueden ser inadecuados debido a la acumulación de los errores de redondeo.

Existen varios métodos iterativos, entre los cuáles se pueden mencionar los métodos de Jacobi, de Gauss-Seidel, etc. La iteración de Gauss-Seidel es uno de los procedimientos más eficientes para resolver un sistema grande de ecuaciones algebraicas dispersas. La convergencia puede ser acelerada por el procedimiento llamado sobre-relajación (*Successive Over Relaxation*: SOR).

6.3.1 Jacobi

El método de Jacobi consiste en suponer una primera aproximación $\left(\phi_i\right)^{n=0}$ para la solución de $\left[A_{i,j}\right]\left[\phi_i\right]=\left[B_i\right]$, después ésta se calcula por aproximaciones sucesivas $\left(\phi_i\right)^n$, resolviendo el sistema con respecto a su diagonal, para $n = 1,2,3...$ (número de iteraciones). Por ejemplo, para una ecuación discreta típica como la Ec. (6.10),

$$a_P(i)\phi_P(i) = a_W(i)\phi_W(i-1) + a_E(i)\phi_E(i+1) + b(i) \qquad i = 1,2...Nx \quad (6.10)$$

Se supone un campo de valores iniciales $\left(\phi_i\right)^{n=0}$, después se calcula $\left(\phi_i\right)^{n=1}$ a partir de los valores conocidos de la iteración precedente de la ecuación (6.10) como,

$$\left[\phi_P(i)\right]^{n+1} = \frac{a_W(i)\left[\phi_W(i-1)\right]^n + a_E(i)\left[\phi_E(i+1)\right]^n + b(i)}{a_P(i)} \qquad i = 1,2...Nx \quad (6.21)$$

Visitando todos los nodos discretos uno a uno. Nótese que no es necesario formar la matriz $\left[A_{i,j}\right]$, se puede trabajar directamente a partir de la ecuación discretizada. Se itera enseguida hasta que se satisface un criterio de convergencia. La Ec. (6.21) es aplicable para todos los nodos del sistema, incluyendo los nodos frontera. El método de Jacobi se resume en los siguientes pasos:

Paso 1: Suponer una distribución de la variable (ϕ_P^n) en todo el dominio computacional (comúnmente constante).

Paso 2: Calcular ϕ_P a partir de la Ec. (6.21) usando los valores supuestos del paso 1: $\phi_P^{n+1} = \dfrac{a_W\,\phi_W^n + a_E\,\phi_E^n + b}{a_P}$. Se aplica para todos los nodos discretos uno a uno.

Paso 3: Aplicar un criterio de convergencia; si se cumple el criterio establecido, entonces ϕ_P^{n+1} es la solución del problema. En caso contrario, se renombra $\phi_P^n = \phi_P^{n+1}$ y se regresa al paso 2, de esta manera se continua con el proceso iterativo hasta cumplir el criterio de convergencia.

El método de Jacobi tiene la desventaja que la convergencia a la solución del sistema de ecuaciones algebraicas es lenta.

6.3.2 Gauss-Seidel

El método de Gauss-Seidel es una modificación del método iterativo de Jacobi, donde se utilizan los valores más recientes en los cálculos en lugar de limitarse únicamente a los valores de la iteración previa.

El método es muy simple y es un procedimiento iterativo de punto a punto eficiente para resolver un sistema de ecuaciones algebraicas grande y esparsa. La iteración de Gauss-Seidel se basa en la idea de aproximaciones sucesivas, pero éste difiere de la iteración estándar de Jacobi en que el valor determinado más recientemente se usa en cada ronda de iteraciones. Los pasos básicos son como siguen,

1. Suponer o estimar valores para todos los puntos discretos de la variable ($\phi_P^{n=0}$).

2. El cálculo inicia con el uso de valores supuestos para determinar una primera aproximación para cada uno de los valores de la variable sobre la diagonal principal, se usa el valor determinado más reciente con lo que la primera ronda de iteraciones está completa ($n + 1$).

Para ilustrar este paso, considere por ejemplo: si el recorrido punto a punto se hace desde el punto $i = 1$ hasta $i = Nx$ (Figura 6.2), de la Ec. (6.21) se tiene,

$$[\phi_P(i)]^{n+1} = \frac{a_W(i)[\phi_W(i-1)]^{n+1} + a_E(i)[\phi_E(i+1)]^n + b(i)}{a_P(i)} \qquad i = 1, 2 \dots Nx \quad (6.22)$$

Nótese que a partir del punto $i = 2$, el valor de $[\phi_W(i-1)]$ ya es conocido, entonces éste se ocupa. Para el ejemplo de barrido o recorrido punto a punto del algoritmo de Gauss-Seidel mostrado en la Figura 6.2, considere el VC del punto $i = 2$; se observa para este VC que el punto $[\phi_W(i-1)]^{n+1}$ corresponde al valor de ϕ $(i = 1)$ y en este caso es el valor de la frontera: ϕ $(i = 1) = \phi_A$. De esta manera se continua con el recorrido para cada punto del VC correspondiente hasta $i = Nx$, usando el valor de la variable respectivo a cada VC: $[\phi_W(i-1)]^{n+1}$.

3. Se renombra la variable $\phi_P^n = \phi_P^{n+1}$ y el procedimiento se repite, a partir del paso 2, hasta que se satisface un criterio de convergencia para la variable ϕ_P en todos los nodos.

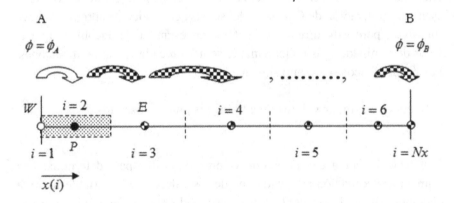

Figura 6.2 Representación del barrido de solución del algoritmo de Gauss-Seidel.

El método de Gauss-Seidel generalmente no converge lo suficientemente rápido, ya que cuando se realiza una primera solución, la información se propaga de forma muy localizada de un nodo con sus vecinos inmediatos sobre la malla numérica. Si el problema es lineal, a menudo se usa la sobre-relajación en conjunto con el método de Gauss-Seidel para acelerar la convergencia, así el esquema resultante se conoce como sobre-relajación sucesiva (*Successive Over Relaxation*: SOR). Sin embargo, para problemas no-lineales no se recomienda el uso de la sobre-relajación, por el contrario se tendrá que hacer uso del concepto de baja-relajación, el cual se presentó en el Capítulo 3.

6.3.3 TDMA para 2 y 3 dimensiones

El TDMA puede aplicarse iterativamente, línea por línea para resolver problemas en 2-D y 3-D. El TDMA iterativo se usa ampliamente en problemas de CFD. Existen varias modificaciones al TDMA para usarse de forma iterativa, éstas se presentan a continuación.

Para situaciones bidimensionales, considérese la Figura 6.3 y la ecuación en notación de coeficientes agrupados para 2-D como,

$$a_P\phi_P = a_W\phi_W + a_E\phi_E + a_S\phi_S + a_N\phi_N + b \tag{6.23}$$

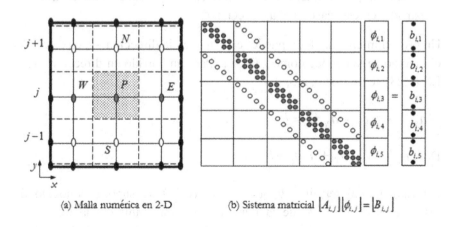

(a) Malla numérica en 2-D   (b) Sistema matricial $[A_{i,j}][\phi_{i,j}] = [B_{i,j}]$

Figura 6.3 Representación de TDMA en dos dimensiones.

Para resolver el sistema de ecuaciones algebraicas (6.23) mediante el algoritmo de Thomas, el TDMA se aplica a lo largo de líneas horizontales (método de línea por línea en dirección $-x$, $LBL - x$) o verticales (método de línea por línea en dirección $-y$, $LBL - y$).

En el método $LBL - x$, la Ec. (6.23) se re-arregla de la siguiente forma,

$$-a_W \phi_W + a_P \phi_P - a_E \phi_E = b^*$$
(6.24)

Donde: $b^* = a_S \phi_S + a_N \phi_N + b$

El término b^* de la Ec. (6.24) se supone conocido y los valores de ϕ_S y ϕ_N se toman de la iteración anterior. La Ec. (6.24) representa un sistema tridiagonal $\left[A_{i,j} \right] \left[\phi_i \right] = \left[B_i \right]$. De esta manera el sistema puede resolverse a lo largo de la dirección $-x$ como si fuera un problema en una dimensión. La Ec. (6.24) se aplica j – veces, desde $j = 1$ hasta $j = N y$ ($N y$ es el número de nodos en dirección vertical). Cuando se han recorrido todas la líneas de j, entonces se dice que se acaba de realizar una iteración del método $LBL - x$. Posteriormente, se aplica un criterio de convergencia, si se cumple se termina el proceso de solución de ϕ, de lo contrario se actualiza el valor de ϕ y se repite el cálculo aplicando nuevamente la Ec. (6.24) hasta que se cumpla el criterio de convergencia establecido. La secuencia en que las líneas se van resolviendo se conoce como la dirección de barrido, en este caso, dicha dirección es x.

Un procedimiento análogo puede realizarse en la dirección $-y$, en este caso el método se le conoce como $LBL - y$. Para un barrido en dirección $-y$, la Ec. (6.23) se escribe como,

$$-a_S \phi_S + a_P \phi_P - a_N \phi_N = b^*$$
(6.25)

Donde: $b^* = a_W \phi_W + a_E \phi_E + b$

Nuevamente, el término b^* de la Ec. (6.25) se supone conocido de los valores de ϕ_W y ϕ_E de la iteración anterior. También, la Ec. (6.25) representa un sistema tridiagonal, el cual puede resolverse a lo largo de la dirección $-y$.

Se puede realizar una combinación de los dos métodos anteriores para mejorar el proceso iterativo hacia la convergencia, este método es conocido como método de línea por línea de direcciones alternantes ($LBL - ADI$). En este caso, los resultados de la variable "ϕ" obtenidos al aplicar el método $LBL - x$ se usan para inicializar el barrido por el método $LBL - y$. Al término del barrido por el método de $LBL - x$ y posterior aplicar el $LBL - y$ se ha hecho una iteración del método $LBL - ADI$. Para finalizar, se aplica un criterio de convergencia, el proceso iterativo concluye hasta cumplir el criterio establecido.

Existen otras variantes de los métodos iterativos de línea por línea al usar la filosofía de punto a punto de Gauss-Seidel, entre ellos: El método $LGS - x$, $LGS - y$ y $LGS - ADI$.

El método $LGS - x$ tiene la misma estructura y seguimiento que el método $LBL - x$ con la diferencia que al momento de tomar los valores de ϕ_N y ϕ_S, se usan los valores ya determinados sobre la misma iteración. Es decir, para iniciar el método y resolver para la línea $j = 1$ se suponen los valores de ϕ_N^*, para las siguientes líneas de barrido del método ($j = 2,3,...Ny$) se usa el valor recién calculado de ϕ_S y para ϕ_N^* se toma el valor de la iteración anterior. Así, la ecuación generativa del sistema de ecuaciones algebraicas a resolver es,

$$-a_W\phi_W + a_P\phi_P - a_E\phi_E = b^{**} \tag{6.26}$$

Donde: $b^{**} = a_S\phi_S + a_N\phi_N^* + b^*$, ϕ_N^* y b^* representan los valores supuestos o de la iteración anterior. Al igual que el método $LBL - x$, el sistema generado por la Ec. (6.26) representa una matriz tridiagonal, la cual puede resolverse de forma eficiente mediante el algoritmo de Thomas. En el método $LGS - x$ se emplea la misma filosofía de usar los valores conocidos inmediatos en el proceso iterativo punto a punto de Gauss-Seidel, con la diferencia que en el método $LGS - x$ es línea a línea.

Un procedimiento análogo se realiza en la dirección $-y$, en este otro caso el método se le conoce como $LGS - y$. Para el barrido en dirección $-y$, la Ec. (6.23) se escribe como,

$$-a_S\phi_S + a_P\phi_P - a_N\phi_N = b^{**} \tag{6.27}$$

Donde: $b^{**} = a_W\phi_W + a_E\phi_E^* + b^*$, ϕ_E^* y b^* representan los valores supuestos o de la iteración anterior.

El método de línea de Gauss-Seidel de direcciones alternantes ($LGS - ADI$) es la combinación de los dos métodos anteriores ($LGS - x$ y $LGS - y$). Se inicia con la aplicación normal de uno de los dos métodos (ya sea $LGS - x$ ó $LGS - y$); por ejemplo, se aplica $LGS - x$ que dará valores de salida de "ϕ" en todo el dominio de solución, estos valores servirán de valor supuesto para el otro método ($LGS - y$). Al término del cálculo del segundo algoritmo se dice que se ha hecho una iteración del método $LGS - ADI$.

En la Figura 6.4 se muestra el número de iteraciones obtenidas con diferentes métodos iterativos en la solución del ejemplo 6 del Capítulo 3. Se puede apreciar que el algoritmo de Jacobi es el que presenta el peor desempeño desde el punto de vista de convergencia. Los métodos de Gauss-Seidel (GS), $LBL - x$ y $LBL - y$ presentan un comportamiento similar hacia la convergencia de la solución. Los métodos $LBL - ADI$, $LGS - x$ y $LGS - y$ son mejores hacia la convergencia que los métodos mencionados anteriormente. Finalmente, el método que realiza menos iteraciones durante el proceso iterativo hacia la convergencia es el $LGS - ADI$. Obviamente, conforme estos métodos requieren mayor número de operaciones matemáticas, se incrementa el esfuerzo computacional (tiempo que tarda una iteración de cada método), el cual se debe equilibrar con el número de iteraciones para reducir el tiempo de cómputo.

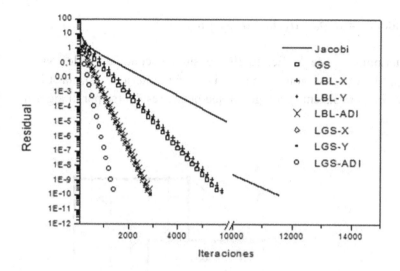

Figura 6.4 Número de iteraciones obtenidas con diferentes métodos iterativos.

Para usar el TDMA en problemas tridimensionales considérese la Figura 6.5, el método se aplica línea por línea sobre un plano determinado (por ejemplo, $x - y$) y luego se pasa a un plano paralelo y se continúa el cálculo hasta cubrir todo el dominio computacional en dirección $-z$. La ecuación en notación de coeficientes agrupados para 3-D obtenida en el Capítulo 3 es,

$$a_P\phi_P = a_W\phi_W + a_E\phi_E + a_S\phi_S + a_N\phi_N + a_B\phi_B + a_T\phi_T + b \qquad (6.28)$$

Por ejemplo, para aplicar el método $LBL - x$ en 3-D se resuelve a lo largo de la dirección $-x$ en un plano $x - y$ para un valor de k definido. Posteriormente, se pasa a un plano paralelo $x - y$ para $k + 1$ y así sucesivamente hasta cubrir todo el dominio discreto hasta $k = Nz$ (Nz es el número de nodos en dirección $-z$). Para aplicar el método $LBL - x$ en 3-D, la Ec. (6.28) se arregla como,

$$-a_W\phi_W + a_P\phi_P - a_E\phi_E = b^* \qquad (6.29)$$

Donde: $b^* = a_S \phi_S + a_N \phi_N + a_B \phi_B + a_T \phi_T + b$

El término b^* de la Ec. (6.29) se supone conocido y los valores de ϕ_S, ϕ_N, ϕ_B y ϕ_T se toman de la iteración anterior. Así, la Ec. (6.29) representa un sistema tridiagonal que puede resolverse por el algoritmo de Thomas.

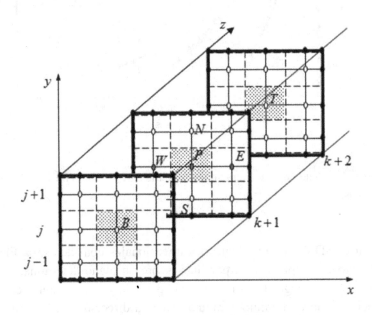

Figura 6.5 Representación de TDMA en tres dimensiones.

Análogamente, a las variantes del TDMA en dos dimensiones, se pueden tener las mismas variantes para tres dimensiones con la finalidad que el proceso de convergencia se acelere alternando la dirección de barrido de tal manera que toda la información de las condiciones de frontera se transporten efectivamente dentro del dominio de estudio (Cruz-Salas, 2009).

Existen técnicas eficientes para acelerar el proceso iterativo hacia la convergencia, estas se conocen como técnica de múltiples mallas o multi-mallas (*multigrid*). Los primeros en desarrollar un algoritmo utilizando el método de multi-malla fueron los trabajos reportados por Fedorenko (1964) y Bachvalov (1966), el primero en resolver la ecuación de Poisson y el segundo en resolver la ecuación de convección-difusión. Sin embargo, con el desarrollo tecnológico de las computadoras, fue hasta 1977 cuando A. Brandt presentó a detalle la formulación matemática de la técnica de multi-mallas para problemas lineales y no-lineales y su aplicación práctica. Los métodos de multi-mallas se clasifican actualmente en dos grandes categorías: multi-malla con almacenamiento de correcciones (SC) y multi-malla con esquema de aproximación completa (FAS). En el primero se determina un vector error en una malla más gruesa (ε_g), el cual se almacena y posteriormente se usa para corregir (prolongación) la variable "ϕ_f" en la malla más fina; y en el segundo se determina la variable en una malla más gruesa (ϕ_g) para posteriormente ser usado como valor estimado (prolongación) para determinar la variable "ϕ_f" en la malla más fina. A partir de la filosofía de multi-malla establecida por Brandt (1977), han surgido diferentes propuestas o esquemas de multi-mallas, entre los más usados en la comunidad de CFD es el multimallas de correcciones aditivas-ACM (Hutchinson y Raithby, 1986).

6.4 Resumen

Se presentaron diferentes métodos de solución para un sistema de ecuaciones algebraicas. Se mostró a detalle la formulación matemática del algoritmo de Thomas (TDMA), el cual es ampliamente usado en la comunidad de CFD para la solución de un sistema de ecuaciones algebraicas tridiagonal y dominante. Las variantes del TDMA para dos y tres dimensiones fueron discutidas. Para los problemas multidimensionales las variantes del TDMA son clasificados como métodos de línea por línea (LBL) y de direcciones alternantes (ADI). Estos son:

$LBL - x$: Método de línea por línea en dirección-x.

$LBL - y$: Método de línea por línea en dirección-y.

$LBL - z$: Método de línea por línea en dirección-z.

LBL – ADI: Método de línea por línea de direcciones alternantes.

LGS – x: Método de línea con Gauss-Seidel en dirección-*x*.

LGS – y: Método de línea con Gauss-Seidel en dirección-*y*.

LGS – z: Método de línea con Gauss-Seidel en dirección-*z*.

LGL – ADI: Método de línea con Gauss-Seidel de direcciones alternantes.

Finalmente, con base al número total de iteraciones, para la solución del ejemplo 6 del Capítulo 3, se concluye que el método que realiza menos iteraciones durante el proceso iterativo hacia la convergencia es el *LGS – ADI*.

Los métodos que requieren mayor número de operaciones matemáticas incrementan el esfuerzo computacional (tiempo que tarda una iteración de cada método), el cual se debe equilibrar con el número de iteraciones para reducir el tiempo de cómputo.

6.5 Ejercicios

6.1 Resuelva el ejercicio 3.3 por los métodos de Jacobi y de Gauss-Seidel. Use un número de nodos computacionales de 51x51. Compare el número de iteraciones.

6.2 Use los métodos de *LBL – x* y de *LBL – y* para resolver el ejercicio 3.4 con una malla numérica de 81x81 nodos computacionales.

6.3 Resuelva el ejercicio 3.6 (caso 5) con una malla numérica de 101x101. Use los métodos iterativos de Gauss-Seidel y el *LBL – x*. Compare el número de iteraciones.

6.4 Determine el número de iteraciones realizadas por el método de Gauss-Seidel para la solución del ejercicio 4.5 para los casos A, B y C. ¿Cuál de los casos requirió mayor número de iteraciones?.

6.5 Implemente los métodos de *LBL − x*, *LGS − x* y *LBL − ADI* para resolver el ejercicio 4.8 (caso B). Use el esquema híbrido con un número de nodos de 51x51. Compare el número de iteraciones de los tres métodos de solución de ecuaciones algebraicas.

6.6 Resuelva el ejercicio 5.1 mediante los métodos iterativos de *LBL − x*, *LGS − x* y *LGL − ADI*. Considere una malla numérica de 81x41 para un Re = 300 y una razón de expansión de 1.5. ¿Cuál de los métodos iterativos hizo menos iteraciones para la solución del ejercicio?.

6.7 Use el método iterativo *LBL − ADI* para obtener la solución numérica del ejercicio 5.3. Considere diferentes mallas numéricas desde 11x11 hasta 81x81 nodos computacionales. Para cada solución, incremente 10 nodos computacionales en cada dirección. Realice una gráfica del número de Nusselt promedio en función del número de nodos.

CAPÍTULO 7

Generación de Malla Computacional

7.1 Introducción

Se ha mostrado que la solución numérica de ecuaciones diferenciales parciales (EDPs) requiere de la discretización de las ecuaciones sobre un dominio discreto (malla computacional), el proceso de discretización reemplaza las ecuaciones diferenciales continuas con un sistema simultáneo de ecuaciones algebraicas discretas. Así, en el uso de una técnica numérica de solución, es necesario discretizar el campo usando una malla. Una malla es una colección de puntos discretos distribuida sobre un campo de cálculo, que se utiliza para la solución numérica de un grupo de ecuaciones diferenciales parciales.

Indistintamente del método numérico de solución, si la variable-solución varía fuertemente entre los puntos de malla se pueden obtener resultados no congruentes. Un remedio para ello, es usar más puntos discretos de malla y con ello las distancias entre los puntos se reducirán. Sin embargo, esto puede ser costoso desde el punto de vista computacional, ya que la solución requiere un mayor número de ecuaciones algebraicas. Por otro lado, cuando la geometría es irregular, principalmente la dificultad recae en la aplicación de las condiciones de frontera, ya que éstas no coincidirán con los ejes coordenados y tendrán que ser interpoladas con los nodos interiores, para generar una expresión discreta en los nodos próximos a las fronteras. Tales interpolaciones producen grandes errores en la vecindad de curvaturas pronunciadas o irregularidades de una geometría (Özisik,

1994). Por lo tanto, es difícil e inexacto resolver problemas con métodos tradicionales sobre regiones con geometrías irregulares y/o complejas.

La solución y forma de la malla es un factor clave en la solución de la dinámica de fluidos computacional. En la práctica es frecuente distribuir los puntos de malla de acuerdo a las características del análisis, concentrando más puntos de malla en la región donde puede haber altos gradientes de la variable en análisis. Los cuerpos o espacios a modelar generalmente son geometrías irregulares o complejas, para llevar a cabo un análisis detallado sobre ellos, es necesario discretizar adecuadamente el espacio físico donde ocurre el fenómeno, para después aplicar sobre éste las ecuaciones de conservación, las cuales se resolverán por alguna técnica numérica. En general, el espaciado de malla debería ser suave y refinado para resolver cambios fuertes en los gradientes de la solución del fenómeno a analizar. La malla debe también construirse pensando en la eficiencia computacional del código. La exactitud de la aproximación numérica del fenómeno en estudio puede deteriorarse, si las celdas de malla cambian de manera brusca.

La generación de sistemas coordenados curvilíneos ha proporcionado la llave para desarrollar las soluciones de sistemas de EDP's sobre regiones con formas irregulares o complejas en las fronteras.

El uso de transformación de coordenadas y el mapeo de una región irregular a una regular sobre el dominio computacional aplicado a la técnica de volumen finito, es relativamente nuevo (Maliska, 2004). Muchas transformaciones están disponibles, en las cuales el dominio físico y el computacional están relacionados mediante expresiones algebraicas. La técnica avanzada de transformación de coordenadas propuesta por Thompson et al. (1977), permite realizar esta transformación en la solución de EDP's sobre el dominio regular computacional. En esta aproximación, una malla curvilínea se genera sobre el dominio físico tal que, un miembro de cada familia de líneas coordenadas es coincidente con la frontera del dominio físico. Por lo tanto, el esquema también se le llama "coordenadas de frontera ajustada o de cuerpo ajustado" (*boundary fitted coordinate* o *body fitted coordinate*).

Con los sistemas coordenados generados para mantener las líneas coordenadas coincidentes con las fronteras, pueden escribirse códigos numéricos, los cuales se aplican a configuraciones generales sin la necesidad de procedimientos especiales en las fronteras. Aun cuando las fronteras se encuentren en movimiento, el uso de tales sistemas coordenados permite que todos los cálculos se hagan en una malla arreglada con distribución uniforme de celdas cuadradas en el plano transformado. Esto simplifica la codificación de la solución, particularmente con respecto a las condiciones de frontera, las cuales pueden representarse sin necesidad de alguna interpolación. En la técnica de transformación de coordenadas desarrollada por Thompson et al. (1977), la solución se obtiene automáticamente al resolver las ecuaciones diferenciales parciales sobre el dominio computacional regular.

Es claro que, para resolver numéricamente problemas con geometrías irregulares o complejas en las áreas de mecánica de fluidos, transferencia de calor y masa, se requiere primero generar el dominio computacional (malla computacional) del sistema físico irregular.

7.2 Clasificación general

Las mallas se clasifican de acuerdo a su estructura en dos tipos: mallas estructuradas y mallas no-estructuradas. La diferencia básica entre una malla estructurada y una malla no-estructurada radica en la forma de agrupar los datos que describen la malla. Éstas a su vez se subdividen por los métodos empleados en su generación.

7.2.1 Mallas estructuradas

Una malla estructurada consiste generalmente de cuadriláteros (2D) y hexaedros (3D), los cuales son formados por un grupo de coordenadas y conexiones que naturalmente son mapeados en elementos de una matriz. Los puntos vecinos dentro de la malla en el espacio físico son los elementos vecinos en la matriz de la malla. De esta manera, un arreglo bidimensional (i, j) puede usarse para almacenar las coordenadas de los puntos para una malla en 2D (Figura 7.1). El índice i puede seleccionarse para describir los puntos en una dirección, mientras que el índice *j* describe la posición de los puntos en otra dirección. Por lo tanto, los índices *i* y *j* forman las dos familias de líneas curvilíneas. Esta idea se extiende naturalmente a tres dimensiones. La principal ventaja de una malla estructurada es la estructura global de la matriz, lo cual permite aplicar los algoritmos de solución de barrido de línea de manera directa, permitiendo el acople de códigos generales para la solución de fenómenos físicos. En otras palabras, la ventaja reside en la ordenación de los elementos en memoria de una computadora, ya que de esta forma, el acceso a los volúmenes vecinos respecto a uno dado resulta muy rápido y fácil, sin más que sumar o restar un número al valor de índice correspondiente. Las mallas estructuras pueden clasificarse en mallas ortogonales y mallas no-ortogonales. Las mallas ortogonales son aquellas en las que todas las líneas que la configuran se cortan entre sí con un ángulo de 90°.

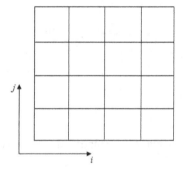

Figura 7.1 Estructura de la matriz para una malla estructurada.

7.2.2 Mallas no-estructuradas

En una malla no-estructurada los puntos no pueden ser representados de la misma manera que en las mallas estructuradas, entonces se requiere proveer información adicional para describir la malla. Para representar cualquier punto particular, la conexión con otros puntos puede definirse en la matriz de conectividad que se muestra en la Figura 7.2 (Thompson et al., 1999). En este caso, los volúmenes y los nodos de la malla no tienen un orden particular, es decir, los volúmenes o nodos cercanos a uno dado, no pueden identificarse directamente por sus índices. Los volúmenes de la malla son una mezcla de cuadriláteros y triángulos en 2D y de tetraedros y hexaedros en 3D. Este tipo de mallas ofrecen gran flexibilidad en el tratamiento de geometrías complejas. La principal ventaja de los mallados no-estructurados reside en que los triángulos (2D) o los tetraedros (3D), se pueden generar automáticamente, independientemente de la complejidad del dominio. El tiempo requerido por una computadora para generar un mallado no-estructurado es menor que el requerido para un mallado estructurado; sin embargo, se presenta la desventaja de que el espacio de memoria en una computadora para almacenar un mallado no-estructurado es mayor que el correspondiente para un mallado estructurado.

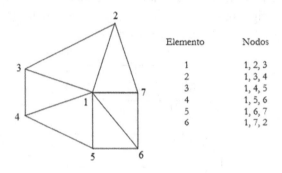

Figura 7.2 Representación de la matriz de conectividad de una malla no-estructurada.

La ventaja de una malla no-estructurada es que los puntos y conexiones no poseen ninguna estructura global. Es posible, entonces, agregar nodos o elementos como la geometría lo requiera. Por lo tanto, el uso de una malla no-estructurada es factible en la discretización de geometrías complejas. Sin embargo, la carencia de una estructura global en una malla no-estructurada hace que la aplicación de los algoritmos de solución de barrido de línea sean más difíciles de aplicar que en las mallas estructuradas, impactando directamente en el desarrollo del código computacional haciéndolo más complejo e incrementando el tiempo de cómputo en la solución de problemas en la que se aplique este tipo de discretización.

7.3 Generación de mallas estructuradas

En la literatura existen muchos métodos para la generación de mallas estructuradas. Fundamentalmente, éstos pueden clasificarse en algebraicos y diferenciales. Los algebraicos emplean diferentes tipos de interpolación, así como expresiones analíticas exactas y son bastante versátiles y rápidos. Los diferenciales, llamados así por que emplean sistemas de ecuaciones diferenciales, son más generales pero requieren un tiempo de cómputo sensiblemente mayor y una elaboración matemática más compleja que los métodos algebraicos.

7.3.1 Métodos algebraicos

En estos métodos, se usan ecuaciones algebraicas para relacionar los puntos de malla del dominio físico con el dominio computacional. Una vez definida la geometría del dominio físico y el dominio computacional construido, la malla en el dominio físico se obtiene mediante ecuaciones algebraicas. La base de estos métodos es el uso de técnicas de interpolación y relaciones algebraicas exactas, lo cual permite la obtención rápida de la malla. Esta es la mayor ventaja de los métodos algebraicos. Para ilustrar la generación de una malla a través de la técnica algebraica, considere el dominio físico representado en la Figura 7.3a.

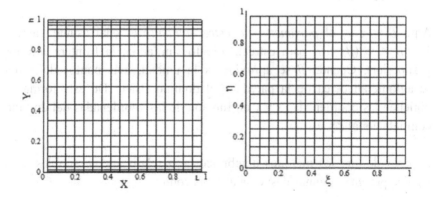

Figura 7.3 Mapeo o transformación algebraico: ((a) izquierda) Dominio físico y ((b) derecha) Dominio computacional

La transformación del dominio físico al computacional que se muestra en la Figura 7.3b, se realiza a través de las siguientes relaciones algebraicas (Maliska, 2004):

$$\xi = x \tag{7.1a}$$

$$\eta = \alpha + (1 - \alpha) \frac{\ln\left\{\dfrac{\left[\beta + \dfrac{y(2\alpha + 1)}{h} - 2\alpha\right]}{\left[\beta - \dfrac{y(2\alpha + 1)}{h} + 2\alpha\right]}\right\}}{\ln\left(\dfrac{\beta + 1}{\beta - 1}\right)} \tag{7.1b}$$

Las relaciones inversas son:

$$x = \xi \tag{7.2a}$$

$$y = \frac{A(\beta + 2\alpha) + 2\alpha - \beta}{\dfrac{(2\alpha + 1)}{h}(A + 1)} \tag{7.2b}$$

Donde, $A = e^{\left[\frac{\eta - \alpha}{1 - \alpha}\right] h \left[\frac{\beta + 1}{\beta - 1}\right]}$

Aquí β y α es el *parámetro de estrechamiento* el cual asume valores $1 < \beta < \infty$ ($\beta = \alpha$, para estrechamiento similar en la frontera inferior y superior). Cuando β se aproxima a la unidad, más puntos de malla se aglomeran cerca de la pared en el domino físico. De esta forma se obtienen las coordenadas x y y en función de las coordenadas del domino computacional ξ y η.

A pesar de que los métodos algebraicos son relativamente simples, esta técnica presenta algunas desventajas tales como:

- El método no tiene control del posicionamiento de los puntos, por lo tanto no garantiza una distribución suave de la malla.

- Si existieran curvas pronunciadas en la frontera, estas pueden propagarse al interior de la región que originan el traslape de líneas, causando problemas debido a las variaciones abruptas de las métricas.
- No siempre es posible encontrar ecuaciones algebraicas para el mapeo.

Los métodos algebraicos son apropiados para dominios simples, siendo difíciles de aplicar a regiones complejas. Los métodos algebraicos basados en interpolación se usan generalmente como complemento de los métodos diferenciales. Éstos sirven para calcular una primera aproximación de la malla en los métodos diferenciales.

7.3.2 Métodos diferenciales

En estos métodos se resuelve un sistema de EDP's para localizar los puntos en el interior del dominio físico, esto es, para generar la malla. Pueden clasificarse en sistemas elípticos, parabólicos e hiperbólicos, de acuerdo al tipo de ecuación diferencial que se utiliza para generar la malla.

7.3.2.1 EDP's hiperbólicas y parabólicas

Una alternativa para la generación de mallas vía EDP's es usar un sistema hiperbólico. Los sistemas hiperbólicos pueden tomar condiciones de frontera solo en una porción de la frontera. Por lo tanto, mientras los sistemas elípticos pueden producir una malla en el dominio entero a partir de la distribución de puntos en todas las fronteras, los sistemas hiperbólicos generan la malla hacia afuera partiendo de una porción de la frontera. Entonces, los sistemas hiperbólicos no pueden usarse para generar una malla en el dominio entero definido por sus fronteras.

El sistema parabólico se utiliza cuando la física del problema a resolver también es un modelo parabólico, pues no es necesario almacenar en la memoria de la computadora toda la malla, sólo se almacenan los planos (o líneas) de cálculo.

La generación de mallas mediante sistemas de EDP´s hiperbólicos y parabólicos es menos recurrida en la literatura, ya que estos sistemas se utilizan para mallar superficies abiertas y otros casos particulares.

7.3.2.2 EDP´s elípticas

Desde el trabajo pionero de Thompson et al. (1977) sobre generación de mallas a través de sistemas de EDP´s elípticos, se sabe que los sistemas elípticos de ecuaciones diferenciales parciales de segundo orden producen la mejor malla posible, en el sentido de suavidad y distribución de puntos de malla (Spekreijse, 1995). Los sistemas de generación de malla elípticos, cuasi-lineales de segundo orden, se llaman sistemas de Poisson con funciones de control a definir. Estas funciones de control sirven para el aglomeramiento de líneas de malla, tanto en las fronteras como en otras partes dentro del dominio donde se requiera.

Generar mallas numéricas mediante un sistema de EDP´s elípticas, presenta aspectos a favor, tales como:

- Proporciona una distribución suave de los puntos de malla, esto es, si existen fuertes curvaturas en las fronteras, estas no se propagaran en el interior del dominio.
- Permite la opción de aglomerar puntos de malla y ortogonalidad.
- Abarca problemas tridimensionales.
- El principio del máximo es satisfecho por la ecuación de Laplace involucrado en el método de coordenadas de cuerpo ajustado (Strauss, 1992), esto es, el máximo y el mínimo valor de la solución ocurren sobre las fronteras. Esto garantiza que el Jacobiano de la transformación no sea anulado en el dominio, lo que impide una indeterminación en el uso de las métricas. El principio del máximo también garantiza un mapeo uno a uno en el dominio computacional, en otras palabras, que las líneas coordenadas de la misma familia nunca se interceptarán entre sí (Maliska, 2004).

7.4 Mapeo de una región arbitraria

Generalmente, para fenómenos físicos que tienen lugar en geometrías sencillas, por ejemplo, una cavidad rectangular y la sección transversal de un tubo, se elige un sistema coordenado ortogonal adecuado. Estos sistemas coordenados no necesitan transformación alguna, es decir, el plano físico es igual al plano computacional. Sin embargo, cuando la geometría ya no puede representarse por los sistemas coordenados ortogonales, es necesario realizar una transformación (mapeo) de la región física arbitraria a una región computacional regular.

La principal ventaja del mapeo de una región arbitraria a una región regular es la sencillez con que se aplican las condiciones de frontera en la región regular, lo cual evita el uso de interpolaciones u otras aproximaciones para la aplicación de las mismas. El uso de la transformación de coordenadas y el mapeo de la región irregular en una regular sobre el dominio computacional no es nuevo. Están disponibles muchas transformaciones en las cuales el dominio físico y coordenadas computacionales se relacionan con expresiones algebraicas. Pero tales transformaciones son muy difíciles de construir excepto para algunas situaciones relativamente simples; para la mayoría de los casos multidimensionales es imposible encontrar una transformación.

Las regiones físicas que son transformadas en el dominio computacional pueden ser identificadas en las dos categorías siguientes: *región simplemente conectada* y *región múltiplemente conectada*.

7.4.1 Simplemente conectada

Considere una región irregular ABCDA en el plano físico *x*, *y* en coordenadas cartesianas como se ilustra en la Figura 7.4. A esta región se le llama simplemente conectada porque no contiene obstáculos dentro de la región.

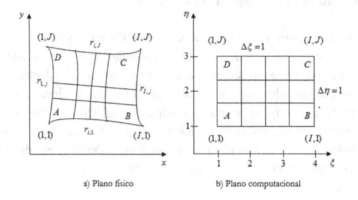

a) Plano físico   b) Plano computacional

Figura 7.4 Mapeo de una región irregular simplemente conectada en la región computacional como un rectángulo.

Esta región se mapea en el dominio computacional en coordenadas cartesianas ξ, η de tal manera que la región mapeada tendrá una forma rectangular y permitirá la construcción de una malla cuadrada sobre ella. Además, las fronteras del dominio físico coincidirán con las líneas coordenadas de las fronteras ξ, η de la región transformada en el dominio computacional. Una forma de realizar el mapeo es seleccionar los valores de ξ, η en dirección de las fronteras de la región física, esto es, los segmentos AB y CD en la región física son mapeados en el dominio computacional como líneas horizontales, mientras que los segmentos BC y DA son mapeados como líneas verticales como se ilustra en la Figura 7.4b. Se nota que, cada segmento frontera de la región irregular en el dominio físico es mapeado en los lados de una región rectangular en el domino computacional. Adicionalmente, deberá satisfacer los siguientes requerimientos:

1. El mapeo del dominio físico al computacional debe ser uno a uno.
2. Las líneas coordenadas de la misma familia no deben de cruzarse (ξ o η).
3. Las líneas coordenadas de diferentes familias no deben de cruzarse más de una vez.

Para llevar a cabo estos requerimientos, se necesita una organización apropiada de los puntos de malla en dirección de las fronteras del dominio físico. Eso es, si se coloca I puntos en dirección de la frontera inferior, segmento AB del dominio físico; I puntos de malla también deben ser colocados en dirección de la frontera opuesta, segmento CD del dominio físico. Similarmente, si se coloca J puntos de malla en dirección de la frontera derecha, segmento BC del dominio físico; J puntos de malla también deben colocarse en dirección del segmento DA. Además la identificación de los I puntos de malla colocados en dirección de la frontera inferior AB y los I puntos de malla colocados en dirección del segmento CD deben satisfacer la siguiente organización.

Los valores del vector de posición $r_{i,j}$ en dirección de segmento frontera AB se seleccionan como $r_{i,1}$ $(i = 1,2,3,...I)$ y aquellos en dirección del segmento CD como $r_{i,J}$ $(i = 1,2,3,...I)$. La identificación de los J puntos de malla en dirección de los segmentos frontera BC y DA se hacen de manera similar. Estos puntos se localizan en dirección de los segmentos frontera en cualquier distribución arbitraria. Si las regiones de grandes gradientes se conocen a priori en el dominio físico, los puntos pueden concentrarse en tales áreas.

Los valores actuales de ζ y η en el dominio computacional son inmateriales, porque no aparecen en las expresiones finales. Por lo tanto, sin perder generalidad, se puede seleccionar las coordenadas del nodo A en el dominio computacional como $\zeta = \eta = 1$ y el tamaño de malla como $\Delta\zeta = \Delta\eta = 1$. De esta manera, en el dominio computacional se puede construir una malla cuadrada sobre la región rectangular transformada.

7.4.2 Múltiplemente conectada

Ahora se considera una región irregular en el dominio físico con un obstáculo en la parte interior como se ilustra en la Figura 7.5a. La región mostrada en la Figura 7.5a es una región doblemente conectada, porque hay un solo obstáculo dentro de la región. Cuando hay más de un obstáculo dentro de la región, la región se llama región múltiplemente conectada. Se consideran las siguientes dos posibilidades para el mapeo de una región doblemente conectada.

En la primera aproximación, la región física irregular doblemente conectada se mapea en el dominio computacional como una región rectangular doblemente conectada con una ventana rectangular como se ilustra en la Figura 7.5b. Esto se lleva a cabo seleccionando los valores de ξ, η en dirección de las fronteras del dominio físico.

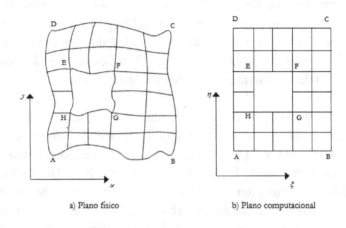

a) Plano físico   b) Plano computacional

Figura 7.5 Mapeo de una región irregular doblemente conectada en una región rectangular.

En la segunda aproximación, la región irregular doblemente conectada se mapea en el dominio computacional como una región simplemente conectada rectangular por un corte divisorio como se ilustra en la Figura 7.6. El bosquejo superior de la figura muestra como las pseudo-fronteras BC y AD se generan por el corte divisorio. El segundo bosquejo ilustra el procedimiento de alargamiento hacia el mapeo final en la forma de una región rectangular simplemente conectada. Así, la Figura 7.6 ilustra como i puntos de malla se seleccionan sobre el interior y fuera de las fronteras, mientras que j puntos de malla se seleccionan sobre las pseudo-fronteras BC y AD. Las pseudo-fronteras en la izquierda y derecha de la región rectangular corresponden a la misma curva en el dominio físico, por lo tanto se puede escribir 1, $i = Nx$, j, para $j = 1,2,...,Ny$. A través del pseudo-corte, las direcciones de ξ y η son continuas.

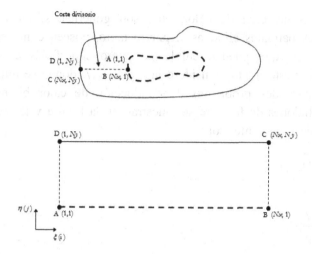

Figura 7.6 Mapeo de una región doblemente conectada en una región simplemente conectada usando un corte divisorio.

7.5 Transformación de coordenadas

En una discretización estructurada los volúmenes elementales, se forman mediante líneas o superficies coordenadas y se encuentran rodeados por la misma cantidad de elementos de volumen, a excepción de los volúmenes frontera. Entonces, dependiendo de la geometría del dominio de cálculo, es necesario generar un sistema de coordenadas curvilíneas que se adapte a esta discretización.

Obtener un sistema de coordenadas significa determinar las funciones $\xi = \xi(x, y, z)$, $\eta = \eta(x, y, z)$ y $\zeta = \zeta(x, y, z)$ que satisfagan todas las propiedades matemáticas de una transformación de coordenadas.

7.5.1 Uso de EDP´s elípticas

La motivación de usar EDP´s elípticas para la generación de mallas es debido a que muchos de los problemas de campo, flujo potencial, campos eléctricos, conducción de calor, etc., son gobernados por ecuaciones diferenciales parciales elípticas y, por lo tanto, poseen como soluciones iso-superficies, que pueden emplearse como superficies coordenadas. Para explorar este punto, considere la Figura 7.7, donde se muestran las isotermas para dos problemas de conducción de calor bidimensional, cuyas condiciones de frontera se muestran en la Figura y las ecuaciones diferenciales gobernantes son:

$$\frac{\partial^2 T_1}{\partial x^2} + \frac{\partial^2 T_1}{\partial y^2} = 0 \tag{7.3}$$

$$\frac{\partial^2 T_2}{\partial x^2} + \frac{\partial^2 T_2}{\partial y^2} = 0 \tag{7.4}$$

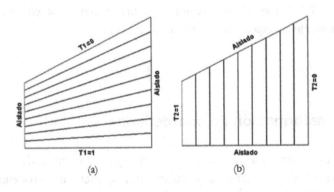

Figura 7.7 Isotermas obtenidas para un problema de conducción.

Las dos soluciones pueden ser superpuestas para obtener la malla que se muestra en la Figura 7.8, que puede emplearse para la solución numérica de cualquier otro problema físico. Es claro que, resolviendo las Ecs. (7.3) y (7.4), con las condiciones de frontera dadas, la malla resultante de la superposición de las isotermas será ortogonal. En este caso, es posible mostrar que las isotermas de un problema son las líneas de flujo de calor del otro y viceversa (Maliska, 2004).

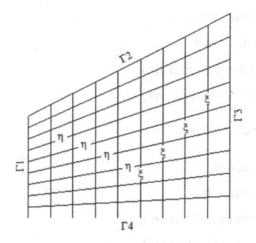

Figura 7.8 Sistema coordenado obtenido con la superposición de las isotermas.

Entonces, si se reemplaza, $T_1 = \xi$ y $T_2 = \eta$, el sistema generador resultante es,

$$\nabla^2 \xi = 0 \tag{7.5}$$

$$\nabla^2 \eta = 0 \tag{7.6}$$

Las soluciones de las Ecs. (7.3) y (7.4) o las Ecs. (7.5) y (7.6) forman la malla, como se muestra en la Figura 7.8. Las condiciones de frontera empleadas hacen que la malla resultante sea ortogonal. Entretanto, las condiciones de frontera de la derivada nula no se adoptan ya que provoca que la solución del sistema de ecuaciones sea más complicada y computacionalmente más lenta. Entonces, se adoptan condiciones de frontera de Dirichlet en todas las fronteras. Para la variable ξ, se tiene,

$$\xi = \xi_1 = cons \tan te \ en \ \Gamma_1$$
$$\xi = \xi_N = cons \tan te \ en \ \Gamma_3$$
$$\xi \Rightarrow distirbución \ especifica \ en \ \Gamma_2$$
$$\xi \Rightarrow distirbución \ especifica \ en \ \Gamma_4$$

(7.7)

y, para la variable η, se tiene,

$$\eta = \eta_1 = cons \tan te \ en \ \Gamma_4$$
$$\eta = \eta_N = cons \tan te \ en \ \Gamma_2$$
$$\eta \Rightarrow distirbución \ especifica \ en \ \Gamma_1$$
$$\eta \Rightarrow distirbución \ especifica \ en \ \Gamma_3$$

(7.8)

Con las condiciones de frontera dadas por las Ecs. (7.7) y (7.8), el sistema coordenado resultante no será ortogonal. Especificar una distribución dada de ξ, o (T_1) en Γ_2 y Γ_4 es equivalente a establecer un punto de salida de Γ_4 y un punto de llegada en Γ_2, de una determinada isoterma. Esta condición de frontera no es equivalente a la derivada nula en Γ_2 y Γ_4, la cual origina una malla ortogonal. Por otro lado, teniendo un buen sentido en la especificación de los puntos donde ξ encuentra Γ_2 y Γ_4 y donde η encuentra Γ_1 y Γ_3, es posible generar sistemas cuasi-ortogonales (Maliska, 2004).

De la Figura 7.9, para la ecuación diferencial de ξ, se tiene, en Γ_1, $\xi = 1$; en Γ_3, $\xi = 5$; en Γ_2, $\xi = 1,2,3,4$ y 5 en puntos seleccionados en el contorno. En Γ_4, nuevamente los puntos seleccionados del contorno, $\xi = 1,2,3,4$ y 5. Observe que, en este caso las distribuciones de ξ sobre las fronteras Γ_2 y Γ_4 fueron discretas, más, lógicamente pueden ser funciones en forma cerrada, si la ecuación diferencial para ξ tiene solución analítica. La solución de la ecuación diferencial para ξ proporciona la distribución deseada. Haciendo las iso-líneas de valores ξ igual a 2, 3, y 4 (las líneas de ξ igual a 1 y 5 son conocidas), se tienen las líneas coordenadas ξ determinadas. Adoptando exactamente el mismo procedimiento para la ecuación diferencial de η, se tienen las líneas coordenadas η determinadas (Maliska, 2004).

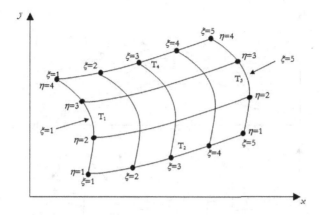

Figura 7.9 Condiciones de contorno para ξ y η (adaptado de Maliska, 2004).

La característica más importante de las Ecs. (7.5) y (7.6) es que la ecuación de Laplace da origen a coordenadas que presentan una mayor posibilidad de uniformidad de malla, es decir, mejor distribución de puntos de malla. Entonces, mediante estas Ecs. (7.5) y (7.6) se obtienen celdas curvilíneas que varían de manera gradual formadas por las líneas ξ y η. En las superficies convexas, la tendencia es concentrar las líneas coordenadas, al contrario de las cóncavas, conforme se muestra en la Figura 7.10. También, es necesaria la concentración de líneas junto a la pared, por ejemplo, en la superficie cóncava mostrada en la Figura 7.10, entonces deben introducirse términos fuente en la Ec. (7.6). El sistema generador, que incluye términos fuente para permitir la concentración de líneas donde se requiera, tiene la siguiente forma (Maliska, 2004),

$$\nabla^2 \xi = P(\xi,\eta) \tag{7.9}$$

$$\nabla^2 \eta = Q(\xi,\eta) \tag{7.10}$$

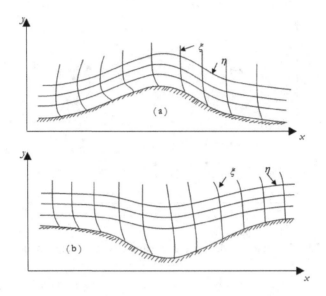

Figura 7.10 Comportamiento de la ecuación de Laplace en superficies convexas y cóncavas (adaptado de Maliska, 2004).

7.5.2 Transformación de las ecuaciones

Las Ecs. (7.9) y (7.10) poseen como variables dependientes a ξ y η y, lógicamente x y y como independientes. Es necesario invertir las Ecs. (7.9) y (7.10) para que tengan como variables dependientes a x y y. Las Ecs. (7.9) y (7.10) son ecuaciones diferenciales parciales y el dominio de la solución es arbitrario, la solución analítica de las mismas no siempre es posible. Por otra parte, la solución numérica recae en el problema que se quiere evitar, esto es, resolver ecuaciones diferenciales en dominios arbitrarios.

La solución propuesta por Maliska (2004) es resolver las ecuaciones generadoras del sistema coordenado, Ecs. (7.9) y (7.10), en el sistema de coordenadas curvilíneas (plano computacional transformado). De esta forma, tanto **las ecuaciones generadoras de malla y las ecuaciones del problema físico, son resueltas en el plano transformado**. Se necesita entonces, transformar las ecuaciones generadoras para el sistema (ξ, η, ζ), el caso de tres dimensiones o (ξ, η) en el caso bidimensional.

La transformación entre las coordenadas x, y y ξ, η (caso bidimensional) debería ser tal que las fronteras del dominio físico deben coincidir con las coordenadas curvilíneas, de esta manera no se necesita una interpolación para el nodo frontera. Por otro lado, el mapeo o transformación a un plano o dominio computacional no necesariamente está restringido a las coordenadas cartesianas, ello puede también ser en coordenadas polares o esféricas.

Para mostrar el caso general, las ecuaciones del caso tridimensional se transforman a continuación. Las ecuaciones de generación equivalentes a (7.9) y (7.10) para el caso tridimensional son de Maliska (1981, 2004):

$$\nabla^2 \xi = P(\xi, \eta, \zeta) \tag{7.11}$$

$$\nabla^2 \eta = Q(\xi, \eta, \zeta) \tag{7.12}$$

$$\nabla^2 \zeta = R(\xi, \eta, \zeta) \tag{7.13}$$

dada la trasformación,

$$\xi = \xi(x, y, z) \tag{7.14}$$

$$\eta = \eta(x, y, z) \tag{7.15}$$

$$\zeta = \zeta(x, y, z) \tag{7.16}$$

es posible obtener las expresiones para las derivadas de primero y segundo orden de una función f a través de la regla de la cadena. Estas expresiones son,

$$f_x = f_\xi \xi_x + f_\eta \eta_x + f_\zeta \zeta_x \tag{7.17}$$

$$f_y = f_\xi \xi_y + f_\eta \eta_y + f_\zeta \zeta_y \tag{7.18}$$

$$f_z = f_\xi \xi_z + f_\eta \eta_z + f_\zeta \zeta_z \tag{7.19}$$

$$f_{xx} = f_\xi \xi_{xx} + f_\eta \eta_{xx} + f_\zeta \zeta_{xx} + $$
$$\xi_x^2 f_{\xi\xi} + \eta_x^2 f_{\eta\eta} + \zeta_x^2 f_{\zeta\zeta} + 2\xi_x \eta_x f_{\xi\eta} + 2\xi_x \zeta_x f_{\xi\zeta} + 2\eta_x \zeta_x f_{\eta\zeta} \tag{7.20}$$

$$f_{yy} = f_\xi \xi_{yy} + f_\eta \eta_{yy} + f_\zeta \zeta_{yy} + $$
$$\xi_y^2 f_{\xi\xi} + \eta_y^2 f_{\eta\eta} + \zeta_y^2 f_{\zeta\zeta} + 2\xi_y \eta_y f_{\xi\eta} + 2\xi_y \zeta_y f_{\xi\zeta} + 2\eta_y \zeta_y f_{\eta\zeta} \tag{7.21}$$

$$f_{zz} = f_\xi \xi_{zz} + f_\eta \eta_{zz} + f_\zeta \zeta_{zz} + $$
$$\xi_z^2 f_{\xi\xi} + \eta_z^2 f_{\eta\eta} + \zeta_z^2 f_{\zeta\zeta} + 2\xi_z \eta_z f_{\xi\eta} + 2\xi_z \zeta_z f_{\xi\zeta} + 2\eta_z \zeta_z f_{\eta\zeta} \tag{7.22}$$

Donde ξ_i, η_i, ζ_i, son las derivadas parciales respecto al eje coordenado indicado en el subíndice. Haciendo $f = x$, y y z, en la Ec. (7.20), se encuentra,

$$0 = x_\xi \xi_{xx} + x_\eta \eta_{xx} + x_\zeta \zeta_{xx} + E_1 \tag{7.23}$$

$$0 = y_\xi \xi_{xx} + y_\eta \eta_{xx} + y_\zeta \zeta_{xx} + F_1 \tag{7.24}$$

$$0 = z_\xi \xi_{xx} + z_\eta \eta_{xx} + z_\zeta \zeta_{xx} + G_1 \tag{7.25}$$

donde E_1, F_1 y G_1 están dados por,

$$E_1 = \xi_x^2 x_{\xi\xi} + \eta_x^2 x_{\eta\eta} + \zeta_x^2 x_{\zeta\zeta} + 2\xi_x \eta_x x_{\xi\eta} + 2\xi_x \zeta_x x_{\xi\zeta} + 2\eta_x \zeta_x x_{\eta\zeta} \tag{7.26}$$

$$F_1 = \xi_x^2 y_{\xi\xi} + \eta_x^2 y_{\eta\eta} + \zeta_x^2 y_{\zeta\zeta} + 2\xi_x \eta_x y_{\xi\eta} + 2\xi_x \zeta_x y_{\xi\zeta} + 2\eta_x \zeta_x y_{\eta\zeta} \tag{7.27}$$

$$G_1 = \xi_x^2 z_{\xi\xi} + \eta_x^2 z_{\eta\eta} + \zeta_x^2 z_{\zeta\zeta} + 2\xi_x \eta_x z_{\xi\eta} + 2\xi_x \zeta_x z_{\xi\zeta} + 2\eta_x \zeta_x z_{\eta\zeta} \tag{7.28}$$

El sistema dado por las Ecs. (7.23) a (7.25) puede escribirse en forma matricial como,

$$\begin{bmatrix} x_\xi & x_\eta & x_\zeta \\ y_\xi & y_\eta & y_\zeta \\ z_\xi & z_\eta & z_\zeta \end{bmatrix} \begin{bmatrix} \xi_{xx} \\ \eta_{xx} \\ \zeta_{xx} \end{bmatrix} = -\begin{bmatrix} E_1 \\ F_1 \\ G_1 \end{bmatrix} \tag{7.29}$$

De forma semejante, haciendo $f = x$, y y z, en la Ec. (7.21), se encuentra,

$$0 = x_\xi \xi_{yy} + x_\eta \eta_{yy} + x_\zeta \zeta_{yy} + E_2 \tag{7.30}$$

$$0 = y_\xi \xi_{yy} + y_\eta \eta_{yy} + y_\zeta \zeta_{yy} + F_2 \tag{7.31}$$

$$0 = z_\xi \xi_{yy} + z_\eta \eta_{yy} + z_\zeta \zeta_{yy} + G_2 \tag{7.32}$$

donde E_2, F_2 y G_2 están dados por,

$$E_2 = \xi_y^2 x_{\xi\xi} + \eta_y^2 x_{\eta\eta} + \zeta_y^2 x_{\zeta\zeta} + 2\xi_y\eta_y x_{\xi\eta} + 2\xi_y\zeta_y x_{\xi\zeta} + 2\eta_y\zeta_y x_{\eta\zeta} \tag{7.33}$$

$$F_2 = \xi_y^2 y_{\xi\xi} + \eta_y^2 y_{\eta\eta} + \zeta_y^2 y_{\zeta\zeta} + 2\xi_y\eta_y y_{\xi\eta} + 2\xi_y\zeta_y y_{\xi\zeta} + 2\eta_y\zeta_y y_{\eta\zeta} \tag{7.34}$$

$$G_2 = \xi_y^2 z_{\xi\xi} + \eta_y^2 z_{\eta\eta} + \zeta_y^2 z_{\zeta\zeta} + 2\xi_y\eta_y z_{\xi\eta} + 2\xi_y\zeta_y z_{\xi\zeta} + 2\eta_y\zeta_y z_{\eta\zeta} \tag{7.35}$$

ó, en forma matricial,

$$\begin{bmatrix} x_\xi & x_\eta & x_\zeta \\ y_\xi & y_\eta & y_\zeta \\ z_\xi & z_\eta & z_\zeta \end{bmatrix} \begin{bmatrix} \xi_{yy} \\ \eta_{yy} \\ \zeta_{yy} \end{bmatrix} = - \begin{bmatrix} E_2 \\ F_2 \\ G_2 \end{bmatrix} \tag{7.36}$$

De forma análoga, haciendo $f = x$, y y z, en la Ec. (7.22), se encuentra,

$$0 = x_\xi \xi_{zz} + x_\eta \eta_{zz} + x_\zeta \zeta_{zz} + E_3 \tag{7.37}$$

$$0 = y_\xi \xi_{zz} + y_\eta \eta_{zz} + y_\zeta \zeta_{zz} + F_3 \tag{7.38}$$

$$0 = z_\xi \xi_{zz} + z_\eta \eta_{zz} + z_\zeta \zeta_{zz} + G_3 \tag{7.39}$$

donde E_3, F_3 y G_3 están dados por,

$$E_3 = \xi_z^2 x_{\xi\xi} + \eta_z^2 x_{\eta\eta} + \zeta_z^2 x_{\zeta\zeta} + 2\xi_z\eta_z x_{\xi\eta} + 2\xi_z\zeta_z x_{\xi\zeta} + 2\eta_z\zeta_z x_{\eta\zeta} \tag{7.40}$$

$$F_3 = \xi_z^2 y_{\xi\xi} + \eta_z^2 y_{\eta\eta} + \zeta_z^2 y_{\zeta\zeta} + 2\xi_z\eta_z y_{\xi\eta} + 2\xi_z\zeta_z y_{\xi\zeta} + 2\eta_z\zeta_z y_{\eta\zeta} \tag{7.41}$$

$$G_3 = \xi_z^2 z_{\xi\xi} + \eta_z^2 z_{\eta\eta} + \zeta_z^2 z_{\zeta\zeta} + 2\xi_z\eta_z z_{\xi\eta} + 2\xi_z\zeta_z z_{\xi\zeta} + 2\eta_z\zeta_z z_{\eta\zeta} \tag{7.42}$$

ó, en forma matricial,

$$\begin{bmatrix} x_\xi & x_\eta & x_\zeta \\ y_\xi & y_\eta & y_\zeta \\ z_\xi & z_\eta & z_\zeta \end{bmatrix} \begin{bmatrix} \xi_{zz} \\ \eta_{zz} \\ \zeta_{zz} \end{bmatrix} = - \begin{bmatrix} E_3 \\ F_3 \\ G_3 \end{bmatrix} \tag{7.43}$$

La solución de los sistemas dados por las Ecs. (7.29), (7.36) y (7.43), es,

$$\xi_{xx} = -\left(E_1\xi_x + F_1\xi_y + G_1\xi_z\right) \tag{7.44}$$

$$\eta_{xx} = -\left(E_1\eta_x + F_1\eta_y + G_1\eta_z\right) \tag{7.45}$$

$$\zeta_{xx} = -\left(E_1\zeta_x + F_1\zeta_y + G_1\zeta_z\right) \tag{7.46}$$

$$\xi_{yy} = -\left(E_2\xi_x + F_2\xi_y + G_2\xi_z\right) \tag{7.47}$$

$$\eta_{yy} = -\left(E_2\eta_x + F_2\eta_y + G_2\eta_z\right) \tag{7.48}$$

$$\zeta_{yy} = -\left(E_2\zeta_x + F_2\zeta_y + G_2\zeta_z\right) \tag{7.49}$$

$$\xi_{zz} = -\left(E_3\xi_x + F_3\xi_y + G_3\xi_z\right) \tag{7.50}$$

$$\eta_{zz} = -\left(E_3\eta_x + F_3\eta_y + G_3\eta_z\right) \tag{7.51}$$

$$\zeta_{zz} = -\left(E_3\zeta_x + F_3\zeta_y + G_3\zeta_z\right) \tag{7.52}$$

Introduciendo las ecuaciones anteriores en las Ecs. (7.11) a (7.13), se llega a,

$$-\left(E_1 + E_2 + E_3\right)\xi_x - \left(F_1 + F_2 + F_3\right)\xi_y - \left(G_1 + G_2 + G_3\right)\xi_z = P(\xi,\eta,\zeta) \tag{7.53}$$

$$-\left(E_1 + E_2 + E_3\right)\eta_x - \left(F_1 + F_2 + F_3\right)\eta_y - \left(G_1 + G_2 + G_3\right)\eta_z = Q(\xi,\eta,\zeta) \tag{7.54}$$

$$-\left(E_1 + E_2 + E_3\right)\zeta_x - \left(F_1 + F_2 + F_3\right)\zeta_y - \left(G_1 + G_2 + G_3\right)\zeta_z = R(\xi,\eta,\zeta) \tag{7.55}$$

Haciendo $E_1 + E_2 + E_3 = E$, $F_1 + F_2 + F_3 = F$ y $G_1 + G_2 + G_3 = G$, se tiene, en forma matricial,

$$\begin{bmatrix} \xi_x & \xi_y & \xi_z \\ \eta_x & \eta_y & \eta_z \\ \zeta_x & \zeta_y & \zeta_z \end{bmatrix} \begin{bmatrix} E \\ F \\ G \end{bmatrix} = -\begin{bmatrix} P \\ Q \\ R \end{bmatrix} \tag{7.56}$$

Resolviendo este sistema, se encuentra que,

$$E = -\frac{\left[P\left(\eta_y\zeta_z - \eta_z\zeta_y\right) + Q\left(\xi_z\zeta_y - \xi_y\zeta_z\right) + R\left(\xi_y\eta_z - \xi_z\eta_y\right)\right]}{J} \tag{7.57}$$

$$F = -\frac{\left[P\left(\eta_z\xi_x - \eta_x\xi_z\right) + Q\left(\xi_x\zeta_z - \xi_z\zeta_x\right) + R\left(\xi_z\eta_x - \xi_x\eta_z\right)\right]}{J} \tag{7.58}$$

$$G = -\frac{\left[P\left(\eta_x\zeta_y - \eta_y\zeta_x\right) + Q\left(\xi_y\zeta_x - \xi_x\zeta_y\right) + R\left(\xi_x\eta_y - \xi_y\eta_x\right)\right]}{J} \tag{7.59}$$

Sustituyendo las ecuaciones de arriba en las expresiones para E, F y G, obtenidas de las expresiones para E_1, F_1, F_1, E_2, F_2 etc., se encuentran las ecuaciones transformadas, dadas por:

$$a\,x_{\xi\xi} + b\,x_{\eta\eta} + c\,x_{\zeta\zeta} + 2d\,x_{\xi\eta} + 2e\,x_{\zeta\xi} + 2f\,x_{\eta\zeta} = E \tag{7.60}$$

$$a\,y_{\xi\xi} + b\,y_{\eta\eta} + c\,y_{\zeta\zeta} + 2d\,y_{\xi\eta} + 2e\,y_{\zeta\xi} + 2f\,y_{\eta\zeta} = F \tag{7.61}$$

$$a\,z_{\xi\xi} + b\,z_{\eta\eta} + c\,z_{\zeta\zeta} + 2d\,z_{\xi\eta} + 2e\,z_{\zeta\xi} + 2f\,z_{\eta\zeta} = G \tag{7.62}$$

donde,

$$a = \xi_x^2 + \xi_y^2 + \xi_z^2 \tag{7.63}$$

$$b = \eta_x^2 + \eta_y^2 + \eta_z^2 \tag{7.64}$$

$$c = \zeta_x^2 + \zeta_y^2 + \zeta_z^2 \tag{7.65}$$

$$d = \xi_x\eta_x + \xi_y\eta_y + \xi_z\eta_z \tag{7.66}$$

$$f = \eta_x\zeta_x + \eta_y\zeta_y + \eta_z\zeta_z \tag{7.67}$$

$$e = \zeta_x \xi_x + \zeta_y \xi_y + \zeta_z \xi_z \tag{7.68}$$

Usando las relaciones de transformación inversa, dadas por la Ec. (A12) del apéndice A, para sustituir las métricas de los términos E, F y G, se llega a,

$$a x_{\xi\xi} + b x_{\eta\eta} + c x_{\zeta\zeta} + 2d x_{\xi\eta} + 2e x_{\xi\zeta} + 2f x_{\eta\zeta} + \left(P x_{\xi} + Q x_{\eta} + R x_{\zeta} \right) = 0 \tag{7.69}$$

$$a y_{\xi\xi} + b y_{\eta\eta} + c y_{\zeta\zeta} + 2d y_{\xi\eta} + 2e y_{\xi\zeta} + 2f y_{\eta\zeta} + \left(P y_{\xi} + Q y_{\eta} + R y_{\zeta} \right) = 0 \tag{7.70}$$

$$a z_{\xi\xi} + b z_{\eta\eta} + c z_{\zeta\zeta} + 2d z_{\xi\eta} + 2e z_{\xi\zeta} + 2f z_{\eta\zeta} + \left(P z_{\xi} + Q z_{\eta} + R z_{\zeta} \right) = 0 \tag{7.71}$$

Se observa que los coeficientes a, b, c, d, e y f, cuyas expresiones ya fueron escritas anteriormente, también pueden ser escritos en función de las derivadas de x, y, z en relación a ξ, η, ζ, usando la Ec. (A12).

Las Ecs. (7.60) a (7.62) poseen como variables dependientes las coordenadas (x, y, z) e independientes (ξ, η, ζ). Por lo tanto, la solución de las mismas proporcionará los puntos (x, y, z) del nuevo sistema coordenado. Lo conveniente, ahora, es que las variables independientes pertenecen a un plano computacional fijo y regular, un paralelepípedo en el caso tridimensional. Así, con la transformación de las ecuaciones de generación al plano transformado, desaparece el problema de resolver las Ecs. (7.11) a (7.13) en un dominio irregular. Naturalmente, las ecuaciones transformadas son más complejas y, también, acopladas entre sí a través de los coeficientes (Maliska, 2004).

Como las ecuaciones de generación transformadas, dadas por las Ecs. (7.69) a (7.71), no poseen solución analítica fácil, las mismas suelen ser resueltas numéricamente. Para el caso bidimensional, las ecuaciones de generación simplificadas tienen la forma,

$$\alpha x_{\xi\xi} + \gamma x_{\eta\eta} - 2\beta x_{\xi\eta} + \left(\frac{1}{J^2} \right) \left(P x_{\xi} + Q x_{\eta} \right) = 0 \tag{7.72}$$

$$\alpha y_{\xi\xi} + \gamma y_{\eta\eta} - 2\beta y_{\xi\eta} + \left(\frac{1}{J^2} \right) \left(P y_{\xi} + Q y_{\eta} \right) = 0 \tag{7.73}$$

donde,

$$\alpha = g_{22} = x_n^2 + y_n^2$$

$$\gamma = g_{11} = x_\xi^2 + y_\xi^2 \qquad (7.74)$$

$$\beta = g_{12} = g_{12} = x_\xi x_\eta + y_\xi y_\eta$$

son las componentes del tensor métrico g_{ij} asociado a la transformación y J es el Jacobiano de la transformación dado por,

$$J = \left(x_\xi y_\eta - x_\eta y_\xi \right)^{-1} \qquad (7.75)$$

7.5.3 Condiciones de frontera para las ecuaciones transformadas

Como x y y son variables dependientes en las ecuaciones transformadas, para ellas se deben especificar las condiciones de frontera que aparecen naturalmente de la definición de la geometría del problema. En la Figura 7.11, por ejemplo, se muestran los puntos que definen la geometría los cuales poseen coordenadas x y y conocidas. En el plano transformado de la Figura 7.12, estos puntos aparecen en círculos sobre los segmentos $\overline{AB}$, $\overline{BC}$, $\overline{CD}$, y $\overline{DA}$. En el plano transformado, por lo tanto, todos los valores de x y y son conocidos sobre la frontera y se utilizan como condiciones de frontera de las ecuaciones de generación.

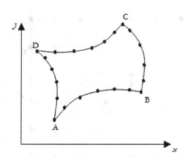

Figura 7.11 Condiciones de contorno para x y y (adaptado de Maliska, 2004).

Como ξ y η son las variables independientes en este procedimiento, se puede asignar valores arbitrarios a ellas. Por ejemplo, en la Figura 7.12 se puede atribuir a ξ valores de 1 a N, siendo N el número de líneas en el dominio físico. De esta forma, $\Delta\xi$ es igual a 1, lo que es conveniente en la implementación del código computacional. De manera semejante, $\Delta\eta$ puede definirse unitario (Maliska, 2004).

En la solución de las Ecs. (7.72) y (7.73), en muchas situaciones, usando los factores P y Q para atraer las líneas coordenadas, no es posible dar la distribución deseada a las mismas en el interior del dominio. En este caso, la técnica que puede usarse es especificar también los valores de x y y para algunos puntos internos, forzando a las líneas coordenadas a pasar por ellos. Es un procedimiento que funciona bien, pues algunos puntos internos seleccionados adecuadamente pueden dar la característica deseada a la malla. De esta forma, al resolver las ecuaciones de generación, debe tomarse en cuenta que ya existen puntos internos conocidos y que los mismos no necesitan calcularse. El proceso es equivalente a la especificación de las condiciones de frontera. La Figura 7.13 muestra la situación donde sería difícil atraer las líneas coordenadas para la esquina, y las mismas son, entonces, forzadas a pasar por los puntos A, B y C (Maliska, 2004). Esto puede hacerse en cualquier región del dominio.

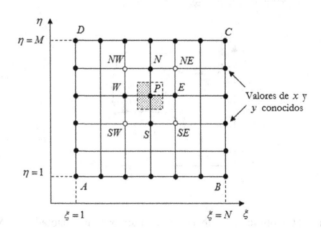

Figura 7.12 Condiciones de frontera para x y y en el plano físico transformado (adaptado de Maliska, 2004).

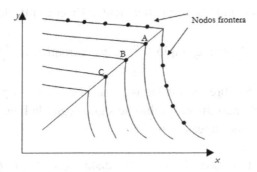

Figura 7.13 Especificación de puntos internos (adaptado de Maliska, 2004).

7.5.4 Funciones de control de malla

Las funciones de control de malla $P(\xi,\eta)$ y $Q(\xi,\eta)$ se usan para concentrar las líneas de malla en las regiones donde puede haber fuertes gradientes de la variable a analizar o en regiones de interés. Por ejemplo, en problemas de convección natural ocurren grandes gradientes cerca de las paredes, por lo tanto, los puntos de malla necesitan concentrarse en tales lugares, Thompson et al. (1977, 1999) especificaron las funciones $P(\xi,\eta)$ y $Q(\xi,\eta)$ de la siguiente forma:

$$P(\xi,\eta)=-\underbrace{\sum_{j=1}^{N}a_{j}\frac{\left(\xi-\xi_{j}\right)}{\left|\xi-\xi_{j}\right|}e^{-c_{j}\left|\xi-\xi_{j}\right|}}_{P_{1}}-\underbrace{\sum_{i=1}^{M}b_{i}\frac{\left(\xi-\xi_{i}\right)}{\left|\xi-\xi_{i}\right|}e^{-d_{i}\sqrt{\left(\xi-\xi_{i}\right)^{2}+\left(\eta-\eta_{i}\right)^{2}}}}_{P_{2}} \qquad (7.76)$$

$$Q(\xi,\eta)=-\underbrace{\sum_{j=1}^{N}a_{j}^{*}\frac{\left(\eta-\eta_{j}\right)}{\left|\eta-\eta_{j}\right|}e^{-c_{j}^{*}\left|\eta-\eta_{j}\right|}}_{Q_{1}}-\underbrace{\sum_{i=1}^{M}b_{i}^{*}\frac{\left(\eta-\eta_{i}\right)}{\left|\eta-\eta_{i}\right|}e^{-d_{i}^{*}\sqrt{\left(\xi-\xi_{i}\right)^{2}+\left(\eta-\eta_{i}\right)^{2}}}}_{Q_{2}} \qquad (7.77)$$

Se nota que las funciones $P(\xi,\eta)$ y $Q(\xi,\eta)$ tienen forma similar excepto que ξ y η se intercambian. El significado físico de los términos en estas ecuaciones es como sigue.

Los índices en la sumatoria N y M denotan el número de línea y concentración de puntos respectivamente. El cociente de cada término de P_1, P_2, Q_1 y Q_2, por ejemplo, $\dfrac{\left(\xi - \xi_j\right)}{\left|\xi - \xi_j\right|}$ garantiza que la atracción de las líneas ocurra sobre ambos lados de la línea $\xi = \xi_j$ o punto (ξ_i, η_i), ya que este cociente permite el cambio de signo según la línea o punto que se considere para atraer líneas de malla.

Los primeros términos de P y Q, dados por P_1 y Q_1, poseen un exponencial cuyo argumento (negativo) es la diferencia entre el valor de la línea coordenada a ser atraída y de la línea coordenada que atrae. Este número crece a medida que aumenta la distancia entre las respectivas líneas, lo que significa que el término decrece con el aumento de la distancia. Por lo tanto, las líneas próximas de la línea que atrae experimentarán más atracción que las distantes, suavizando así la distribución.

Se tiene un comportamiento semejante para los segundos términos de P y Q, dados por P_2 y Q_2. En este caso, el parámetro que regula la fuerza de atracción es la distancia entre los puntos que se encuentra en la línea a ser atraída y en los puntos que atraen.

El primer término de la Ec. (7.76) (P_1), atrae las líneas constantes ξ para las líneas ξ_j. Análogamente, el primer término de la Ec. (7.77) (Q_1), atrae las líneas constantes η para las líneas η_j. El segundo término de las Ecs. (7.76) y (7.77), representados por P_2 y Q_2 respectivamente, atrae las líneas constantes ξ y η para los puntos (ξ_i, η_i).

Por lo tanto, el primer término de las ecuaciones P y Q es responsable por la atracción entre las líneas coordenadas y el segundo, por la atracción de las líneas a puntos seleccionados.

Los c_j, c_j^* y d_i, d_i^* son los coeficientes de decaimiento que controlan la atracción de las líneas con la distancia, mientras que a_j, a_j^* y b_i, b_i^* son los coeficientes de amplitud. La selección de estos coeficientes depende del problema en estudio, ya que los términos influyen de manera directa en la aglomeración o dispersión de los puntos. Normalmente, los valores de estos coeficientes se escogen por el usuario a través de prueba y error, hasta la obtención de una malla adecuada.

En la Ec. (7.76) en la primera sumatoria, la amplitud a_i es para atraer líneas ξ = constante en dirección de la línea $\xi = \xi_j$; y en la segunda sumatoria la amplitud b_i es para atraer líneas ξ = constante en dirección del punto (ξ_i, η_i).

De esta forma, incluyendo los términos fuentes P y Q en el sistema generador, se pueden controlar las coordenadas x y y de los puntos en el interior del dominio físico. Un ejemplo que ayuda a entender el comportamiento de los términos P y Q es el siguiente. Imagine que se está interesado en atraer todas las líneas ξ para la línea ξ = 5 y para el punto (5,4), como se muestra en la Figura 7.14 (Maliska, 2004). El término P de la ecuación diferencial debe calcularse para todos los puntos discretos (ξ, η) en el dominio. Por ejemplo, se calcula el valor de P para los puntos (1,6) y (3,5). Es claro que la atracción que el punto (3,5) experimenta debe ser mayor que la atracción de (1,6). Siempre que estos dos puntos estén siendo atraídos por la línea ξ = 5 y para el punto (5,4). Calculando $P(1,6)$ y $P(3,5)$, se encuentra:

$$P(1,6) = \frac{a_i}{e^{4c_i}} + \frac{b_i}{e^{\sqrt{20}d_i}} \qquad (7.78)$$

$$P(3,5) = \frac{a_i}{e^{2c_i}} + \frac{b_i}{e^{\sqrt{3}d_i}} \qquad (7.79)$$

de donde se puede verificar que, realmente, $P(3,5)$ es mayor que $P(1,6)$. Una expresión semejante se usa para $Q(\xi, \eta)$, siendo entonces este término, el responsable por la atracción de las líneas η a otras líneas η en puntos definidos.

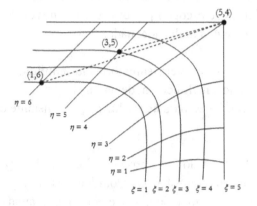

Figura 7.14 Comportamiento de los términos P y Q de atracción de coordenadas (adaptado de Maliska, 2004).

7.6 Solución numérica para generación de mallas

Para obtener una solución numérica de las Ecs. (7.72) y (7.73) se hace uso de la técnica de diferencias finitas, para ello, las aproximaciones son desarrollos matemáticos en series de Taylor truncadas. Las expresiones algebraicas usadas para aproximar los términos de derivadas de las ecuaciones diferenciales se presentan en el apéndice B. A continuación se muestra la discretización de las ecuaciones para generar mallas discretas o numéricas para determinar x y y para los puntos internos representados con el punto "P" en la Figura 7.12.

7.6.1 Discretización

Con la metodología establecida, el próximo paso es resolver las Ecs. (7.72) y (7.73) para determinar los puntos internos del dominio físico. Al re-escribir las Ecs. (7.72) y (7.73) para una variable genérica ϕ, donde ϕ representa x y y, se tiene de Maliska (2004),

$$\alpha \, \phi_{\xi \xi} + \gamma \, \phi_{\eta \eta} - 2\beta \, \phi_{\xi \eta} + \left(\frac{1}{J^2}\right)\!\left(P \, \phi_{\xi} + Q \, \phi_{\eta}\right) = 0 \qquad (7.80)$$

Se debe aproximar numéricamente los términos de la Ec. (7.80), lo que se realiza empleando una aproximación de diferencias centradas (Apéndice B) para la variable genérica ϕ. Con base a la geometría del plano computacional de la Figura 7.15, se considera que el dominio físico irregular es mapeado al dominio computacional uniforme con espaciamiento entre líneas de malla igual a uno, es decir, $\Delta\xi = 1$ y $\Delta\eta = 1$, por lo tanto las expresiones para las derivadas parciales de la Ec. (7.80) son:

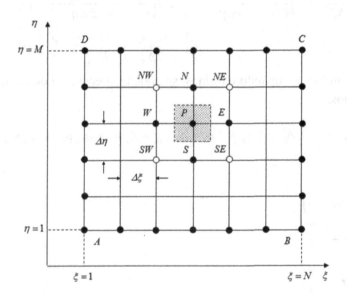

Figura 7.15 Plano físico transformado (plano computacional).

$$\phi_{\xi \xi} = \frac{\phi_E - 2\phi_P + \phi_W}{\Delta\xi^2} \qquad (7.81)$$

$$\phi_{\eta \eta} = \frac{\phi_N - 2\phi_P + \phi_S}{\Delta\eta^2} \qquad (7.82)$$

$$\phi_{\xi\eta} = \frac{\phi_{NE} - \phi_{NW} - \phi_{SE} + \phi_{SW}}{4\,\Delta\xi\,\Delta\eta} \tag{7.83}$$

$$\phi_{\xi} = \frac{\phi_E - \phi_W}{2\,\Delta\xi} \tag{7.84}$$

$$\phi_{\eta} = \frac{\phi_N - \phi_S}{2\,\Delta\eta} \tag{7.85}$$

Sustituyendo las ecuaciones anteriores, en la Ec. (7.80), se tiene,

$$\alpha\left(\frac{\phi_E - 2\phi_P + \phi_W}{\Delta\xi^2}\right) + \gamma\left(\frac{\phi_N - 2\phi_P + \phi_S}{\Delta\eta^2}\right) - 2\beta\left(\frac{\phi_{NE} - \phi_{NW} - \phi_{SE} + \phi_{SW}}{4\,\Delta\xi\,\Delta\eta}\right) + \\ \frac{P}{J^2}\left(\frac{\phi_E - \phi_W}{2\,\Delta\xi}\right) + \frac{Q}{J^2}\left(\frac{\phi_N - \phi_S}{2\,\Delta\eta}\right) = 0 \tag{7.86}$$

Factorizando y agrupando términos, se obtiene la ecuación de coeficientes agrupados,

$$A_P\phi_P = A_E\phi_E + A_W\phi_W + A_N\phi_N + A_S\phi_S + A_{NE}\phi_{NE} + A_{SE}\phi_{SE} + A_{NW}\phi_{NW} + A_{SW}\phi_{SW} \tag{7.87}$$

Donde

$$A_P = 2(\alpha + \gamma)$$

$$A_E = \alpha + \frac{P}{2J^2}$$

$$A_W = \alpha - \frac{P}{2J^2}$$

$$A_N = \gamma + \frac{Q}{2J^2}$$

$$A_S = \gamma - \frac{Q}{2J^2} \tag{7.88}$$

$$A_{NE} = -\frac{\beta}{2}$$

$$A_{SE} = \frac{\beta}{2}$$

$$A_{NW} = \frac{\beta}{2}$$

$$A_{SW} = -\frac{\beta}{2}$$

La forma tridimensional de las ecuaciones de generación también se puede arreglar fácilmente en la forma de la Ec. (7.87).

Las cantidades α, β, γ y J se calculan de sus correspondientes aproximaciones de diferencias finitas (Apéndice B). La Figura 7.16 muestra la discretización del espacio para la obtención de las métricas. Por ejemplo, con base a la figura, el coeficiente α para los coeficientes de la Ec. (7.88), se tiene,

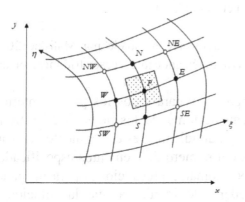

Figura 7.16 Discretización del espacio para la obtención de las métricas (adaptado de Maliska, 2004).

$$\alpha_P = \left(x_\eta x_\eta + y_\eta y_\eta \right)_P \tag{7.89}$$

donde $\left(x_\eta\right)_P$ y $\left(y_\eta\right)_P$ se calculan utilizando diferencias centradas, entonces:

$$\left(x_\eta\right)_P = \frac{\left(x_{P,N} - x_{P,S}\right)}{2\Delta\eta} \qquad (7.90a)$$

$$\left(y_\eta\right)_P = \frac{\left(y_{P,N} - y_{P,S}\right)}{2\Delta\eta} \qquad (7.90b)$$

De forma similar, se pueden obtener expresiones para β, γ y J.

7.6.2 Algoritmo de solución

El sistema de ecuaciones algebraicas $[A][\phi] = [B]$ resultante de la discretización de la Ec. (7.80) puede ser resuelto empleando cualquier método de solución de sistemas de ecuaciones algebraicas lineales. En general, se emplean los métodos iterativos punto a punto, como el Gauss-Seidel, o línea por línea, como el TDMA (detalle de estos métodos se presentaron en el Capítulo 6).

El algoritmo de solución recomendado por Maliska (2004) para el caso bidimensional es (también aplicable a casos tridimensionales):

Estimar un campo x y y para todos los puntos internos. Esto puede hacerse simplemente tomando los puntos de las fronteras, uniendo por rectas y subdividiendo este segmento en un número de segmentos igual al número de elementos especificados para aquella dirección. Deben tomarse precauciones para no generar un campo inicial exageradamente irreal, ya que la solución consumirá un mayor tiempo de cómputo, o puede divergir. Se recomienda el uso de algún método algebraico de generación de mallas.

Calcular las componentes del tensor métrico, α, β y γ. En el caso tridimensional, las otras componentes también deben calcularse.

Resolver la Ec. (7.80) para cada componente y obtener un nuevo campo de x y y.

Volver al punto 2 e iterar hasta encontrar una distribución de x y y adecuada. En este punto, es muy importante resaltar que las ecuaciones generadoras no necesitan resolverse con precisión rigurosa. La precisión de la solución de estas ecuaciones no tiene influencia sobre la exactitud de la solución del problema físico.

Una vez que se tienen calculados los valores de x y y para todas las intersecciones de las líenas ξ y η (caso bidimensional), la malla numérica estará determinada. La información de esa malla, como métricas de transformación, jacobiano de transformación, etc., pueden ahora calcularse y transferirse al código computacional que resuelve las ecuaciones físicas (Maliska, 2004).

7.7 Propiedades deseables de las mallas

La exactitud de una solución numérica, así como la estabilidad o convergencia depende, en parte, de las propiedades de la malla computacional, las características deseadas están relacionadas a la ortogonalidad, espaciado de malla, suavidad y alineamiento de las líneas de malla y las líneas de corriente (Peric, 1985). A continuación se describen estas propiedades:

Ortogonalidad: minimizar la desviación de la ortogonalidad es aconsejable porque hay menos influencia de los términos de las derivadas cruzadas que aparecen en las ecuaciones discretas, y las soluciones numéricas son más estables y convergen más rápido. Sin embargo, no en todos los casos se pueden conseguir mallas ortogonales o cuasi-ortogonales, por lo que si se usan mallas no-ortogonales es recomendable tomar en cuenta el uso de un buen esquema de interpolación en los volúmenes de control y no omitir ningún término en las ecuaciones transformadas donde aparecen las derivadas cruzadas.

Espaciado de línea: la exactitud de los esquemas de interpolación se ven afectadas por el espaciado de línea. Si se lleva un análisis por Series de

Taylor, se observa que todos los esquemas pierden exactitud si la malla es no uniforme (Lifante, 2006). Una malla uniforme, por lo tanto, parecería ser preferible. Sin embargo, esto no siempre es posible. En flujos con configuraciones complejas hay zonas con altos gradientes de la variable, y consecuentemente se desea un refinamiento de malla. Si existen también zonas con bajos gradientes, una malla gruesa podría ser suficiente. De esta manera, una malla no-uniforme se requiere con objeto de optimizar la localización de los nodos de malla.

Otros parámetros de espaciado de malla son las *relaciones de aspecto*. De acuerdo con la Figura 7.17 las relaciones de aspecto se definen como:

$$\max\left(\frac{d_{Pe}}{d_{Pn}}, \frac{d_{Pn}}{d_{Pe}}\right), \quad \text{donde,} \quad d_{Pe} = \sqrt{x_\xi^2 + y_\xi^2} \quad \text{y} \quad d_{Pn} = \sqrt{x_\eta^2 + y_\eta^2}. \quad \text{El}$$

valor no debe exceder de 10 (Peric, 1985). Esto afecta directamente la estabilidad de la solución del método y la determinación de la solución, porque puede generar coeficientes negativos en las derivadas cruzadas. El índice de convergencia de algunos métodos iterativos se ve afectado por relaciones de aspecto muy grandes.

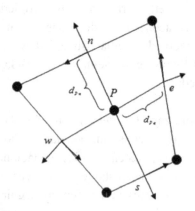

Figura 7.17 Volumen de control en una malla de cuerpo ajustado.

Suavidad: esta propiedad se refiere al cambio relativo en la dirección de un volumen de control al adyacente. Esto afecta la exactitud del método de interpolación empleado para calcular los valores de la variable en sus locaciones aparte de los nodos, donde se almacena la información. Esto tiene influencia especialmente sobre interpolaciones lineales. Pueden desarrollarse interpolaciones de alto orden para evitar esta desventaja, pero son computacionalmente costosas y pueden afectar la estabilidad y determinación de la solución.

Líneas de malla y alineamiento de líneas de corriente: la exactitud de la solución numérica se afecta por la oblicuidad de la malla y de las líneas de corriente, y su alineamiento es una propiedad deseable. Sin embargo, para lograr el alineamiento, es necesario conocer la línea de corriente patrón por adelantado, el cual no es un caso usual. Así, la generación de la mejor malla necesitaría procesos adaptativos, los cuales son complejos y difíciles. Si el proceso de generación de malla permite al usuario cambiar los parámetros, y se tiene conocimiento del fenómeno involucrado (sus líneas de corriente) esto puede ayudar a diseñar una malla más apropiada para el caso de flujo de fluidos.

7.8 Generación de mallas bidimensionales

Es importante resaltar que en la literatura de generación de mallas, las geometrías a mallar son nombradas por los autores geometrías irregulares y geometrías complejas (Maliska, 2004; Thompson et al., 1999, Lifante, 2006). Sin embargo, los autores no expresan una definición del tipo de geometría, sino que usan los términos complejo e irregular indistintamente. Por lo tanto, una *geometría compleja* se definirá como una geometría que no puede ser representada con expresiones matemáticas sencillas en los tres principales sistemas coordenados ortogonales; cartesiano, cilíndrico, y esférico. Entonces, una *geometría irregular* será aquella que sea fácil de definir con expresiones matemáticas sencillas en los tres sistemas ortogonales básicos, un ejemplo de ello es una cavidad inclinada. La Figura 7.18 muestra los ejemplos planteados. Para mostrar la aplicación de la teoría para generar mallas numéricas se proponen varias geometrías regulares y complejas. También se muestra el efecto del comportamiento de las funciones de control P y Q sobre las mallas generadas.

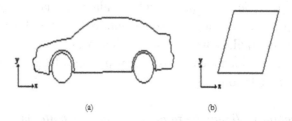

Figura 7.18 Tipos de geometría: (a) compleja e (b) irregular.

7.8.1 Superficie trapezoidal

En la Figura 7.19a se muestra una superficie trapezoidal con dimensiones Hx, Hy_1 y Hy_2, esta figura se puede definir fácilmente en el plano cartesiano. Para definir la línea inclinada (línea superior) se utiliza la ecuación de la línea recta: $y = mx + b$ (información para condiciones de frontera). Al sustituir las magnitudes Hx, Hy_1 y Hy_2, en la ecuación de la recta se llega a,

$$y = \frac{\left(Hy_2 - Hy_1\right)}{Hx}x + Hy_1 \tag{7.91}$$

Con la Ec. (7.91) y tomando en cuenta que las líneas restantes del trapezoide se definen de acuerdo al plano cartesiano, se procede a generar la malla de la geometría. Para este ejemplo, se selecciona un tamaño de malla de 41x26 nodos y los valores $Hx = 2$, $Hy_1 = 1$ y $Hy_2 = 2$. En la Figura 7.19b se muestra la malla resultante con las funciones de control $P = 0$ y $Q = 0$.

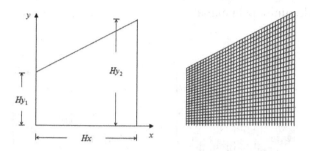

Figura 7.19 (a) Geometría irregular de trapecio y (b) Malla numérica para superficie trapezoidal.

En la Figura 7.19b se nota una distribución uniforme de las líneas de malla. Sin embargo, cuando se analiza un fenómeno físico generalmente se requiere de aglomeración de líneas en las fronteras, ello se logra con la asignación de valores adecuados a las funciones de control P y Q. En la Figura 7.20 se muestra la aglomeración de líneas de malla en las fronteras y en el centro, respectivamente. La aglomeración o refinación en las fronteras se obtiene con la asignación de parámetros a las funciones de control. Los coeficientes de decaimiento para las funciones de control de malla P y Q se seleccionaron como $c_j = c_j^* = 0.1$ y $d_i = d_i^* = 0.1$, mientras que los coeficientes de amplitud como $a_j = a_j^* = 200$ y $b_i = b_i^* = 200$. En ambos casos mostrados en la figura, se observa que la atracción de la línea frontera hacia las líneas interiores es más fuerte en las primeras cinco líneas, esto se debe a que las funciones de control se calcularon para atraer las primeras cinco líneas interiores, seleccionando las líneas frontera y la coordenada central de cada frontera ($\xi_j = 1$ y $\xi_i = 21$, $\eta_i = 1$). La Figura 7.20b además de mostrar refinamiento de líneas en las fronteras, muestra un refinamiento en la coordenada central, ello se logra al seleccionar la coordenada central en las funciones de control, esto es, $\xi_i = 21$ y $\eta_i = 13$, y calcular las funciones de control para las 5 líneas anteriores y posteriores a este punto, las cuales son atraídas. Además de los refinamientos en las fronteras, las funciones de control P y Q permiten la aglomeración de líneas en partes de interés dentro del dominio de la malla.

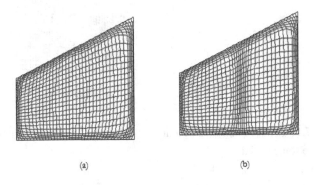

(a)   (b)

Figura 7.20 Malla trapezoidal con refinamiento en: (a) las cuatro fronteras y (b) las fronteras y la coordenada central con líneas ξ.

7.8.2 Cavidad con un techo a dos aguas

En la Figura 7.21 se muestra el contorno de una cavidad con un techo a dos aguas, este tipo de forma se requiere para el cálculo de flujo interno. Al igual que la forma trapezoidal este contorno es sencillo de definir en ·el plano cartesiano. Si la cavidad es simétrica con el eje y, la frontera superior se define como,

$$y = \frac{2(Hy_2 - Hy_1)}{Hx}x + Hy_1 \qquad para \quad 0 \le x \le \frac{Hx}{2}$$

$$y = \frac{(Hy_3 - Hy_2)}{Hx}x + Hy_1 + 2(Hy_2 - Hy_1) \qquad para \quad \frac{Hx}{2} \le x \le Hx$$

(7.92)

Con la Ec. (7.92) se genera los datos necesarios para las condiciones de frontera y tomando en cuenta que las otras líneas se definen de acuerdo al plano cartesiano, se procede a generar la malla correspondiente a la cavidad. Se seleccionó un tamaño de malla de 31x31 nodos y los valores $Hx = 2$, $Hy_1 = 2$ y $Hy_2 = 2.7$.

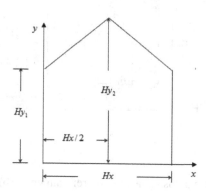

Figura 7.21 Geometría irregular de una cavidad con un techo a dos aguas.

En la Figura 7.22a se muestra la malla numérica resultante con las funciones de control $P = 0$ y $Q = 0$. Se aprecia claramente que las líneas de malla que se aproximan a la frontera superior están bastante separadas entre sí, lo cual no es conveniente para el cálculo de algún fenómeno físico. Para mejorar la malla de la Figura 7.22a se deben atraer líneas de malla hacia la coordenada central superior, esto se logra con las funciones de control P y Q. La Figura 7.22b muestra una malla con la atracción de 7 líneas de malla hacia la coordenada central superior, tomando en cuenta los siguientes coeficientes de decaimiento $c_j = c_j^* = 0.1$ y $d_i = d_i^* = 0.1$, y los coeficientes de amplitud $a_j = a_j^* = 50$ y $b_i = b_i^* = 50$. En la Figura 7.22c se muestra un refinamiento en las fronteras laterales el cual se obtiene seleccionando los coeficientes de decaimiento $c_j = c_j^* = 0.1$ y $d_i = d_i^* = 0.1$, y los coeficientes de amplitud $a_j = a_j^* = 300$ y $b_i = b_i^* = 300$, y considerando cinco líneas para la atracción. En la fronteras superior e inferior los coeficientes seleccionados fueron $c_j = c_j^* = 0.1$, $d_i = d_i^* = 0.1$, $a_j = a_j^* = 300$ y $b_i = b_i^* = 50$ y tres líneas para la atracción.

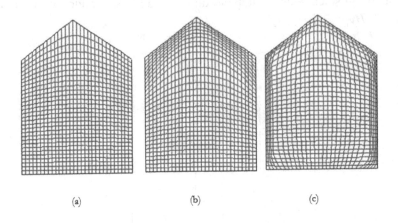

Figura 7.22 Cavidad a dos aguas: (a) sin refinamiento, (b) con refinamiento en la coordenada central superior y (c) con refinamiento en las fronteras laterales y en la frontera superior.

7.8.3 Vista lateral de un automóvil

El mallado de geometrías complejas es una parte sumamente útil para el diseño en ingeniería. Un ejemplo de geometría compleja bidimensional, es el perfil de un automóvil. El perfil de un automóvil se puede definir relativamente fácil utilizando la técnica de Diseño Asistido por Computadora (Computer Aided Design, CAD). En la Figura 7.23a se muestra la vista lateral de un automóvil, la cual se obtuvo de un bloque predefinido en CAD. De esta manera utilizando CAD se pueden definir geometrías complejas de interés particular. Retomando el ejemplo del automóvil, suponga que se requiere analizar el flujo externo de aire cuando este va en movimiento, entonces se requiere una malla alrededor del perfil del automóvil para analizar este fenómeno. Como primer paso se necesita definir el contorno a mallar, se prefiere una geometría elíptica o circular alrededor del perfil del auto, Maliska (2004). En la Figura 7.23b se muestra el contorno a mallar. El segundo paso es, exportar de alguna manera las coordenadas del software CAD, las cuales serán las condiciones de frontera de las Ecs. (7.72) y (7.73). El tercer y último paso es, generar la malla adecuada mediante la solución numérica de las

Ecs. (7.72) y (7.73). En resumen, los pasos para mallar una geometría compleja con la ayuda de la técnica CAD son: (1) definir la geometría y el contorno o lugar a mallar, (2) exportar las coordenadas al código numérico y (3) generar la malla. Es importante analizar el comportamiento de las funciones de control P y Q sobre geometrías complejas, ya que en estas geometrías también se requiere la aglomeración de líneas en lugares de interés.

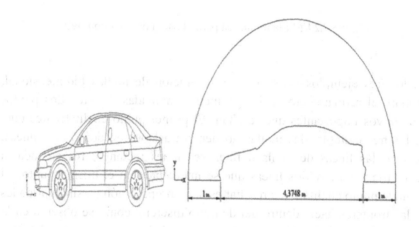

Figura 7.23 Geometría compleja: (a) vista lateral de un automóvil y (b) contorno a mallar de un automóvil.

En la Figura 7.24 se muestra la malla generada para el perfil del automóvil con un tamaño de 79x19 nodos. Los 79 nodos se obtuvieron de las splines que definen el perfil del automóvil, es decir, de polinomios representados por una cantidad finita de puntos de acuerdo a su grado del dibujo hecho en CAD y, los 19 se seleccionaron por conveniencia. En la figura se aprecia un refinamiento de líneas hacia la superficie del automóvil, además de una ligera atracción de las líneas que se encuentran cercanas a la superficie izquierda y derecha.

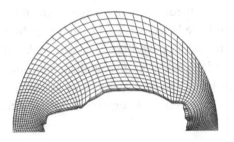

Figura 7.24 Malla numérica para el perfil de un automóvil.

En los tres ejemplos anteriores de generación de mallas bidimensional, es claro el refinamiento en las geometrías malladas. Existen dos puntos cualitativos importantes que resaltan. El primer punto cualitativo es que, en los tres ejemplos las mallas no tienen traslapes de dos o más líneas, es decir las líneas de malla definen secciones rectangulares en toda la geometría y no hay dos líneas que se intercepten en el mismo punto. El segundo punto cualitativo a resaltar es la no propagación de singularidades de las fronteras hacia dentro del dominio discreto, como se observa en la malla de la cavidad a dos aguas (la singularidad se encuentra en el centro de la cavidad en la frontera superior), donde las líneas de malla resultantes tienen una distribución suave y curva dentro del dominio.

7.9 Generación de mallas tridimensionales

Básicamente existen dos formas para generar geometrías tridimensionales a partir de geometrías bidimensionales: (1) generación de geometrías tridimensionales por extrusión y (2) generación de geometrías tridimensionales por revolución.

7.9.1 Mallas por extrusión

Para generar geometrías tridimensionales por extrusión, se requiere definir la geometría a extruir en un plano bidimensional, generalmente en el plano x,y. Después, la geometría se extruye, es decir, se proyecta en el eje perpendicular al plano, en este caso el eje z, generando la geometría tridimensional. Así, al extruir una geometría mallada en 2D, se genera una malla en 3D. En la Figura 7.25a se muestra una geometría doblemente conectada, la cual se toma como ejemplo para la extrusión. Al extruir la geometría, se obtiene la malla tridimensional que se muestra en la Figura 7.25b, la cual corresponde a la representación de una tubería incrustada. Para llevar a cabo la extrusión se divide el eje en el cual se extruirá la malla bidimensional. La Figura 7.26 muestra la malla tridimensional obtenida al extruir la geometría bidimensional presentada en la Figura 7.22.

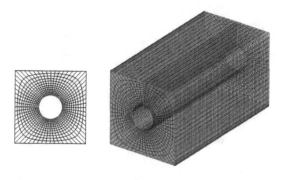

Figura 7.25 Malla tridimensional: (a) malla bidimensional a extruir y (b) malla tridimensional para una tubería incrustada.

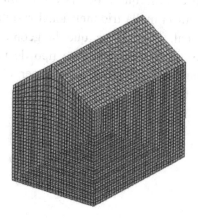

Figura 7.26 Malla tridimensional para una cavidad a dos aguas.

7.9.2 Mallas por revolución

Al igual que en las geometrías generadas por extrusión, se necesita definir una geometría bidimensional para generar mallas por revolución. El segundo paso es rotar la geometría en un eje del plano, como se muestra en la Figura 7.27. El eje para la rotación se selecciona de acuerdo a la geometría tridimensional deseada.

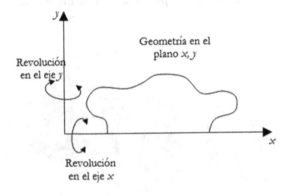

Figura 7.27 Revolución de una geometría bidimensional.

En la Figura 7.28 se muestra la malla del perfil del vehículo lanzador de cohetes (Maliska, 2004), la cual se revoluciona en el eje x para generar una malla para flujo externo que rodea la estructura del vehículo. En la Figura 7.29 se muestra la malla tridimensional resultante al revolucionar la malla bidimensional. Se observa que la geometría resultante tiene forma de cilindro cónico. Al generar este tipo de mallas se debe tener cuidado con la geometría resultante, para hacer el mapeo al dominio computacional correctamente.

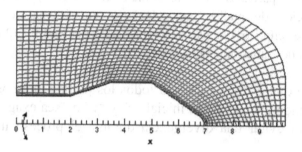

Figura 7.28 Malla bidimensional para flujo externo del vehículo lanzador de cohetes (adaptado de Maliska, 2004).

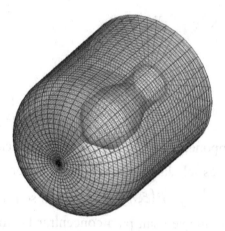

Figura 7.29 Malla tridimensional del vehículo lanzador de cohetes.

7.10 Resumen

En general, se ha discutido la generación de mallas numéricas mediante el uso de relaciones algebraicas y ecuaciones diferenciales parciales. Se mostró que el intervalo de aplicación es mayor mediante las ecuaciones diferenciales parciales. En particular, se describió detalladamente la generación de mallas por solucionar un sistema de ecuaciones diferenciales elíptico. Los pasos recomendados por Maliska (2004) para la generación de mallas bidimensionales son:

Estimar un campo "x" y "y" para todos los puntos internos. Se debe tener cuidado que el campo inicial "x" y "y" no sea exageradamente irreal, para evitar una divergencia durante el proceso iterativo de solución.

Calcular las componentes del tensor métrico, α, β y γ de,

$$\alpha = g_{22} = x_\eta^2 + y_\eta^2$$
$$\gamma = g_{11} = x_\xi^2 + y_\xi^2 \qquad (7.93)$$
$$\beta = g_{12} = g_{12} = x_\xi x_\eta + y_\xi y_\eta$$

Resolver la ecuación, $\alpha \phi_{\xi\xi} + \gamma \phi_{\eta\eta} - 2\beta \phi_{\xi\eta} + \left(\dfrac{1}{J^2}\right)\left(P\phi_\xi + Q\phi_\eta\right) = 0$,

para cada componente y obtener un nuevo campo de "x" y "y". Donde, J es el Jacobiano de la transformación dado por $J = \left(x_\xi y_\eta - x_\eta y_\xi\right)^{-1}$; y $P(\xi,\eta)$ y $Q(\xi,\eta)$ son las funciones de control de malla que se usan para concentrar las líneas de malla en las regiones de interés. Thompson et al. (1977, 1999) propusieron las funciones $P(\xi,\eta)$ y $Q(\xi,\eta)$ como:

$$P(\xi,\eta) = -\underbrace{\sum_{j=1}^{N} a_j \frac{\left(\xi - \xi_j\right)}{\left|\xi - \xi_j\right|} e^{-c_j\left|\xi - \xi_j\right|}}_{P_1} - \underbrace{\sum_{i=1}^{M} b_i \frac{\left(\xi - \xi_i\right)}{\left|\xi - \xi_i\right|} e^{-d_i\sqrt{\left(\xi - \xi_i\right)^2 + \left(\eta - \eta_i\right)^2}}}_{P_2} \qquad (7.94)$$

$$Q(\xi,\eta)=-\sum_{j=1}^{N}a_j^*\frac{\left(\eta-\eta_j\right)}{\left|\eta-\eta_j\right|}\underbrace{e^{-c_j^*\left|\eta-\eta_j\right|}}_{Q_1}-\sum_{i=1}^{M}b_i^*\frac{\left(\eta-\eta_i\right)}{\left|\eta-\eta_i\right|}\underbrace{e^{-d_i^*\sqrt{\left(\xi-\xi_i\right)^2+\left(\eta-\eta_i\right)^2}}}_{Q_2} \qquad (7.95)$$

Iterar hasta encontrar una distribución de "x" y "y" adecuada.

La   solución   de   la   ecuación,
$\alpha\,\phi_{\xi\xi}+\gamma\,\phi_{\eta\eta}-2\beta\,\phi_{\xi\eta}+\left(\dfrac{1}{J^2}\right)\!\left(P\,\phi_{\xi}+Q\,\phi_{\eta}\right)=0$, no necesita resolverse
con precisión rigurosa, ya que la precisión de la solución para "x" y "y" no
tiene influencia sobre la exactitud de la solución del problema físico.

Por último, se presentaron diferentes ejemplos de generación de mallas
con geometría irregular y compleja. Las formas de generar mallas
tridimensionales pueden ser por extrusión o por revolución.

7.11 Ejercicios

7.1 Reproduzca la malla uniforme mostrada en la Figura 7.30 para un
número de nodos de 21x21. Considere que el triangulo rectángulo tiene
ángulos internos de 90°-60°-30°.

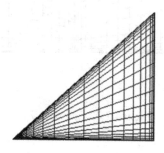

Figura 7.30 Ejercicio 7.1

7.2 Considere la razón geométrica de la Figura 7.31 para generar la malla computacional correspondiente. Use una distribución uniforme de nodos computacionales de 21x21.

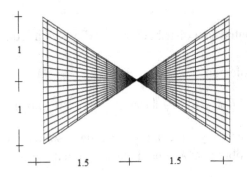

Figura 7.31 Ejercicio 7.2.

7.3 Genere una malla uniforme correspondiente a la Figura 7.32. Use un número de nodos de 21x21.

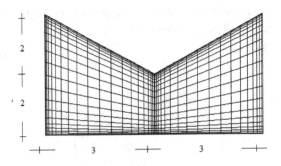

Figura 7.32 Ejercicio 7.3

7.4 Con base a las dimensiones geométricas de la Figura 7.33, genere una malla computacional uniforme. Considere 21x21x21 nodos computacionales.

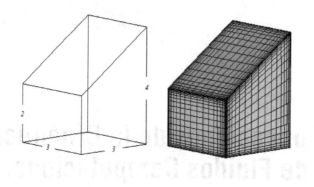

Figura 7.33 Ejercicio 7.4

7.5 Genere la malla computacional para la configuración de un tubo de longitud de 6 (Figura 7.34). El radio interno y externo del tubo es de 1 y 2, respectivamente. Considere 21x21x21 nodos distribuidos uniformemente.

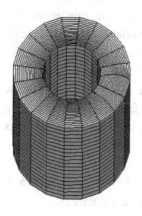

Figura 7.34 Ejercicio 7.5

CAPÍTULO 8

Aplicaciones de la Dinámica de Fluidos Computacional

8.1 Introducción

En este capítulo se muestran seis aplicaciones de la dinámica de fluidos computacional realizadas por los autores con sus colegas y estudiantes. Las aplicaciones elegidas son relacionadas con el área de sistemas térmicos; entre estas, problemas de conducción de calor, convección en régimen laminar y turbulento, así como también efectos de radiación sobre la transferencia de calor conjugada. Se realiza una descripción a manera de introducción de cada problema y se establecen detalles de tal forma que el lector se sienta familiarizado con la aplicación. Los resultados se describen y discuten con conclusiones específicas. Las aplicaciones elegidas son,

- Diseño térmico de un instrumento para medir conductividad térmica en sólidos conductores.
- Análisis térmico de una ventana de vidrio doble.
- Material óptimo para el techo de una habitación.
- Remoción de contaminantes (CO_2) en una habitación.
- Análisis térmico de una chimenea solar.
- Análisis térmico de un intercambiador de calor tierra-aire.

8.2 Diseño térmico de un instrumento para medir conductividad térmica en sólidos conductores.

La técnica de flujo de calor longitudinal para determinar la conductividad térmica de materiales sólidos consiste en barras de longitud infinita respecto a su diámetro. El método puede ser primario o secundario (comparativo), dependiendo del tipo de material bajo prueba. En la Figura 8.1 se presenta un modelo físico para un dispositivo que opera bajo la técnica de flujo de calor longitudinal (método secundario). Se cuenta con un par de barras de referencia (cobre), entre las cuales es colocado el material bajo investigación (por ejemplo: aluminio). La barra compuesta se cubre con un material aislante. El principio consiste en generar una diferencia de temperatura a lo largo de la barra compuesta, esto se logra colocando una fuerte de calor en algún extremo del sistema compuesto y en el extremo opuesto manteniendo un sumidero de calor. Entonces mediante mediciones de temperatura y longitud es posible determinar la conductividad del material bajo estudio por la siguiente relación:

$$\lambda_M = \frac{Z_4 - Z_3}{T_4 - T_3}\left[\frac{\lambda_{R1}}{2}\left(\frac{T_2 - T_1}{Z_2 - Z_1} \right) + \frac{\lambda_{R2}}{2}\left(\frac{T_6 - T_5}{Z_6 - Z_5} \right) \right] \qquad (8.1)$$

La ecuación anterior considera que el flujo de calor radial a través de la barra compuesta es nulo y que solo se tienen flujos de calor axial en forma estratificada (flujo unidimensional). Se debe tener cuidado de mantener un buen contacto en cada interface de la barra y se debe propiciar que se generen gradientes de temperatura longitudinal. La ecuación de trabajo (Ec. 8.1) para el sistema de barras cortadas considera que el flujo de calor es sólo axial, en la práctica esto no sucede ya que se generan pérdidas por flujo de calor radial, pero es posible minimizar el flujo de calor radial al tener un diseño adecuado del sistema de medición. De esto, surgen las siguientes preguntas: ¿Qué material debe ser usado como guarda para las barras?, ¿Cuáles deberían ser las dimensiones y características del material de referencia?, ¿Qué materiales pueden ser medidos con esta técnica?, ¿Cuáles deberían ser las dimensiones de los materiales bajo investigación?, etc. Las respuestas a estas preguntas, se tendrían si conociéramos el comportamiento del campo de temperaturas en el interior del sistema compuesto, mismo que nos permitirá determinar los flujos de calor y decidir cuándo el flujo de calor radial es mínimo. Para ello, se tienen dos opciones, determinar los perfiles de temperatura de forma experimental o en forma teórica. La opción experimental se descarta ya que los parámetros a evaluar son demasiados, lo cual llevaría tiempo y sería costoso. Por lo tanto, una formulación teórica numérica permitiría realizar el estudio paramétrico en menor tiempo y costo que una solución experimental. Así, Xamán et al. (2015a) obtuvieron los parámetros de diseño para la construcción de un aparato de barras cortadas para medir la conductividad térmica. El diseño de este aparato consta de dos materiales de referencia, un material de muestra en forma cilíndrica y un aislante térmico alrededor de las barras. La muestra y los materiales de referencia se apilan de tal manera que la muestra quede en medio.

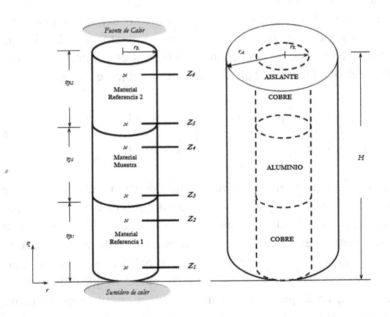

Figura 8.1. Modelo físico para una barra compuesta.

En la Figura 8.2 se muestran las isotermas y el vector flujo de calor para una configuración de una barra compuesta por cobre como material de referencia y aluminio como muestra; dicha barra se encuentra a una temperatura alta en la parte superior, una temperatura baja en la parte inferior. La barra está envuelta con un material aislante. Se puede apreciar que los perfiles de temperaturas son prácticamente lineales en todo el radio de la barra cilíndrica y las pérdidas por flujo de calor radial son minimizadas por la guarda (material aislante), en la cual se aprecian fuertes gradientes de temperaturas. Los gradientes en la barra compuesta provocan flujos de calor axial a lo largo de ella y mínimos o escasos flujos de calor radial. De esta manera, la Ec. (8.1) para determinar la conductividad térmica es válida con cierto porcentaje de error de diseño.

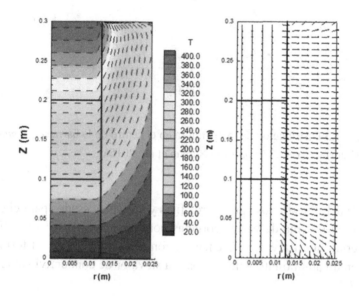

Figura 8.2 Perfil de temperaturas y flujo de calor en una barra compuesta (cobre-aluminio-cobre) con material aislante en su radio exterior (de Xamán et al., 2015a).

En la Figura 8.3 se muestra el perfil de temperaturas para el radio de $r = 0\,mm$ y $r = 12.08\,mm$ correspondiente al resultado de la Figura 8.2. Se puede apreciar que la diferencia entre el valor de temperatura en $r = 0\,mm$ y $r = 12.08\,mm$ es prácticamente despreciable, minimizando con ello el flujo de calor radial. También, se observa que los gradientes axiales son casi lineales en la barra compuesta, es decir la pendiente se mantiene prácticamente constante, lo cual es deseable para el diseño del instrumento de barras cortadas, tener un perfil estratificado de manera axial a lo largo

318

de la dimensión de la barra. Por lo tanto, se puede afirmar que la guarda ha provocado que los flujos de calor radial en el material muestra sean mínimos.

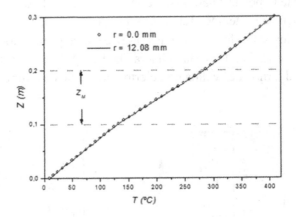

Figura 8.3 Distribución de temperatura en el centro de la barra ($r = 0\,mm$) y en la interface ($r = 12.08\,mm$)(de Xamán et al., 2015a).

La Tabla 8.1 muestra los parámetros fijos y variables usados para el diseño térmico del sistema de barras cortadas por Xamán et al., (2015a). El tipo de material muestra y de referencia fueron seleccionados de tal forma que abarquen un amplio intervalo con base a su valor de conductividad térmica (Tabla 8.2).

Tabla 8.1 Parámetros de estudio del sistema de barras cortadas.

Parámetros variables	
Parámetro	**Valor**
Radio del material aislante (r_A)	25, 50, 75 y 100 mm
Longitud del material muestra (z_M)	25, 50, 75 y 100 mm
Material de referencia	(ver Tabla 8.2)
Material muestra	(ver Tabla 8.2)

Parámetros fijos	
Parámetro	**Valor**
Material aislante (Poliestireno extruido)	0.035 $Wm^{-1}K^{-1}$
Radio del material de referencia (r_R)	12.5 mm
Radio del material muestra (r_M)	12.5 mm
Longitud del material de referencia (z_R)	100 mm

Tabla 8.2 Conductividad térmica de material muestra y de referencia.

Material muestra	λ *(W $m^{-1}K^{-1}$)*
Asbesto	*0.58*
Baquelita	*1.4*
Acero inoxidable	*14.2*
Plomo	*35.3*
Bronce	*52.0*
Estaño	*66.6*
Hierro	*147.0*
Aluminio	*237.0*
Oro	*317.0*
Cobre	*401.0*
Plata	*429.0*
Material de referencia	
Acero inoxidable	*14.2*
Bronce	*52.0*
Aluminio	*237.0*
Cobre	*401.0*

Para proponer parámetros de diseño térmico, los resultados fueron analizados con base al ***Error de Diseño*** local: $E = \dfrac{|q_R| - |q_z|}{|q_R|} x\,100\%$ y su posterior promedio. Donde, q_R es el vector resultante del flujo de calor y q_z es la componente axial del flujo de calor.

8.2.1 Efecto del material aislante

La función del material aislante es minimizar las pérdidas de calor radiales, por lo que encontrar un espesor óptimo es fundamental, ya que entre menores sean las pérdidas de calor radiales la aportación del error por diseño como una fuente de incertidumbre será mínimo. En La Figura 8.4 se presenta el efecto del espesor del material aislante para diferentes materiales muestra, con material de referencia: a) Acero inoxidable y b) Cobre. Para analizar el efecto del espesor del material aislante sobre los diferentes materiales muestra se fijó el valor de la longitud de la muestra en $z_M = 100\,mm$, la temperatura de evaluación en $TE = 200°C$, estos parámetros corresponden a los casos donde se obtiene el mayor error de diseño porcentual. El espesor del material aislante es definido como la diferencia entre el radio del aislante (r_A) y el radio del material de referencia (r_R) o material de muestra (r_M). Se aprecia para el caso de material de referencia de acero inoxidable, que el error de diseño para el material muestra de asbesto ($\lambda = 0.58$ Wm^{-1}K^{-1}) disminuye significativamente de 3.02 a 1.89 % conforme el radio del material aislante se incrementa de 25 a 100 mm. Un comportamiento similar se observa para el material de baquelita ($\lambda = 1.4$ Wm^{-1}K^{-1}) donde el error varía de 1.15 a 0.62% con respecto al espesor del material aislante. Para los materiales de conductividad térmica con un valor de $\lambda = 14.2$ Wm^{-1}K^{-1} el error de diseño permanece prácticamente constante en el intervalo analizado con un valor de 0.14 %. Resultados similares se obtienen cuando se usa un material de referencia de Cobre, el mayor error se obtiene para el material muestra de más baja conductividad (Asbesto), el cual va desde 2.11 a 3.11 % correspondiente a un valor de 25 a 100 mm como radio del material aislante.

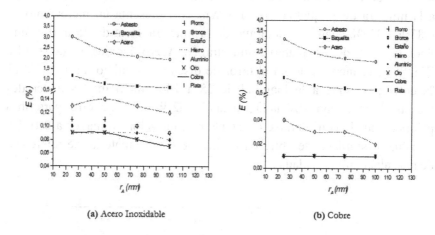

(a) Acero Inoxidable   (b) Cobre

Figura 8.4 Máximo error de diseño en función del espesor del material aislante (de Xamán et al., 2015a).

8.2.2 Efecto de la longitud del material muestra

Aun cuando la norma ASTM E1225 (2004) sugiere que la razón entre el valor de conductividad térmica y su correspondiente longitud (conductancia) deben ser iguales tanto para el material muestra como para el material de referencia, la longitud del material muestra es un parámetro aún no determinado. Debido a que se definieron 4 valores diferentes para la longitud del material muestra y 11 muestras de diferentes materiales, el total de combinaciones posibles es de 44. Sólo se muestra el caso con el error mayor. Para ello, se fijó el radio del material aislante (r_A) en 25 mm, la temperatura de evaluación en $TE = 200°C$ y el material de referencia como Acero Inoxidable.

En la Figura 8.5 se muestra el máximo error de diseño porcentual en función de la longitud del material muestra para todos los materiales muestra de la Tabla 8.2. De los resultados se obtiene que el error porcentual para el material muestra de Asbesto ($\lambda = 0.58$ Wm^{-1}K^{-1}) se incrementa de 3.19 a 3.77 % cuando la longitud de la muestra cambia de 25 a 50 mm; y posteriormente disminuye a un valor de 3.02 % cuando la longitud de la muestra es de 100 mm. También, el error correspondiente a la muestra de Baquelita (λ = 1.4 Wm^{-1}K^{-1}) presenta un incremento de 0.83 a 1.17 % cuando la longitud de la muestra varía de 25 a 100 mm. Para el caso de un material muestra de Acero inoxidable (λ = 14.2 Wm^{-1}K^{-1}), el incremento en el error de diseño es mínimo de 0.11 a 0.13 % correspondiente a la longitud de 25 a 100 mm. Para los materiales muestra de alta conductividad térmica ($\lambda \geq$ 52 Wm^{-1}K^{-1}), el error para fines prácticos puede considerarse constante con un valor no mayor a 0.10 %. Resultados similares se obtienen cuando se usa un material de referencia de más alta conductividad.

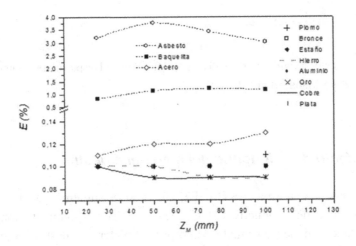

Figura 8.5 Máximo error de diseño en función de la longitud del material muestra (de Xamán et al., 2015a).

8.2.3 Efecto del material de referencia

La finalidad del material de referencia es cuantificar el calor suministrado a la barra compuesta y con él determinar la conductividad térmica del material muestra. Sin embargo, las características de éste material aún no se han definido en los diferentes reportes relacionados con el método de barras cortadas. La característica principal del material de referencia es su conductividad térmica, por ello se eligieron cuatro materiales diferentes con la finalidad de obtener él o los materiales de referencia adecuados para su aplicación con mínimo error de diseño. Para cuantificar el efecto del material de referencia se consideraron los siguientes parámetros: el radio del material aislante de 25 mm, la temperatura de evaluación de 200°C y la longitud de la muestra de 25 y 100 mm, estos parámetros corresponden a los casos con el mayor error porcentual.

La Figura 8.6 muestra el máximo error de diseño porcentual en función de los diferentes materiales de referencia para todos los materiales de muestra. En general, se puede apreciar que el mayor error de diseño se presenta cuando se usa el Acero Inoxidable (λ_R = 14.2 W m^{-1}K^{-1}) como material de referencia y éste disminuye a medida que se usa un material de mayor conductividad. A partir del material de referencia de Aluminio (λ_R = 237 W m^{-1}K^{-1}) el error es prácticamente constante.

Para el caso de z_M = 25 mm, en particular para un material muestra de Asbesto se obtiene un error de diseño de 2.92 a 3.19 % correspondiente a un material de referencia de Acero Inoxidable y Cobre, respectivamente. Para el caso de tener un material muestra de Baquelita el error va de 0.83 a 0.66 % en el intervalo de materiales de referencia usados. Para el caso de los otros materiales muestra (Acero Inoxidable, plomo, etc.) el error de diseño debido al efecto del material de referencia se puede considerar constante con un valor máximo de 0.1 %. Resultados similares se presentan para el caso de z_M = 100 mm cuando se usa un material de referencia de Acero Inoxidable, el mayor error se obtiene para el material muestra de más baja conductividad (Asbesto), el cual va desde 3.0 a 3.11%.

324

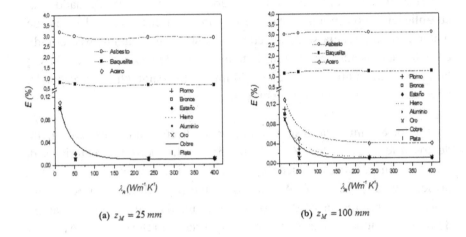

(a) $z_M = 25\,mm$ (b) $z_M = 100\,mm$

Figura 8.6 Máximo error de diseño en función del Material de referencia (de Xamán et al., 2015a).

Con base a los resultados presentados para el diseño térmico de un instrumento para determinar la conductividad térmica de materiales sólidos, se hacen las siguientes recomendaciones:

a)   *Efecto del material aislante*: se recomienda utilizar el máximo espesor de material aislante, 87.5 mm ($r_A = 100\,mm$), para un intervalo de conductividad térmica de material muestra de 0.58 a 14.2 W/m·K; con éste valor de espesor de aislante el máximo error de diseño porcentual es de 2.11 %. Para los casos donde el material muestra tiene valores de $\lambda \geq 14.2$ Wm^{-1}K^{-1}, se recomienda usar un espesor de material aislante de 12.5 mm ($r_A = 25\,mm$), ya que con éste, el máximo error es ~ 0.14 %.

b)   *Efecto de la longitud del material muestra*: se recomienda utilizar una longitud del material muestra de $z_M = 100\,mm$ para los casos en los cuales su valor de conductividad térmica es de 0.58 a 52.0 Wm^{-1}K^{-1}. El error de diseño máximo (3.02 %) se obtiene para un material muestra de Asbesto. Para materiales muestra cuya conductividad térmica es mayor a 52 Wm^{-1}K^{-1} puede utilizarse cualquier longitud de éste ($25 \leq z_M \leq 100\,mm$), ya que el error con fines prácticos puede considerarse constante (0.10 %).

c)   *Efecto del material de referencia*: se recomienda en conjunto usar una longitud del material muestra de $z_M = 100\,mm$ (Asbesto) para obtener un error máximo de 3.0 a 3.11 % correspondiente a un material de referencia de Acero inoxidable y Cobre, respectivamente. Para el caso de materiales muestra con un valor conductividad térmica de $\lambda \geq 1.4$ Wm^{-1}K^{-1}, el error, en general, puede considerarse del orden del 1.0 % en el intervalo de materiales de referencia considerados.

En general, el diseño térmico de un instrumento de barras cortadas para determinar la conductividad térmica de materiales sólidos en un intervalo de $0.58 \leq \lambda \leq 429$ Wm^{-1}K^{-1} presenta un error máximo de diseño de 3.77 % debido al efecto de la longitud del material muestra. Las recomendaciones de los incisos permiten conocer el error de diseño para su consideración como una fuente de incertidumbre en la determinación de una conductividad térmica.

8.3 Análisis térmico de una ventana de vidrio doble.

Una de las aplicaciones de la energía solar es el ahorro y uso eficiente de energía en edificaciones, en las cuales se enfoca a obtener condiciones de confort térmico y calidad del aire. En la actualidad, las nuevas tendencias en la industria arquitectónica durante los últimos años es la construcción de edificios tipo torre con grandes áreas de envidriados o ventanas, las cuales, en algunos casos cubre la totalidad de edificio. Sin embargo, en la mayoría de estas construcciones se utilizan materiales que ignoran las condiciones climáticas del lugar. Las construcciones que se encuentran en diferentes lugares (cálidos o fríos) con este tipo de arquitectura, requieren de sistemas mecánicos y eléctricos para acondicionar el ambiente, lo que representa un elevado costo de operación y mantenimiento. La causa principal de esto es la ganancia o pérdida de energía, es decir el aumento o disminución de temperatura en las habitaciones.

Las mayores ganancias o pérdidas de energía en una edificación se presentan en los techos y paredes, en mayor cantidad en paredes constituidas por ventanas. Actualmente la tendencia de diseñadores es el uso de grandes áreas de ventanerías (Faggembauu et al., 2003), lo que ha motivado al estudio y desarrollo de nuevas tecnologías enfocados a reducir la ganancia ó perdidas de energía en estos sistemas. Entre estas tecnologías se encuentra el uso de vidrios entintados, reflejantes, de baja emisividad, de alto coeficiente de extinción (vidrio absorbente) o con películas de control óptico solar y el uso de sistemas de doble o múltiples fachadas. Las películas de control óptico solar se diseñan para absorber o reflejar la radiación solar incidente, con el fin de disminuir la ganancia de energía solar a través del vidrio; Lampert (1981) presentó una extensa revisión de esta tecnología. Por otro lado, los sistemas de vidrio doble pueden ser cerrados o abiertos; los del primer tipo encapsulan preferentemente un gas de baja conductividad (gases inertes), como por ejemplo el kriptón, para fines de disminuir la transferencia de calor (Larsson et al., 1999). Los vidrios dobles abiertos forman parte de los sistemas de doble fachadas, estos sistemas aprovechan la energía solar para crear el efecto chimenea y extraer o recircular el aire en las edificaciones para fines de calentamiento o enfriamiento del interior de la edificación.

Xamán et al. (2014a) evaluaron el uso de una película de control solar SnS-Cu$_x$S en un sistema de vidrio doble para clima frío y cálido y posteriormente compararon los resultados contra el sistema tradicional (vidrio doble sin control solar). También, se determinó la distancia óptima de separación de los vidrios para reducir la energía hacia un medio ambiente interior (habitación).

En la Figura 8.7a se presenta el modelo físico usado por Xamán et al. (2014a), el modelo consiste en una ventana de vidrio doble para clima cálido y frío, esta es representada a través de una cavidad rectangular cerrada. La cavidad para ambos climas está conformada por dos paredes semitransparentes (vidrio 1 y 2) de altura H y dos paredes opacas de longitud b, cada pared semitransparente tiene un espesor de 6 mm. Al interior de la cavidad se encuentra aire. La pared semitransparente derecha (vidrio-2) se considera en contacto con el medio ambiente exterior a una temperatura T_{ext} y la pared semitransparente izquierda (vidrio-1) se considera que interactúa con un medio ambiente interior a temperatura T_{int}. Las paredes horizontales se consideran adiabáticas. Para la configuración de clima cálido se tiene adherido una película de control solar sobre la superficie del vidrio-2 en contacto con el aire de la cavidad; opuestamente, para la configuración de clima frío la película de control solar es adherida al vidrio-1.

En la Figura 8.7b se muestran los mecanismos de transferencia de calor en el sistema de vidrio doble para clima cálido. El Vidrio-2 tiene adherido una película de control solar, sobre éste incide una radiación solar (G), parte de esta energía se refleja y se absorbe por el vidrio y la restante se transmite hacia el interior de la cavidad. Esta energía que atraviesa el Vidrio-2 (G_t) incide en forma directa hacia el Vidrio-1, una cierta cantidad de esta energía es reflejada, absorbida por este vidrio y transmitida hacia un medio interior. La energía transmitida que logró pasar hasta el medio ambiente interior, es el producto de la irradiación solar (G) por la transmitancia de cada uno de los elementos de sistema de vidrio doble. La cantidad total de energía absorbida es la suma de la que se absorbe en cada uno de los elementos del sistema de acuerdo a sus propiedades ópticas y la energía reflejada es la que el sistema de vidrio doble refleja en su totalidad como se muestra en la figura. Debido a la energía absorbida, ambos vidrios tienen una variación de su energía interna reflejándose en un cambio de su temperatura, como consecuencia ambos vidrios experimentan un intercambio de energía térmica con sus alrededores, hacia el interior (q_{int}^{conv} y q_{int}^{rad}), el exterior (q_{ext}^{conv} y q_{ext}^{rad}) y hacia el medio entre ellos (q_1^{conv}, q_1^{rad}, q_2^{conv} y q_2^{rad}).

Para el análisis del sistema de vidrio doble se considera lo siguiente: se usa una película de control solar de SnS-Cu$_x$S cuyas propiedades fueron reportadas por Nair et al. (1991), la ventana tiene una altura (H) de 80 cm y un ancho de cavidad (b) que varía de 1 a 10 cm, una temperatura del aire exterior (T_{ext}) de 35°C para la configuración de clima cálido y 15°C para la configuración de clima frío. Para la temperatura del aire al interior de la habitación (T_{int}) se toma una variación de 15 a 30°C para la configuración de clima cálido y de 20 a 35°C para la configuración de clima frío, ambos con incrementos de 5°C; los vidrios tienen un espesor de 6 mm en los cuales se considera conducción a través de ellos y a su vez ambos presentan pérdidas convectivas y radiativas al exterior de la ventana y al interior de la habitación. Se considera un coeficiente de transferencia de calor convectivo exterior (h_{ext}) e interior (h_{int}) de 6.8 y 6.2 W/m^{2}K, respectivamente (ASHRAE, 1977). Al vidrio exterior (vidrio-2) se le hace incidir irradiación solar (G) que varía de 250 a 700 W/m^2 con incrementos de 150 W/m^2.

Para el análisis térmico se definieron tres clasificaciones: Configuración C1, corresponde al vidrio doble con la película de control solar; Configuración C2, corresponde al vidrio doble sin la película de control solar y Configuración C3, corresponde a un vidrio solo sin película de control solar.

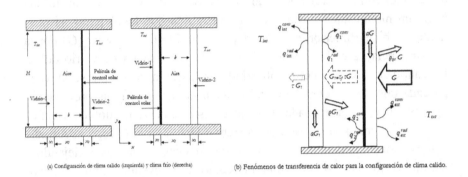

(a) Configuración de clima calido (izquierda) y clima frio (derecha)   (b) Fenómenos de transferencia de calor para la configuración de clima calido.

Figura 8.7 Modelo físico para un vidrio doble (de Xamán et al., 2014a).

8.3.1 Patrones de flujo

Para describir los patrones de flujo en la cavidad formada por el vidrio doble se considera la temperatura interior (T_{int}) de 25°C y la irradiación solar (G) de 250 W/m². También, se eligieron las configuraciones C1 y C2 para clima cálido.

En la Figura 8.8 se observa el comportamiento de las isotermas para cada configuración (vidrio doble sin y con película) y para diferentes valores la abertura (b) de la cavidad. En general, el comportamiento es similar para ambas configuraciones, la diferencia entre ellas radica principalmente que los valores de temperatura al interior de la cavidad son mayores para la ventana con película. Se observa para $b = 1\,cm$ un comportamiento de flujo en régimen conductivo debido al espacio reducido entre los vidrios, por lo que las moléculas de aire se mantienen con un movimiento despreciable. Conforme la cavidad aumenta de abertura ($b = 4\,cm$) las moléculas de aire tienen mayor movimiento, provocando que la contribución del efecto conductivo disminuya y que el efecto convectivo se haga presente. Para $b > 6\,cm$, el comportamiento es altamente convectivo, ya que se puede observar la estratificación horizontal de las isotermas en el centro de la cavidad.

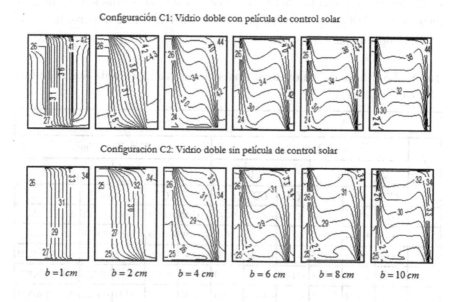

Figura 8.8 Isotermas para clima cálido.

8.3.2 Flujos de calor total

En la Tabla 8.3 se presentan los valores promedios para el flujo de calor total (q_{total}) al interior de la habitación para clima cálido, el cual es la suma de cada uno de los flujos promedio convectivo (q_{int}^{conv}), radiativo (q_{int}^{rad}) y transmitido (τG_1). Los resultados se muestran para cada abertura de la cavidad y para dos casos de irradiación solar (250 y 700 W/m²) y para las temperaturas extremas de 15 y 30°C. De los resultados tabulados se observa que independientemente del valor de G o de T_{int}, la configuración que logra transmitir menor cantidad de calor total al interior de la habitación es la C1 y la que mayor transmite es la configuración

C3, siendo los valores de q_{total} correspondiente a la configuración C3 más del triple que los respectivos de la configuración C1. Por lo tanto, para las condiciones de clima cálido se puede afirmar que la ventana más apta para reducir la entrada de energía total es una ventana de vidrio doble con película de control solar. El variar la abertura de la cavidad también contribuye a la reducción del flujo de calor hacia la habitación en un 29% para $G = 250$ W/m^2 y un 15% para $G = 700$ W/m^2 lo que permite ver la abertura óptima para $b \geq 6\,cm$.

Tabla 8.3 Flujo de calor total transmitido hacia la habitación (clima cálido).

b (cm)	q_{total}											
	$G = 250$ W/m^2						$G = 700$ W/m^2					
	$T_{int} = 15°C$			$T_{int} = 30°C$			$T_{int} = 15°C$			$T_{int} = 30°C$		
	C1	C2	C3	C1	C2	C3	C1	C2	C3	C1	C2	C3
1	-53.61	-171.03	-323.61	-47.85	-187.19	-240.01	-136.65	-519.31	-700.95	-129.13	-536.82	-618.23
2	-35.29	-153.89	-323.61	-32.81	-180.45	-240.01	-113.59	-500.98	-700.95	-103.69	-529.31	-618.23
4	-38.98	-157.74	-323.61	-34.52	-179.61	-240.01	-118.41	-504.92	-700.95	-108.71	-528.40	-618.23
6	-37.93	-157.80	-323.61	-34.04	-180.07	-240.01	-117.01	-505.03	-700.95	-107.34	-528.91	-618.23
8	-37.46	-158.18	-323.61	-33.62	-180.16	-240.01	-116.46	-505.03	-700.95	-106.71	-529.02	-618.23
10	-37.16	-158.65	-323.61	-33.32	-180.26	-240.01	-116.22	-505.92	-700.95	-106.30	-529.13	-618.23

Los resultados del q_{total} para clima frío se presentan en la Tabla 8.4. Para la mayoría de los casos, los resultados muestran que la configuración que logra transmitir mayor energía total al interior de la habitación es la configuración C2, a excepción de un solo caso ($G = 700$ W/m^2 y $T_{int} = 20°C$) la configuración C3 es la que transmite mayor energía, siendo la diferencia de flujo de calor total entre estas dos configuraciones de 0.12 W/m^2. También, se aprecia que las configuraciones C1 y C2 incrementan la transferencia de calor hacia la habitación al incrementar la temperatura interior.

Tabla 8.4 Flujo de calor total transmitido hacia la habitación (clima frío).

b (cm)	q_{total}											
	$G = 250\ W/m^2$						$G = 700\ W/m^2$					
	$T_{int} = 20°C$			$T_{int} = 35°C$			$T_{int} = 20°C$			$T_{int} = 35°C$		
	C1	C2	C3	C1	C2	C3	C1	C2	C3	C1	C2	C3
1	-174.81	-200.38	-180.67	-174.52	-222.90	-90.23	-497.33	-551.18	-557.08	-501.67	-575.13	-467.49
2	-186.94	-205.85	-180.67	-194.65	-242.46	-90.23	-520.07	-556.07	-557.08	-531.35	-595.07	-467.49
4	-185.70	-206.48	-180.67	-191.06	-238.81	-90.23	-516.08	-556.96	-557.08	-525.68	-591.84	-467.49
6	-186.10	-206.12	-180.67	-192.25	-238.63	-90.23	-517.41	-556.58	-557.08	-527.67	-591.53	-467.49
8	-186.49	-206.06	-180.67	-192.92	-238.27	-90.23	-518.16	-556.58	-557.08	-528.73	-591.20	-467.49
10	-186.78	-205.99	-180.67	-193.43	-237.81	-90.23	-518.74	-556.45	-557.08	-529.53	-590.75	-467.49

Con base en los resultados para cada tipo de ventana (configuración C1, C2 y C3), se concluye que para un clima cálido la mejor opción es la configuración C1 debido a que la colocación de la película en el vidrio-2 logra que haya una disminución en la energía que se transmite directamente a la habitación, y el aire contenido en la cavidad formada por los dos vidrios reduce la energía que se transmite por convección y radiación. Para el análisis de clima frío, la configuración C2 resultó ser la mejor opción debido a que con ella se logra una mayor transmisión de energía al interior de la habitación, podría pensarse que la configuración C1 era la indicada pero al colocar la película de control solar reduce el calor transmitido directamente, y la configuración C3 pierde energía por convección y radiación al aumentar la temperatura interior de la habitación.

Si se desea utilizar la configuración C1 para climas fríos sería adecuado adaptarle una película de control solar que absorba menos energía y transmita más, si la ventana se desea usar en un ambiente en donde el clima sea cálido y frío, según la temporada, es conveniente usar la configuración C1, debido a que para clima cálido funcionaría perfectamente y en clima frío el comportamiento térmico es de un 10% menos que la configuración C2.

En general, de los resultados de una ventana de vidrio doble con ó sin película de control solar, se concluye que la abertura óptima para la cavidad formada entre los dos vidrios es de $b \geq 6$ cm debido a que después de esta distancia los cambios en el flujo de calor al interior de la habitación no tienen cambios significativos, ya sea para clima cálido o frío.

8.3.3 Análisis Pseudo-transitorio en climas cálidos.

Xamán et al. (2015b) realizaron un estudio Pseudo-transitorio para evaluar la ventana de vidrio doble con configuración de clima cálido durante 10 horas, la configuración de ventana de vidrio doble se presentó en el apartado anterior (Xamán et al. 2014a). Para obtener los resultados Pseudos-transitorio desde las 8:00 a las 18:00 h cada 5 s se consideraron los siguientes parámetros: (1) altura de la ventana de 0.8 m, (2) distancia en los vidrios que conforman la ventana doble de 6 cm, (3) temperatura interior (temperatura de habitación) de 25 °C y (4) coeficiente convectivo interior y exterior de 6.2 y 6.8 W/m²K, respectivamente. Otros parámetros requeridos para el modelado numérico son la radiación solar y la temperatura exterior (temperatura ambiente), las cuales dependen del tiempo. Estos últimos fueron obtenidos de una estación meteorológica para el día 24 de Abril del 2007. Para este fin, se usaron los datos medidos de la estación meteorológica correspondiente al estado de Morelos, México, del municipio de Tlaquiltenango, el cual es uno de los lugares de Morelos con mayor incidencia de la radiación solar. Debido a que es necesario tener valores de radiación solar y temperatura ambiente en intervalos de tiempo pequeños, fue necesario obtener una ecuación para la radiación solar y temperatura en función del tiempo a partir de los datos obtenidos de la estación meteorológica. La ecuación para la radiación solar ajustada con un error del 5% respecto a los datos climáticos es:

$$G(t) = \begin{cases} 599.18714 + 0.01491\,t - 5.10303x10^{-6}\,t^2 + 1.16167x10^{-10}\,t^3 & para \quad 8:00 \leq t \leq 12:00\,hrs \\ \\ 172.04225 - 0.01219\,t + 7.11075x10^{-7}\,t^2 - 1.38068x10^{-11}\,t^3 & para \quad 12:00 < t \leq 18:00\,hrs \end{cases}$$

Los datos de temperatura ambiente fueron interpolados para obtener una ecuación continua en función del tiempo. La diferencia porcentual máxima obtenida entre los datos de interpolación y los datos experimentales para la temperatura ambiente es menor al 4.0%. La ecuación para la temperatura ambiente es:

$$T_a(t) = 20.54668 + 0.0017\,t - 9.56116x10^{-8}\,t^2 + 2.89774x10^{-12}\,t^3 - 3.55455x10^{-17}t^4$$

En la ecuación para la radiación solar (G) y la temperatura ambiente (T_a), el tiempo esta dado en segundos, la temperatura ambiente en °C y la radiación solar en W/m².

En la Tabla 8.5 se presentan los valores para el flujo de calor promedio total al interior para cada hora a partir desde las 8:00 hasta las 18:00 h para el Caso C1 (ventana de vidrio doble con película de control solar) y C2 (ventana de vidrio doble con vidrio claro) con una T_{int}=25 °C. La segunda columna corresponde a los resultados del Caso C2 y en la tercera columna a los resultados del Caso C1. En la última columna se presenta la diferencia absoluta ($\left| q_{tot-\text{int}}^{C1} \right| - \left| q_{tot-\text{int}}^{C2} \right|$) para cada hora, de esta diferencia se puede observar, que en la primeras horas (8:00 a 11:00 h) de simulación se tiene un mejor desempeño del sistema de vidrio doble para el caso 1 respecto al caso 2. Entre las 12:00 y 16:00 h, la diferencia se encuentra en un intervalo aproximado entre 39.29 y 48.54 W/m². A partir de las 17:00 h y hasta las 18:00 h, la diferencia cae a un valor de 24.52 a 2.55 W/m². De los resultados de la tabla, se puede decir que usar una película de control solar en un sistema de vidrio doble (Caso 1) reduce en un día desde las 8:00 a las 18:00 h la cantidad de 1274.44 W/m² respecto al Caso 2. Por lo tanto, el uso de una película de control solar es altamente recomendable, ya que el Caso 1 reduce aproximadamente la cantidad de energía al interior en un 57 % en comparación con el Caso 2.

Tabla 8.5 Flujo de calor total al interior de la ventana de vidrio doble (W/m²) para los Casos C1 y C2 con una temperatura interior de T_{int}=25 °C.

Hora	$q_{tot-\text{int}}^{C2}$	$q_{tot-\text{int}}^{C1}$	$\left\| q_{tot-\text{int}}^{C1} \right\| - \left\| q_{tot-\text{int}}^{C2} \right\|$
8:00	-450.00	-110.64	339.36
9:00	-479.15	-190.76	288.39
10:00	-404.52	-177.13	227.39
11:00	-271.02	-129.54	141.48
12:00	-106.25	-66.96	39.29

13:00	-106.10	-58.94	47.16
14:00	-108.25	-59.71	48.54
15:00	-105.57	-58.83	46.74
16:00	-95.17	-55.85	39.32
17:00	-73.44	-48.92	24.52
18:00	-36.30	-33.75	2.55
TOTAL	-2235.77	-991.03	**1274.44**

8.3.4 Evaluación de vidrios dobles del mercado Mexicano.

Aguilar et al. (2015) realizaron un análisis similar para ventanas de vidrios dobles considerando los vidriados del mercado Mexicano. Los casos analizados por Aguilar et al., para conformar el arreglo de vidrio doble fueron: Caso 1 (dos vidrios claros), Caso 2 (un vidrio claro y otro absorbente) y Caso 3 (un vidrio claro y otro reflectivo). Las configuraciones de los casos de estudio que se muestran en la Figura 8.9 se evaluaron para condiciones de clima cálido y frío. La información de propiedades ópticas se midieron mediante un espectrofotometro Shimadzu 3100 PC siguiendo la metodología establecido en la norma ISO 9050.

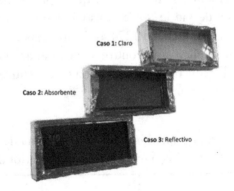

Figura 8.9 Configuraciones de vidrio doble de vidriados del mercado Mexicano (de Aguilar et al., 2015).

Los resultados que obtuvieron Aguilar et al. (2015) para ambas condiciones de clima se muestran en la Figura 8.10. Los resultados de la figura corresponden al flujo de calor total (q_{tot}) al interior de la ventana de vidrio doble en función del espesor de la ventana (separación entre vidrios, "*b*"). Para el caso de clima cálido se observan los perfiles de flujo de calor total para una radiación solar de 700 W/m² y dos temperaturas al interior de la ventana (15 y 30 °C) para los tres casos de análisis. Lo que se aprecia al hacer uso del vidrio reflectivo en clima cálido es que una menor cantidad de energía se deja pasar al interior de la ventana y que el espesor óptimo de la ventana es de aproximadamente 2 cm, ya que para *b* >2 cm, el flujo de calor total permanece casi constante. Para el caso con condiciones de clima frío se aprecian los resultados para dos valores de radiación solar (250 y 700 W/m²) y una temperatura interior de 20°C, de los perfiles de flujo de calor se observa también que la separación óptima de las hojas de vidrio que conforman la ventana es de 2 cm. En esta condición de clima frío resultó con un mejor comportamiento térmico el vidrio doble claro. Sin embargo, en el análisis de costo realizado por Aguilar et al. (2015) muestran que lo recomendado para ambos climas resulta ser la ventana de vidrio doble con vidrio reflectivo, y que esta pueda usarse con el concepto de ventana reversible para uso en ambas condiciones climáticas.

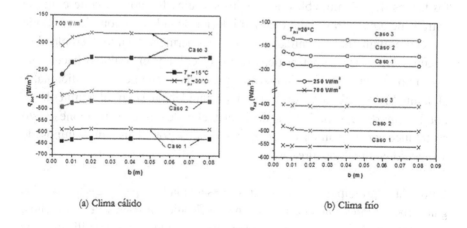

(a) Clima cálido

(b) Clima frío

Figura 8.10 Flujo de calor total al interior de la ventana de vidrio doble para condiciones de clima cálido y frío (de Aguilar et al., 2015).

8.4 Material óptimo para el techo de una habitación

Los edificios son considerados como sistemas abiertos y como tal, interactúan con el medio ambiente. En esta interacción la transferencia de energía térmica se realiza por los mecanismos de transferencia de calor por conducción, convección y radiación. La transferencia de calor al interior de las edificaciones se realiza a través de los materiales opacos y semitransparentes. Los materiales opacos generalmente constituyen los techos y paredes, los materiales semitransparentes componen los ventanales y tragaluces o domos. Los materiales semitransparentes permiten una mayor transmisión directa de radiación solar al interior en comparación con los materiales opacos.

En climas cálidos, el paso de luz solar a través de ventanas y la incidencia solar sobre los techos o techumbres provoca ganancias de calor al interior, y por lo tanto un aumento de temperatura. Entonces, para mantener una temperatura de confort en el interior de las habitaciones, se emplean sistemas de acondicionamiento de aire. Por otro lado, en regiones donde el clima presenta altos niveles de lluvias durante casi todo el año, los constructores se ven en la necesidad de instalar impermeabilizantes sobre los techos de los inmuebles, los cuales su única función es la de evitar la entrada de agua a través del techo al interior de la habitación, descuidando el comportamiento térmico de los impermeabilizantes empleados. Algunas veces las características como el color y el acabado hacen que los impermeabilizantes induzcan ganancias energéticas adicionales al inmueble y debido a que la mayor incidencia solar al inmueble es por la superficie superior, es decir el techo de las construcciones, esto se traduce en consumos de energía elevados por el uso de equipos de acondicionamiento de aire.

Entre las principales tecnologías desarrolladas para disminuir las ganancias térmicas al interior de una edificación a través de los techos, sobre todo en las residenciales, se han desarrollado impermeabilizantes de doble función, de baja conductividad térmica, así también recubrimientos con alta reflectividad y bajos valores de transmitancia y absortancia (Hernández-Pérez, 2014). A nivel industrial en las grandes fabricas, aún no se toman en cuenta esas consideraciones, teniendo como consecuencia que los equipos de aire acondicionado y de ventilación sean de gran demanda energética.

Técnicas experimentales y análisis teóricos de la transferencia de calor de componentes de habitaciones son comúnmente desarrollados con fines de ahorro de energía en edificaciones. Para evaluar teóricamente el comportamiento térmico de una habitación, estas se modelan como cavidades los muros de las habitaciones se simulan como paredes opacas y las ventanas o paredes de vidrios son modeladas como paredes semitransparentes. Xamán et al. (2010) evaluaron el efecto conductivo de la pared opaca superior (techo) de una cavidad con la finalidad de obtener la configuración adecuada desde el punto de vista térmico que contribuyan a disminuir los flujos de calor hacia el interior de la cavidad. Para ello se consideraron diferentes tipos de recubrimiento sobre la superficie exterior de la pared opaca, así también el tipo de material y su espesor para la misma pared.

La Figura 8.11 muestra el modelo físico usado por Xamán et al. (2010). El modelo consiste en una cavidad cuadrada ($H = L$) compuesta por una pared horizontal inferior aislada; una pared horizontal superior opaca con y sin recubrimiento de pintura epóxica (impermeabilizante), esta pared se considera conductora de calor con un espesor variable H_w; una pared vertical isotérmica y una pared conductora semitransparente compuesta por un vidrio de espesor $L_g = 6mm$. La pared isoterma de la cavidad se considera con un valor de 21°C (T_2). Se asume que sobre la pared superior llega una radiación solar en forma normal con un valor constante AM1 ($G_1 = 875W/m^2$), parte de esta energía solar será absorbida por el recubrimiento colocado en la parte exterior de la pared, también esta pared superior intercambia energía de forma convectiva y radiativa con el medio ambiente. Se asume que sobre la pared semitransparente incide radiación solar en forma normal con un valor constante AM2 ($G_2 = 736W/m^2$) y que parte de esta radiación se refleja, parte se transmite y parte es absorbida por la pared, análogamente sucede con la pared opaca superior con excepción que no hay energía radiativa transmitida a través de la misma. Debido a la cantidad de energía absorbida por la pared semitransparente y por la pared superior, cada una de ellas incrementará su temperatura provocando una diferencia de temperatura con el interior y exterior de la cavidad, iniciando el transporte de energía por conducción, convección y radiación. El flujo de aire dentro de la cavidad se considera radiativamente no-participante y en régimen de flujo turbulento. Para determinar el perfil de temperaturas a través de la pared semitransparente (vidrio) y en la pared opaca (techo) se usa la ecuación de conducción de calor para cada cuerpo, en la cual el proceso de transferencia de calor en el vidrio y techo se considera bidimensional y el flujo de calor incidente se asume normal a la superficie. La Figura 8.12 presenta los modelos físicos del vidrio y del techo, la figura muestra las condiciones térmicas que rodean a cada pared sólida, en la cual el calor se conducirá hacia el interior y exterior de la cavidad debido a las tres formas de calor que se ven involucradas. Hacia el exterior, las paredes interactúan de manera convectiva y radiativa con el medio ambiente. La pared opaca, la del techo, tiene en su superficie exterior un recubrimiento de pintura epóxica de espesor despreciable, la cual absorbe cierta cantidad de energía de G_1.

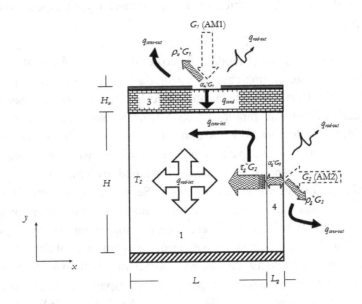

Figura 8.11 Modelo físico de una habitación con pared semitransparente (de Xamán et al., 2010).

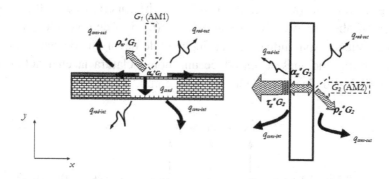

Figura 8.12 Modelo físico de la pared conductiva: Techo (izquierda) y Vidrio (derecha) (de Xamán et al., 2010).

Los parámetros usados por Xamán et al. (2010) son descritos a continuación. Una longitud de la cavidad de 5.0, 4.0, 3.0 y 2.0 m, las cuales corresponden a la relación existente con el tamaño de una habitación. Se considera que la radiación solar que incide en forma normal sobre la pared semitransparente (vidrio) tiene un valor constante de AM2 ($G_2 = 736 \text{W/m}^2$) y sobre el techo de AM1 ($G_1 = 875 \text{W/m}^2$). Para las condiciones exteriores a la pared semitransparente y a la pared opaca, se supone un coeficiente convectivo exterior de 6.8 W/m²K que equivale a una velocidad de 3 m/s en el exterior a temperatura ambiente de 35°C. Para evaluar el efecto conductivo de la pared opaca se consideran los siguientes puntos: (a) Recubrimiento de pintura epóxica aplicada en la superficie exterior del techo (pared superior de la cavidad), (b) Tipo de material del techo y (c) Espesor del techo.

El impermeabilizante o recubrimiento de pintura epóxica considerado es: negro, rojo, plateado, blanco y gris (pared sin recubrimiento, concreto). La Tabla 8.6a muestra las propiedades ópticas de los recubrimientos empleados. Para el análisis del tipo de material se considera la pared opaca conductora de dos tipos: (1) una mezcla uniforme de concreto y (2) compuesta de concreto-poliestireno expandido (unicel). La Tabla 8.6b muestra las propiedades termofísicas de estos materiales. Los espesores de las paredes en los techos utilizados en la industria de la construcción habitacional son: 0.10, 0.15 y 0.20 m. Los espesores seleccionados para el techo son: (a) concreto de 0.10 m, (b) concreto de 0.20 m y (c) concreto-poliestireno expandido de 0.20 m (0.15 m de concreto y 0.05 m de poliestileno expandido). Con la finalidad de llevar un adecuado control de las configuraciones se introduce una nomenclatura la cual define las características de la modelación numérica como.

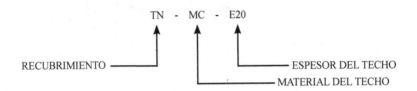

Las claves para la nomenclatura son:

Recubrimiento: <u>N</u>egro (TN), <u>R</u>ojo (TR), <u>P</u>lateado (TP), <u>B</u>lanco (TB), <u>G</u>ris (TC).

Material del techo: <u>C</u>oncreto (MC), <u>C</u>oncreto-<u>P</u>oliestireno expandido (MCP).

Espesor del techo: 0.20 m (E20), 0.10 m (E10).

Para el caso de la simulación de una cavidad con paredes horizontales adiabáticas, se cambia toda la nomenclatura por el término AIS.

Tabla 8.6a Propiedades ópticas de los recubrimientos sobre el techo.

Recubrimiento	ρ_w^*	α_w^*	ε_w^*	τ_w^*
Negro	0.05	0.95	0.89	0
Rojo	0.07	0.93	0.93	0
Plateado	0.80	0.20	0.24	0
Blanco	0.75	0.25	0.84	0
Gris	0.35	0.65	0.87	0

Tabla 8.6b Propiedades físicas del concreto y del material aislante.

Propiedad	Concreto	Poliestireno expandido
λ (W / mK)	1.4	0.0042
C_P (J / kgK)	880	1400
ρ (kg / m³)	2300	15

8.4.1 Efecto del recubrimiento

El tipo de recubrimiento sobre el techo tiene una relación directa con la generación del efecto conductivo de la pared. El efecto de los recubrimientos sobre el campo térmico del aire en la cavidad depende de sus propiedades ópticas, las cuales determinan la fracción de energía que absorbe el techo. En este caso, la fracción de energía que es absorbida aumenta la energía térmica interna del techo, la cual será transmitida por conducción al interior o exterior de la cavidad. La Figura 8.13 presenta las isotermas de las cavidades con los diferentes recubrimientos, en la cual se consideró el techo de concreto con espesor de 10 cm y un tamaño de cavidad de 5.0 m. También, en la figura se muestra el caso cuando no se considera una pared conductora en la parte superior de la cavidad, es decir, se tienen paredes horizontales adiabáticas. En general, las isotermas para los casos con recubrimiento presentan un comportamiento cualitativo similar, se presenta una zona de estancamiento en la parte superior de la cavidad (arriba de 4.5 m). Entre una altura de la cavidad de 1.0 y 4.5 m, es decir la zona central de la cavidad, se aprecia una diferencia de temperatura de aproximadamente 4°C. Cuantitativamente, se observan isotermas similares para las cavidades con recubrimiento negro y rojo. Por otro lado, también las cavidades con recubrimiento plateado y blanco presentan isotermas semejantes. La cavidad con pared de concreto con acabado gris (TC-MC-E10) presenta el mismo comportamiento cualitativo pero los valores de isotermas son menores que las obtenidas para la cavidad TN-MC-E10 y mayores que las obtenidas para la cavidad TB-MC-E10. A diferencia del comportamiento de las cavidades con pared conductora opaca, la cavidad con paredes horizontales aisladas (AIS) presenta una distribución gradual de las isotermas a lo alto de la cavidad. Los gradientes horizontales son nulos aproximadamente en 60% del ancho de la cavidad y no se presenta una zona de estancamiento como en las cavidades con recubrimientos, esto permite ver el efecto conductivo de la pared superior en el sistema.

En la Tabla 8.7 se muestran las temperaturas promedio para el aire al interior de la cavidad (T_{aire}), para la pared semitransparente en su interior (T_{g-int}) y para el techo en su interior (T_{w-int}) para cada uno de los casos discutidos arriba. Se observa que desde el punto de vista de confort térmico, la cavidad que usa un recubrimiento blanco tiene una menor temperatura del aire (33.96°C) con respecto a todos los otros recubrimientos, así también, sus correspondientes valores de temperatura en la pared semitransparente y techo son menores. Los valores mayores de temperatura se obtienen para el caso con recubrimiento negro y rojo. La diferencia que existe entre el caso negro y blanco para la T_{aire} es aproximadamente de 4.22°C, esta diferencia permite observar la importancia de hacer una buena selección de un recubrimiento con fines de ahorro de energía.

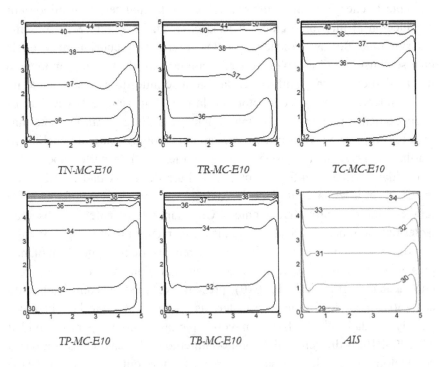

Figura 8.13 Isotermas (°C) para la habitación con techo con diferentes recubrimientos (de Xamán et al., 2010).

Tabla 8.7 Temperatura promedio para: el aire al interior de la cavidad, la pared semitransparente en su interior y el techo en su interior.

Temperatura promedio (°C)	Negro	Rojo	Gris	Plateado	Blanco
T_{aire}	38.06	37.85	36.41	33.96	33.84
$T_{g-\text{int}}$	42.87	42.70	41.56	39.63	39.54
$T_{w-\text{int}}$	67.71	66.60	58.01	45.19	44.48

8.4.2 Tipo y espesor del material óptimo

El tipo de material y su espesor empleado en el techo tiene un efecto importante desde el punto de vista térmico, ya que de ello dependerá la cantidad de energía que llegue al fluido por la parte superior de la cavidad. En la Tabla 8.8 se muestra el flujo de calor promedio que pasa por conducción a través de la pared superior para una cavidad de tamaño de 5.0 m y los diferentes materiales y espesores considerados. De los resultados tabulados, se concluye que un espesor de 20 cm y un material compuesto (concreto-poliestireno expandido) para cualquier tipo de recubrimiento presentan las menores ganancias térmicas, este resultado es de esperarse debido a la resistencia térmica del poliestireno expandido incluido al concreto. Los valores menores de flujo de calor son obtenidos para los casos con un recubrimiento blanco, esto son: TB-MC-E10 (273.05 W), TB-MC-E20 (226.90 W) y TB-MCP-E20 (12.75 W). Obviamente, a menor ganancia de calor al interior de la cavidad ocasionará que la temperatura promedio del aire sea menor y que los esfuerzos para intentar tener un confort en la habitación también sean menores.

Tabla 8.8 Flujo de calor por conducción a través del techo para diferentes materiales y espesores.

Material	$Q(W)$				
	Negro	Rojo	Gris	Plateado	Blanco
T*-MC-E10	954.65	919.20	683.15	291.90	273.05
T*-MC-E20	771.70	743.20	555.90	246.80	226.90
T*-MCP-E20	42.15	40.80	30.05	12.90	12.75

Según sea el recubrimiento de la columna en la tabla.

8.4.3 Número de Nusselt

Para determinar cuantitativamente la transferencia de calor en la habitación se determinó el número de Nusselt promedio convectivo, radiativo y total. En la Figura 8.14 se presentan los números de Nusselt convectivo, radiativo y total para las cavidades TB-MCP-E20 en función del tamaño de la cavidad, esta configuración de cavidad es la que presenta la menor ganancia térmica al interior. Los resultados de la figura permiten decir que la transferencia de calor por convección en aproximadamente un 11% sobre el intervalo de los tamaños de cavidad considerados. En general, el comportamiento del valor de Nusselt promedio es casi lineal conforme aumenta el tamaño de la cavidad. En la Figura 8.15 se presenta la comparación del número de Nusselt promedio total de la cavidad con recubrimiento blanco y diferentes espesores de la pared opaca superior para todos los tamaños de cavidad considerados. También, en la figura se incluye el resultado para la cavidad con paredes horizontales adiabáticas (AIS). En general, se observa que la transferencia de calor para las cavidades con pared superior de concreto de 10 y 20 cm de espesor es muy similar, mientras que para la cavidad que tiene la pared superior de material compuesto por concreto-poliestireno expandido (TB-MCP-E20) tiene un comportamiento semejante al de la cavidad con paredes horizontales adiabáticas. Esto último indica que emplear techos compuestos de concreto-poliestireno expandido en una construcción habitacional o industrial nos genera condiciones de aislamiento térmico óptimo.

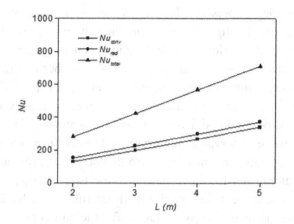

Figura 8.14 Número de Nusselt promedio convectivo, radiativo y total para la configuración TB-MCP-E20 en función del tamaño de las cavidad (de Xamán et al., 2010).

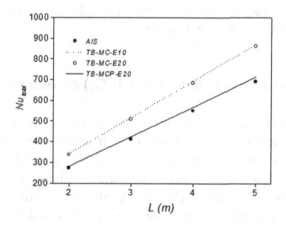

Figura 8.15 Número de Nusselt para las cavidades con recubrimiento blanco y diferentes espesor de material de techo (de Xamán et al., 2010).

Con base a los resultados mostrados se concluye: (1) que el uso del recubrimiento negro presenta los flujos de calor máximos al interior de la habitación. El tipo de recubrimiento blanco presenta un flujo de calor menor al interior de la habitación, con un valor de 54.61 W/m^2. Este resultado se debe a la capacidad de absorber o reflejar el flujo de calor incidente sobre la pared según sea el tipo de recubrimiento. La diferencia que existe entre el caso del recubrimiento negro y blanco para la temperatura promedio del aire es aproximadamente de 4.22°C, esta diferencia permite observar la importancia de hacer una buena selección de un recubrimiento con fines de ahorro de energía. (2) que al analizar el espesor y material del techo, se encontró que usar un espesor de 10 cm presenta los flujos de calor máximos al interior de la habitación para todos los tipos de recubrimientos. La configuración del techo de material compuesto (concreto-poliestireno expandido) con espesor de 20 cm presenta los flujos de calor mínimos. La energía que pasa a traves del techo se incrementan con el tamaño de la habitación. En particular, para el tipo de recubrimiento blanco la reducción de energía a través del techo va desde 273.05 a 12.75 W para un espesor de concreto de 10 cm a un material compuesto de 20 cm, respectivamente. (3) que la aplicación del recubrimiento blanco sobre el techo compuesto (concreto-poliestireno expandido) con un espesor de 20 cm es el adecuado para reducir las ganancias térmicas al interior de la habitación.

8.5 Remoción de contaminantes (CO_2) en una habitación.

La problemática que se acentuó debido a la necesidad de ahorrar recursos energéticos fue la aparición de enfermedades en los ocupantes de los edificios con poca ventilación. Ello, debido a que la medida que se tomó fue reducir drásticamente la energía utilizada para mover el aire del exterior hacia el interior para producir la ventilación. Lo que se hizo entonces, fue recircular varias veces el aire del edificio. Por supuesto, el objetivo era reducir el costo económico provocado por el acondicionamiento del aire interior. Pero comenzó a ocurrir un aumento en el número de molestias y problemas de salud de los ocupantes de los edificios. Lo cual, a su vez, repercutió en efectos sociales y financieros debidos al ausentismo y esto llevó a los especialistas a estudiar el origen de las quejas que hasta entonces, se pensaba eran ajenas a la contaminación del aire. No fue difícil explicar qué fue lo que provocaban estos síntomas: los edificios eran herméticos, se reducía el volumen de aire de ventilación, se utilizaban más productos químicos y materiales sintéticos (contaminantes) para aislar los edificios térmicamente. Gradualmente se perdió el control del ambiente en el interior. Todo ello se traduce en un ambiente contaminado. Es entonces, cuando los ocupantes de los edificios cuyo ambiente se ha degradado, reaccionan con malestares físicos. Los síntomas más frecuentes son la irritación de las membranas mucosas (ojos, nariz y garganta), dolores de cabeza, insuficiencias respiratorias y una mayor incidencia de resfriados, alergias y demás. A la hora de definir las posibles causas de tales quejas, la aparente sencillez de esta tarea se convirtió en una tarea compleja cuando se intentó establecer una relación causa-efecto, de tal manera que era preciso considerar todos los factores (ya sean ambientales o de otro tipo) y su relación con las quejas o los problemas de salud que habían aparecido. La conclusión es que estos problemas tienen muy diversas causas. El fenómeno recibe el nombre de síndrome del edificio enfermo y se define como los síntomas que afectan a los ocupantes de un edificio en el que las quejas derivadas de malestares físicos son más frecuentes de lo que podría esperarse razonablemente. Se sabe entonces que si el ambiente en el que viven los ocupantes de un edificio no es el adecuado puede llegar a perjudicarles la salud y el rendimiento en la realización de las tareas disminuirá inevitablemente. En general, les afectará negativamente tanto en sus sensaciones fisiológicas como psicológicas (Monroy, 2005).

Durante las últimas tres décadas del siglo pasado, la filosofía de la ventilación en edificaciones ha experimentado varios cambios. En la década de los setentas, se realizaron considerables esfuerzos hacia el entendimiento de los mecanismos de infiltración de aire en edificaciones, con el objetivo de controlar y algunas veces reducir la casual ventilación con la finalidad de ahorrar energía. Se experimentó en la creación de ambientes artificiales internos, los cuales llevaron a ciertos cambios radicales, algunos positivos y otros negativos. Por el lado positivo, se incrementaron los niveles de confort térmico al mejorar los aislamientos térmicos y usar diseños más avanzados de sistemas de aire acondicionado. Por el lado negativo, hubo un deterioro de la calidad del aire. En 1984 un informe de la Organización Mundial de la Salud reportó que más de 70% de las enfermedades del aparato respiratorio se debían a diseños inadecuados de las edificaciones. Lo anterior, condujo a generar nuevos conceptos de ventilación, tales como; la duración media del aire en las habitaciones, nuevas unidades de la calidad del aire, etc. También, se llegó a un consenso para incrementar las cantidades de flujo de aire hacia el interior de una edificación. En los años 90's, se tuvo un énfasis sobre la reducción del consumo de energía y hacer conciencia hacia el medioambiente y enfocó las ideas de los investigadores sobre el potencial que ofrece el desarrollo tecnológico para generar novedosos dispositivos que favorezcan la ventilación natural. Como resultado de esos cambios surgieron algunos estándares de ventilación, los cuales inicialmente recomendaban, una reducción en los requerimientos del aire exterior, esta sugerencia tenían que ser una modificación apriori. Desde ese entonces, la American Society of Heating and Air Conditioner Engineers (ASHRAE) introdujo un ASHRAE Standard 62 (1989) que especifica que se requiere incrementar la mínima cantidad de aire exterior por persona de 2.5 a 7.5 l/s. Posteriormente la ASHRAE Standard 62 (2001) establece que la calidad del aire interior se logra con el cuidado de cuatro elementos: (a) Control de la fuente de contaminante, (b) ventilación propicia, (c) control de la humedad y (d) filtración adecuada. Este tipo de estándares y guías de ventilación refleja la importancia del movimiento del aire y la calidad del medio ambiente interior (Awbi 2003, Brooks 1992).

La ventilación básicamente puede definirse como el resultado de la penetración del aire exterior a través de aberturas en las habitaciones de edificaciones. El aire es conducido a través de las habitaciones como resultado de diferencias de presiones y temperaturas a través de las aberturas, la cual se debe a la acción combinada del viento y de fuerzas de flotación. Esto es, el aire entrante y saliente a través de las aberturas de habitaciones tales como puertas o ventanas, se debe fundamentalmente al efecto del viento. Sin embargo, fuerzas térmicas atribuidas a gradientes de temperaturas también juegan un papel importante, especialmente en condiciones de velocidades pequeñas de viento, por otro lado, la efectividad de la ventilación natural también depende del tamaño de las aberturas y de la dirección del viento predominante.

En el acondicionamiento térmico de las edificaciones es posible utilizar los siguientes mecanismos de ventilación: natural, forzada o mixta. La ventilación forzada es donde el movimiento del aire es generado por algún medio mecánico, como los ventiladores o extractores, así también por aparatos de aire acondicionado que controlan el clima interior de las habitaciones. La ventilación natural es la que se produce por el movimiento natural del viento que se introduce por aberturas al interior de los edificios, o bien por gradientes térmicos del aire al interior y exterior de la edificación. La ventilación mixta es una combinación de la ventilación forzada y natural. Otro de los propósitos de la ventilación es el suministro de aire fresco al espacio interior para diluir la concentración de contaminantes generada por las personas, equipos y materiales. La dilución de los contaminantes es influenciada por la cantidad y calidad del aire exterior, así como, la manera en que el aire es distribuido en el interior del espacio. La distribución del aire es una parte vital en el sistema de ventilación, ya sea mecánico o natural (Awbi 2003, Allard 1998). Para disipar el calor en un sistema de calefacción, aire acondicionado o ventilación se tiene que tomar en cuenta el control de las variables que definen el ambiente térmico interior, dentro de límites especificados en cada estación del año (temperatura del aire, temperatura media de las superficies interiores que delimitan el recinto, humedad y velocidad del aire dentro del recinto).

Por lo tanto, el conocimiento del movimiento del aire en cuartos ventilados es esencial en el diseño de sistemas de ventilación, el objetivo es tener en el interior un clima aceptable en donde prevalezca una distribución adecuada de velocidad, temperatura y concentración de contaminantes. En forma general, puede observarse que el proceso de crear un buen microclima interior se divide básicamente en dos categorías: calentamiento o enfriamiento para lograr confort térmico y ventilación para obtener una buena calidad del aire.

Serrano et al. (2013) analizaron una habitación ventilada con la finalidad de obtener una configuración que cumpla con criterios de confort térmico y calidad de aire (ASHRAE Standard 62, 2007). La habitación ventilada tiene una fuente de contaminante (dióxido de carbono, CO_2) en una de sus paredes. Para determinar la mejor configuración de ventilación se usan los parámetros de eficiencia de ventilación para la distribución de temperatura y para la remoción de contaminante. La habitación se modela como una cavidad rectangular con una pared opaca conductora de calor. Para el estudio se consideraron cuatro configuraciones para la extracción del aire.

La Figura 8.16 muestra el modelo físico de la habitación ventilada usada por Serrano et al. (2013). La configuración del modelo consiste en una cavidad bidimensional con aperturas de extracción del aire en la pared superior ó pared vertical izquierda según sea la configuración. La cavidad es ventilada en la parte inferior de la pared derecha con aire a una temperatura T_{inlet} y una concentración de CO_2 C_{inlet}. Se considera que inicialmente la cavidad esta llena de aire con valores aceptables de concentración de dióxido de carbono (CO_2, 340 ppm). La pared vertical derecha es una pared opaca, a la cual se le suministra un flujo de calor normal constante (q); debido a que parte de este flujo de calor pasa a través de la pared por conducción, se genera una diferencia de temperatura entre la superficie interior de la pared y el aire contenido en la cavidad y de la superficie exterior de la pared con el medio ambiente, provocando intercambio radiativo y convectivo con el exterior. La fuente de contaminante (CO_2) se encuentra localizada al interior de la pared vertical derecha. La pared vertical izquierda y las paredes horizontales son consideradas adiabáticas. La altura y ancho de la cavidad se definen como H y W, respectivamente. La altura de la apertura de entrada y salida de aire es H_i y la velocidad del aire de entrada es u_{inlet}, la cual es una función del número de Reynolds (Re). Se consideró un tamaño de la cavidad de 4.0 x 3.0 m^2 (HxW) siendo las dimensiones características de una habitación, con una altura en las aperturas de entrada y salida de 0.3 m ($H_i = 30$ cm) por ser el tamaño promedio de los difusores de salida de los sistemas de aire acondicionado. La temperatura del aire y el CO_2 suministrado se fijaron a un valor medio de $T_{inlet} = 24°C$ y $C_{intlet} = 340 ppm$. Para la transferencia de calor por convección al exterior se consideró un valor de coeficiente convectivo (h_{ext}) de 6.8 W/m^2 K y para las pérdidas por radiación al exterior se utilizó una emisividad de pintura blanca epóxica de 0.88 y una temperatura ambiente exterior de 35 °C. El flujo de calor impuesto al muro conductor de calor se consideró constante con un valor de 750 W/m^2 (ASHRAE, 2005).

Para determinar la ventilación optima de la cavidad ventilada se realizó un análisis de acuerdo al punto de ubicación de la ventila de extracción del aire. Para ello, se consideraron cuatro configuraciones: (A) Salida en la parte superior de la pared vertical izquierda, caso A; (B) Salida en la parte izquierda de la pared superior, caso B; (C) Salida en la parte central de la pared superior, caso C y (D) Salida en la parte de derecha de la pared superior, caso D. Otro parámetro importante es la velocidad a la cual se suministra el aire. Se consideraron las velocidades de entrada en un intervalo desde 0.02 hasta 2.0 m/s. El valor de 2.0 m/s es la velocidad máxima para difusores de salida de aire establecida por la ASHRAE Standard 55 (2004). En el intervalo, se analizaron siete valores de velocidad: 0.02, 0.05, 0.26, 0.52, 1.0, 1.54 y 2.0 m/s, las cuales corresponden a un número de Reynolds de $5x10^2$, $1x10^3$, $5x10^3$, $1x10^4$, $2x10^4$, $3x10^4$ y $4x10^4$, respectivamente. Finalmente, la fuente de contaminante de CO_2 se consideró con valores de 500, 1000, 2000 y 3000 ppm.

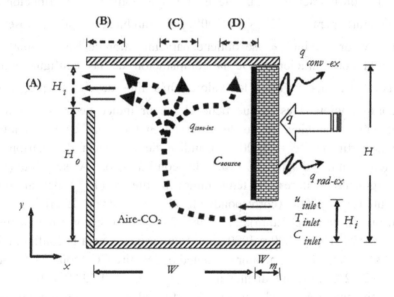

Figura 8.16 Modelo físico para habitación ventilada (de Serrano-Arellano et al., 2013).

8.5.1 Eficiencia de ventilación para la distribución de temperatura ($\bar{\varepsilon}_t$)

Para definir una configuración de ventilación ideal con una temperatura de confort y homogénea en el interior de una habitación; se determina la eficiencia de ventilación de distribución de temperatura ($\bar{\varepsilon}_t$) en el interior de la cavidad. A mayor valor de $\bar{\varepsilon}_t$ mejor distribución homogénea existe en la habitación. En la Figura 8.17 se observa que para la configuración A, B y D, el mayor índice de distribución de temperatura es cuando la intensidad de la fuente contaminante es de 3000 ppm. Pero no así para la configuración C que tiene el mayor índice de distribución de temperatura para una C_{source} = $1000\,ppm$. También, se puede observar que el valor máximo $\bar{\varepsilon}_t$ se obtiene para un valor de Re = 10000para todas la configuraciones. De la comparación de las configuraciones: A, B, C y D que tuvieron los valores más altos de $\bar{\varepsilon}_t$, se aprecia que la configuración D es la que tiene el mayor índice de distribución de temperatura; también, se puede observar en todas las configuraciones, que a partir de Re = 10000, el índice de eficiencia de distribución de temperatura disminuye. Para la configuración A se obtuvieron los siguientes valores de temperatura promedio (T_{prom}) del aire-CO_2 con un Re = 10000 (correspondiente al valor mayor de eficiencia de distribución de temperatura): 24.7, 24.5, 24.4 y 24.4 °C correspondientes a C_{source} = 500, 1000, 2000 y 3000 ppm. Similarmente, para la configuración B, los valores de temperatura promedio del aire-CO_2 son: 24.5, 24.3, 24.2 y 24.2°C correspondientes a C_{source} = 500, 1000, 2000 y 3000 ppm, respectivamente. Se puede apreciar de estos valores, que los mínimos para la configuración A y B corresponden a los valores mayores de fuente de contaminante.

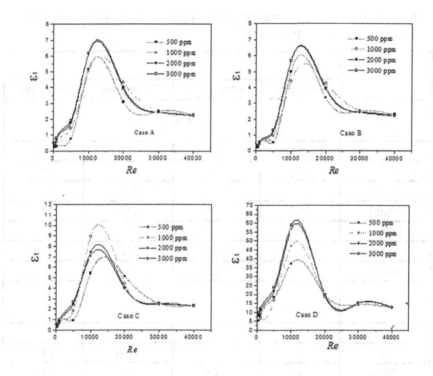

Figura 8.17 Eficiencia de ventilación para la distribución de temperatura en función del número de Reynolds (de Serrano-Arellano et al., 2013).

Con la finalidad de comparar cuantitativamente los valores de T_{prom} para las configuraciones C y D en función del Re y C_{source}, en la Tabla 8.9 se muestran los correspondientes valores promedios de temperatura de aire-CO_2. En la tabla se aprecia que para cada valor de intensidad de fuente de contaminante, tanto para el caso C y D, los valores más bajos de T_{prom} (24.1 y 24.2°C) se obtienen a partir de valor de Re = 10000. También, se observa que los valores mayores de temperatura promedio se obtienen para el más bajo valor de Re (500).

Tabla 8.9 Temperaturas promedio (°C) para la configuración C y D en función del número de Reynolds.

	C_{source}			
	500 ppm	**1000 ppm**	**2000 ppm**	**3000 ppm**
Re	**Caso C**			
500	33.5	33.6	33.8	33.8
1000	28.8	28.8	29.1	29.0
5000	24.5	24.6	24.6	24.7
10000	**24.2**	**24.1**	**24.2**	**24.2**
20000	24.7	24.3	24.3	24.2
30000	25.2	24.6	24.5	24.4
40000	24.5	24.7	24.6	24.5
Re	**Caso D**			
500	33.4	33.8	33.7	33.4
1000	28.7	28.8	29.0	28.9
5000	24.3	24.5	24.5	24.6
10000	**24.2**	**24.1**	**24.1**	**24.1**
20000	24.4	24.2	24.2	24.1
30000	24.6	24.4	24.3	24.3
40000	24.4	24.5	24.4	24.3

8.5.2 Eficiencia de ventilación para distribución de contaminantes ($\overline{\varepsilon}_C$)

Para determinar la configuración que presenta una mejor distribución de aire-CO_2, así como también los valores menores de concentración promedio al interior de la cavidad se determinó la eficiencia de distribución de contaminante ($\overline{\varepsilon}_C$) en el interior de la cavidad. A mayor valor de $\overline{\varepsilon}_C$ mejor distribución homogénea existe en la habitación. En la Figura 8.18 se presentan los perfiles de $\overline{\varepsilon}_C$ en función del número de Reynolds para todos los valores de intensidad de contaminante para las configuraciones A, B, C y D. Se observa para las configuraciones A, B, y D, que el mayor índice de distribución de contaminante se presenta cuando la intensidad de la fuente contaminante es de 3000 ppm. Para la configuración C, el mayor índice de distribución de contaminante se presentó para un valor de 1000 ppm. El valor máximo de $\overline{\varepsilon}_C$ se obtiene para un valor de Re = 10000 para todas la configuraciones. De la comparación de las configuraciones: A, B, C y D que tuvieron los valores más altos de $\overline{\varepsilon}_C$, se aprecia que la configuración D es la que tiene el mayor índice de distribución de CO_2; también, se observa para todas las configuraciones, que a partir de Re = 10000, el índice de eficiencia de distribución de contaminante disminuye.

Con la finalidad de comparar cuantitativamente las configuraciones con los valores más altos de ε_C, en la Tabla 8.10 se muestran los correspondientes valores promedios de concentración de CO_2 (C_{prom}) para las configuraciones C y D en función del Re y C_{source}. En la tabla se aprecia para el intervalo de intensidad de fuente de contaminante considerado, tanto para el caso C y D, que los valores más bajos se encuentran en un intervalo de 362 a 371 ppm, los cuales se obtienen a partir de un Re = 10000. También, se observa que los valores mayores de C_{prom} se obtienen en un intervalo de 389 a 907 ppm, y éste corresponde a un Re = 500.

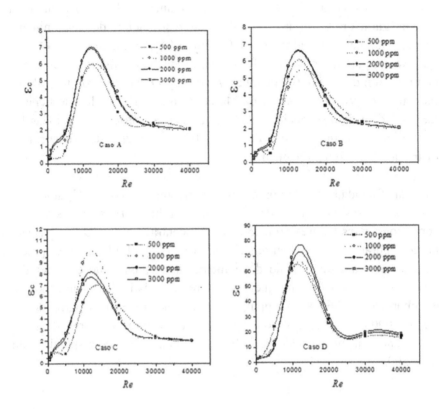

Figura 8.18 Eficiencia de ventilación para la distribución de contaminante en función del número de Reynolds (de Serrano-Arellano et al., 2013).

Con base en los resultados presentados por Serrano et al. (2013) se concluye: **(a)** que en los valores bajos de Re, la convección natural predomina, ocasionado que el transporte de energía y de masa sea por difusión. También, para un Re = 40000 predomina la convección forzada. Adicionalmente, cuando ambos efectos de convección (natural y forzada) son equiparables, los valores de temperatura y concentración de CO_2 obtenidos están dentro de los intervalos normativos. **(b)** que la configuración D es la que presenta los valores más altos de $\bar{\varepsilon}_t$ y $\bar{\varepsilon}_C$ con respecto a las configuraciones A, B y C. Se observa, que el valor máximo de $\bar{\varepsilon}_t$ (58.8 %) y $\bar{\varepsilon}_C$ (72.9%,) corresponde a un Re = 10000, con valores de T_{prom} = 24.1°C y C_{prom} = 362*ppm*. **(c)** que para obtener valores que cumplan normativamente los intervalos de temperatura y concentración de contaminante se requiere que se tenga convección mixta con un valor de Re = 10000. También, la ubicación óptima para colocar la salida de flujo aire-CO_2 es en una posición cerca de la fuente de calor.

Tabla 8.10 Concentraciones de CO_2 promedio (ppm) para la configuración C y D en función del número de Reynolds.

	C_{source}			
	500 ppm	**1000 ppm**	**2000 ppm**	**3000 ppm**
Re	Caso C			
500	389	492	697	903
1000	375	427	532	637
5000	362	368	382	395
10000	**362**	**363**	**367**	**371**
20000	363	365	369	373
30000	364	369	376	383
40000	362	370	379	387
Re	Caso D			
500	390	492	698	907
1000	375	427	532	638
5000	362	367	379	391
10000	**362**	**362**	**364**	**365**
20000	362	364	366	369
30000	363	366	371	375
40000	362	367	373	378

8.6 Análisis térmico de una chimenea solar

El uso más antiguo de la energía solar consiste en beneficiarse del aporte directo de la radiación solar, la cual es actualmente llamada energía solar pasiva. Este tipo de energía se describe como la energía solar utilizada directamente sin algún tipo de transformación, en definitiva no requiere sistemas mecánicos ni un aporte extra de energía. Entre las aplicaciones del uso de energía solar pasiva se encuentra el diseño bioclimático. La aplicación del diseño bioclimático en la arquitectura es una de las formas de ahorro de energía más accesibles y menos complejas desde el punto de vista tanto económico como tecnológico. La arquitectura solar pasiva aprovecha la energía del Sol a través de fachadas dobles, superficies vidriadas, muros, entre otros; todos con el fin de mantener condiciones de bienestar en el interior de los edificios y reducir al máximo el uso de sistemas de climatización mecánica. Haciendo frente a los problemas medioambientales y las necesidades que demanda la arquitectura actual, la arquitectura solar pasiva está experimentando una revolución en cuanto al desarrollo de fachadas especiales que ayuden en los procesos de calentamiento, ventilación, aislamiento térmico, sombreado, generación eléctrica e iluminación de viviendas; las cuales se llaman fachadas solares (Quesada et al., 2012). La clasificación general de las fachadas solares se muestra en la Figura 8.19.

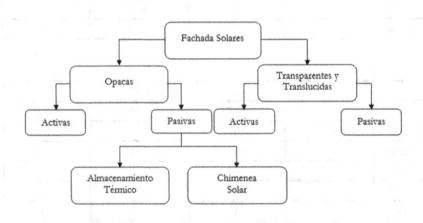

Figura 8.19 Clasificación de las fachadas solares.

Las fachadas solares opacas absorben y reflejan la radiación solar incidente, pero no pueden transferir directamente la ganancia de calor solar hacia el interior del edificio. Cuando dichas fachadas solares opacas transforman la luz del sol incidente en electricidad para su uso inmediato o para transmitir la energía térmica al interior del edificio para ser usada en equipos eléctricos ó mecánicos, entonces se les llama fachadas solares opacas y activas. Las fachadas solares opacas y pasivas transforman la luz del Sol incidente en energía térmica, y tienen como objetivo el calentamiento o ventilación de la edificación, sin el uso de equipo eléctrico o mecánico. Dentro de la clasificación de fachadas solares opacas y pasivas se tiene a la chimenea solar. Una chimenea solar se define como una cavidad alargada ventilada, que generalmente se ubica en la parte más soleada de una edificación y está unida a la fachada o el techo del edificio, conectada al espacio interno con un orificio de ventilación (Figura 8.20). Una simple clasificación de estos sistemas por su aplicación es: chimeneas de uso diurno y chimeneas de uso nocturno; para el funcionamiento diurno se requiere de una construcción térmicamente ligera (placa absorbedora metálica) y una estructura térmicamente pesada para el funcionamiento nocturno (placa absorbedora de gran capacidad de almacenamiento térmico).

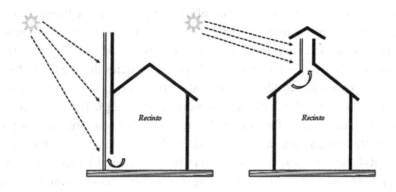

Figura 8.20 Chimenea solar: (izquierda) unida a la fachada y (derecha) unida al techo.

La estructura de una chimenea solar convencional principalmente consiste en una superficie caliente absorbedora y una superficie vidriada, entre las cuales se encuentra un espacio de aire; la superficie vidriada es colocada en dirección al Sol, aprovechando la energía solar que incide sobre ella durante medio día. Su función principal es la de remover un volumen de aire en un recinto, con el simple propósito de ventilar la vivienda para mejorar la calidad del aire, o bien, con el adicional propósito de generar condiciones de confort si el aire de entrada a la habitación se preacondiciona, ya sea pasiva o activamente.

El funcionamiento de la chimenea solar se debe a distintos mecanismos de transferencia de calor involucrados en el sistema. Sobre la cubierta de vidrio incide radiación solar directa (G_{Solar}) y difusa (G_d). La radiación solar directa que incide sobre la cubierta de vidrio se divide en radiación reflejada al exterior (q_ρ), absorbida por el vidrio (q_a) y el resto logra ingresar al canal ($q_{\tau,s}$). De ésta radiación solar transmitida una porción se absorbe por la placa (q_a), y otra porción se rechaza al interior del canal ($q_{r-in,\ S}$), como se muestra en la Figura 8.21, para incidir nuevamente sobre la cubierta de vidrio donde una parte logrará salir al medio ambiente exterior ($q_{r-out,\ S}$) y el resto regresará al interior del sistema ($q_{r-in,\ S}$). Teniendo en cuenta que la radiación solar directa es una radiación térmica de onda corta se le asignó el subíndice "S" a los flujos de calor productos del intercambio radiativo debido a la radiación solar directa. También, sobre la cubierta de vidrio incide radiación difusa (G_d), la cual es producto de la energía térmica emitida por superficies del medio ambiente exterior y es radiación térmica de onda larga, por lo que se le asignó el subíndice "l" a los flujos de calor debidos a esta energía ($q_{\tau,l}$, $q_{r-in,l}$, $q_{r-out,l}$). El mecanismo de transferencia de la radiación de onda larga se comporta de manera similar que la radiación de onda corta, con la diferencia que las cantidades de energía involucradas son distintas. El vidrio, a su vez, también se encuentra disipando energía por convección hacia el interior y exterior de la chimenea. Debido a la cantidad de energía absorbida por la placa, ésta transmite parte de su energía al fluido contenido en la chimenea, y el incremento de la energía en el fluido provoca un incremento en las fuerzas de flotación del mismo, dando como resultado un efecto de succión que termina por expulsarlo hacia el exterior.

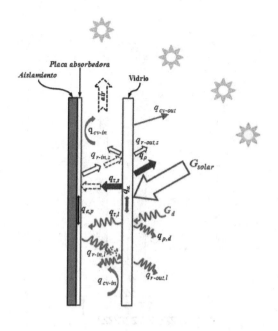

Figura 8.21 Modelo físico de una chimenea solar convencional.

Arce et al. (2008) estudio el comportamiento térmico de una chimenea solar. El modelo físico simplificado de la chimenea solar se muestra en la Figura 8.22. El modelo físico se indica con un rectángulo de líneas interrumpidas con puntos. La altura total del sistema, la altura del muro de hormigón y la altura de la entrada de aire, se representan respectivamente por, Hy, Hy_{ho}, y H_{ent}. El espesor del vidrio, el ancho del canal de aire y el espesor del muro de hormigón, se representan respectivamente por, Hx_g, Hx, y $Hx_{ho.}$ La parte superior e inferior de la cubierta de vidrio se consideran aisladas, mientras que para el muro, se consideran aisladas la parte superior e inferior, y la superficie lateral derecha. Sobre la cubierta de vidrio, en la parte externa, se representa la irradiancia solar "G" de entrada al sistema. Se consideró la altura de la chimenea solar de 4.0 m, el ancho del canal de aire variable (0.10 m a 0.35 m), el espesor de la cubierta de vidrio fijo (5 mm) y el espesor del muro de 0.15 m. La altura de la entrada de aire a la chimenea se consideró variable de 0.10 m a 0.30 m. Para las temperaturas del aire a la entrada y al exterior se consideraron dos valores, 20 y 35 ºC.

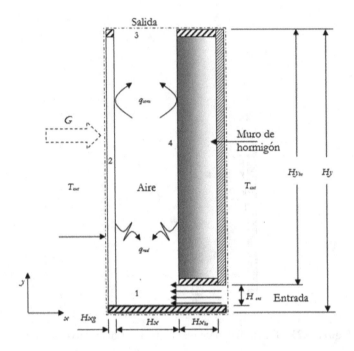

Figura 8.22 Diagrama esquemático del modelo físico de la chimenea solar (de Arce, 2008).

8.6.1 Patrones de flujo

En la Figura 8.23 se muestran las líneas de corriente para el canal de la chimenea para dos casos de interés con $H_{ent} = 0.3$ m y un ancho de canal de aire de 0.35 m. Con la finalidad de apreciar las líneas de corriente en el interior del canal de aire, su ancho se ha exagerado, y no está en proporción con las alturas H y H_{ent}. Del lado izquierdo en cada figura se tiene la cubierta de vidrio de la chimenea, la cual se encuentra a menor temperatura respecto a la superficie derecha del muro de hormigón, por consiguiente las líneas de corriente cercanas a la superficie izquierda indican que el fluido desciende, mientras que del lado derecho, las líneas de corriente indican el ascenso del fluido. Este comportamiento es característico de una cavidad calentada diferencialmente, donde el fluido desciende por la pared fría, y asciende por la pared caliente. En la parte inferior de cada figura, aparece un vórtice, el cual es representativo de la recirculación de aire que se forma, como consecuencia de la entrada de aire en la parte inferior derecha. Este vórtice se desplaza ligeramente hacia el lado derecho cuando se intensifica la radiación solar, como consecuencia de una mayor entrada de fluido.

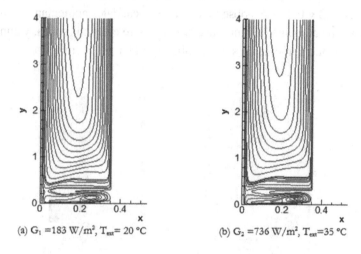

(a) $G_1 = 183$ W/m², $T_{ext} = 20$ °C   (b) $G_2 = 736$ W/m², $T_{ext} = 35$ °C

Figura 8.23 Isolíneas de corriente en el canal de aire de la chimenea solar (de Arce, 2008).

En la Figura 8.24 se muestran las isotermas para la chimenea solar para cuatro casos, la cubierta de vidrio se localiza en el lado izquierdo, el canal de aire en la parte central, y el muro de hormigón en el lado derecho de cada figura. En la parte inferior derecha se localiza la entrada de aire. Los cuatro esquemas que se muestran en la figura, incluyen los dos casos representativos de la Figura 8.23. Se observa que a medida que aumenta la temperatura de ambiente y/o la radiación solar, la temperatura del muro, y como consecuencia, la temperatura de la cubierta del vidrio y la temperatura del aire en el canal aumentan. Existe una zona de estratificación de la temperatura en la parte inferior, como consecuencia de los vórtices que se forman cerca de la entrada.

8.6.2 Caudal

Como consecuencia de tener velocidades netas del aire relativamente bajas en el canal de la chimenea, se esperan obtener pequeños caudales a través del sistema. En la Figura 8.25 se muestran estos caudales de aire a través de la entrada de la chimenea, para los cuatro casos de la Figura 8.24, como función de la variación del ancho del canal. En cada uno de los cuatro esquemas, aparecen tres perfiles, los cuales corresponden a tres alturas de entrada de aire, H_{ent} = 0.1, 0.2 y 0.3 m. Se observa que dichos caudales aumentan ligeramente a medida que aumenta la altura de entrada de aire en la chimenea, y aumentan también cuando la radiación solar cambia de 183 a 736 W/m².

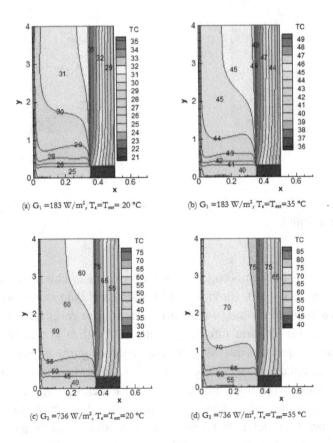

Figura 8.24 Isotermas en el canal de aire de la chimenea solar (de Arce, 2008).

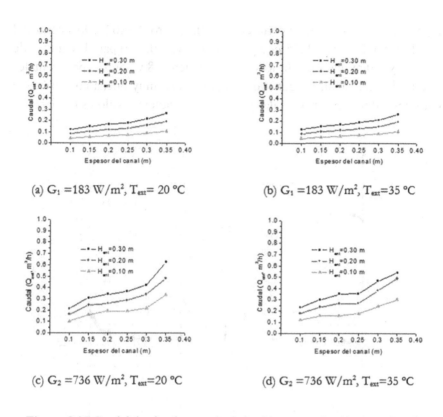

(a) $G_1 = 183$ W/m², $T_{ext} = 20$ °C

(b) $G_1 = 183$ W/m², $T_{ext} = 35$ °C

(c) $G_2 = 736$ W/m², $T_{ext} = 20$ °C

(d) $G_2 = 736$ W/m², $T_{ext} = 35$ °C

Figura 8.25 Caudal de aire de entrada de la chimenea solar (de Arce, 2008).

Resultados experimentales reportados por Arce et al. (2009) fueron usados para validar los resultados de temperatura de la chimenea solar. De la comparación entre los valores experimentales y los valores teóricos se obtuvieron desviaciones máximas porcentuales de 1.0 a 4.6 % para la temperatura del aire en el canal de la chimenea. En la Figura 8.26 se muestra la comparación entre los valores experimentales de la temperatura del aire en el canal de la chimenea y los correspondientes valores teóricos a cuatro diferentes alturas, 1.5, 2.0, 3.0, y 4.0 m. En el lado derecho de la misma figura ($x = 0.3$ m) se representa la temperatura de la superficie interna del muro de hormigón, mientras que en el lado izquierdo correspondiente ($x = 0$ m) se representa la temperatura de superficie interna en la cubierta de vidrio. Los valores intermedios con fondo blanco correspondientes, representan la temperatura teórica del aire en distintos puntos a lo ancho del canal. Mientras que los valores con fondo oscuro

366

representan los valores experimentales en cuatro puntos a lo ancho del canal ($x_1 = 0.2$ m, $x_2 = 0.25$ m, $x_3 = 0.28$ m y $x_4 = 0.3$ m) para las alturas de 1.5, 2.0 y 4.0 m. Para la altura de 3.0 m, se tienen 8 valores experimentales a lo ancho del canal. En general, se aprecia una muy buena concordancia entre los valores experimentales y los correspondientes valores teóricos.

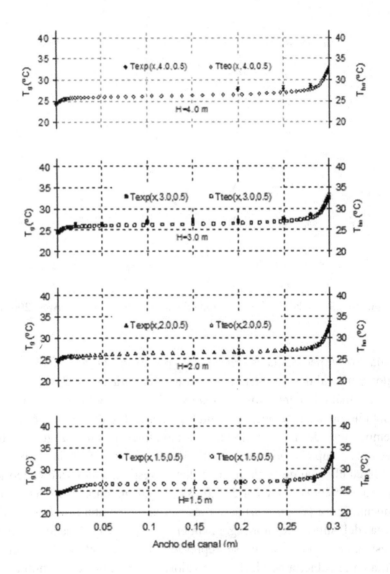

Figura 8.26 Comparación de resultados en cuatro alturas de la chimenea solar (de Arce, 2008).

8.7 Análisis térmico de un intercambiador tierra-aire (EAHE)

El consumo energético destinado al acondicionamiento de edificaciones se ha incrementado en las últimas décadas debido en gran medida a los cambios climáticos que se han experimentado a nivel mundial; sin embargo, otro factor que ha influido en el incremento de esta demanda energética, es la falta de criterio en el diseño de las edificaciones, el cual se ve influenciado fuertemente por las tendencias en los diseños arquitectónicos o modas de la época. De igual forma, debido a que nuestra sociedad se ha vuelto más sedentaria y tienden a pasar más tiempo al interior de sus casas, las edificaciones de uso residencial han pasado a ser grandes consumidores de energía eléctrica para el acondicionamiento térmico de sus interiores.

Si bien es cierto que se han realizado muchos esfuerzos por desarrollar nuevas tecnologías pasivas con fines de ahorro de energía, tales como los muros con materiales con cambio de fase, los muros Trombe, las chimeneas solares, los techos frescos y los intercambiadores de calor tierra-aire entre otros, resulta difícil evaluar su comportamiento y sobre todo cuantificar los beneficios al integrarlos en una vivienda si no se realiza de manera experimental, lo cual conlleva un costo que suele ser muy alto.

En particular, los intercambiadores de calor tierra-aire (por sus siglas en inglés, EAHE) presentan una alternativa viable para el acondicionamiento térmico de habitaciones para climas cálidos y fríos (Figura 8.27). El principio básico de estos intercambiadores de calor es aprovechar la inercia térmica que proporciona la tierra. La temperatura del subsuelo se ve afectada por la temperatura ambiente que impera en la región, de tal forma que, durante la temporada de calor, el subsuelo conduce este calor hacia las capas inferiores, y dependiendo de las propiedades termofísicas de la tierra, ésta mantiene una inercia térmica conservando el calor, tal que cuando la temporada de frío está presente, el calor almacenado por el subsuelo se libera. Este calor puede ser aprovechado implementando un intercambiador de calor tierra-aire. Éste consiste en un sistema de tubería enterrada, por la cual se hace circular aire de manera natural o forzada mediante algún dispositivo mecánico; el calor que guarda el subsuelo se trasfiere al aire que corre por la tubería, primero por conducción a través de las paredes de los tubos y posteriormente por convección. Eventualmente, el subsuelo se va enfriando debido a las condiciones climáticas y cuando la temporada de calor comienza, la temperatura del subsuelo es menor que la temperatura ambiente, repitiéndose el proceso pero de manera inversa, es decir, al circular el aire caliente que entra por la tubería, éste se enfría cediendo calor al subsuelo que se encuentra a menor temperatura.

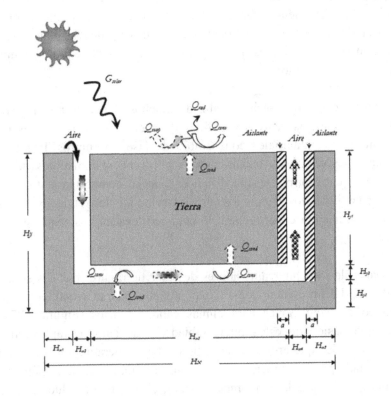

Figura 8.27. Intercambiador de calor tierra-aire (de Xamán et al., 2014b).

En la literatura se han desarrollado diversos estudios para evaluar el comportamiento de intercambiadores de calor tierra-aire. Estudiar tanto numérica como experimentalmente el comportamiento de un intercambiador tierra-aire es solo una parte del problema. El acoplamiento de un intercambiador a una casa-habitación modifica el comportamiento térmico de la misma y cuantificar la efectividad de este tipo de sistemas es la otra parte del problema.

8.7.1 Estudio del EAHE para tres climas de México

Ramírez-Dávila et al. (2014) y Xamán et al. (2014b) han estudiado el comportamiento térmico de un EAHE para diferentes estados de México. Ramírez-Dávila et al. (2014) estudiaron un EAHE en el cual se considera la transferencia de calor a través de la tierra y el tubo intercambiador de calor en conjunto. La aplicación del EAHE se evaluó durante un año (2010) bajo las condiciones climatológicas de (1) Mérida, Yucatán, (2) México, DF., y (3) Cd. Juárez, Chihuahua. En la Tabla 8.11 se muestra las características geométricas del EAHE que modeló Ramírez-Dávila et al. (2014).

Tabla 8.11 Dimensiones geométricas del EAHE.

Sección	Dimensión
Profundidad de la tierra	Hy 12 m
Profundidad del tubo	Hy_3 10 m
Diámetro del tubo	$Hx_2 = Hx_4 = Hy_2 = 0.15$ m
Longitud del tubo	$Hx_3 = 5$ m
Longitud de tierra en los extremos	$Hx_1 = Hx_5 = 0.5$ m
Espesor del aislante	$a = 0.025, 0.05, 0.075$ m

En la Tabla 8.12 se muestran los resultados obtenidos por Ramírez-Dávila et al., estos corresponden al valor promedio de temperatura del aire a la salida ($T_{prom, sal}$) del EAHE en función del número de Reynolds para el estado de Cd. Juárez, Chihuahua.

Al comparar la $T_{prom, sal}$ obtenida entre un número de Re de 100 y 1500 durante los meses de invierno, se obtiene una diferencia absoluta porcentual promedio del 19%, la cual tiende a incrementarse a medida que el número de Re lo hace, mientras que en los meses cálidos no existe una diferencia térmica significativa entre un número de *Re* y otro. La razón por la cual el EAHE en invierno es más eficiente a medida que el número de *Re* se incrementa, es porque una mayor velocidad ocasiona que el fluido permanezca menos tiempo en contacto con la tierra fría que se encuentra cerca de la superficie, disminuyendo las pérdidas de calor. Por otra parte, en verano la velocidad del aire no tiene una influencia significativa debido a que los gradientes de temperatura en la tierra son mínimos. Sin embargo, los resultados térmicos del EAHE reflejan una contribución más favorable para los meses cálidos, ya que en promedio disminuye la temperatura en 6.6 °C durante los meses cálidos, y la aumenta en 2.1°C durante los meses fríos (invierno). También, se puede observar de estos resultados, que la variación de $T_{prom,sal}$ tiende a incrementar de Enero a Julio, y posteriormente a decrementar hasta llegar a Diciembre, con excepción del mes de Mayo, donde la temperatura a la salida se eleva sobre la de cualquier otro mes. Esto se debe a que la radiación incidente en Mayo sobrepasa significativamente a la máxima recibida en cualquier otro mes, siendo 20.6% mayor que la del mes de Abril (el segundo mes con una mayor radiación incidente registrada), lo cual ocasionó un incremento importante en la temperatura de la superficie de la tierra, a tal grado, que propició que la $T_{prom,sal}$ aumente en un 23% con respecto a la temperatura que la tendencia indicaba. El hecho de que este aumento de radiación incidente tan radical en el mes de Mayo haya elevado al $T_{prom,sal}$ a tal magnitud, indica que el intercambio de calor más importante se da en una región cercana a la superficie de la tierra. De hecho no son necesarias grandes profundidades para que el EAHE opere de forma adecuada. Ramírez-Dávila et al. (2014) determinó que a partir de los 2 m de profundidad la temperatura de la tierra se mantiene prácticamente constante, tanto para verano como para invierno.

Tabla 8.12 Temperatura promedio a la entrada y salida (°C) del EAHE en función del número de Reynolds para Cd. Juárez, Chihuahua.

Mes	Temperatura de Entrada	Temperatura de Salida $T_{prom,sal}$			
		$Re = 100$	$Re = 500$	$Re = 1000$	$Re = 1500$
Ene	-0.6	1.6	1.8	2.1	2.4
Feb	3.2	4.6	4.8	5	5.3
Mar	7.5	5.9	6.1	6.4	6.7
Abr	25.3	19.8	19.9	20	20.1
May	31.1	27.4	27.4	27.3	27.1
Jun	33.3	23.6	23.6	23.7	23.8
Jul	33.6	25.5	25.5	25.6	25.6
Ago	31.3	24.4	24.4	24.4	24.4
Sep	29.1	22.8	22.8	22.9	22.9
Oct	11.3	13.7	13.7	13.8	13.8
Nov	3.3	4.7	4.9	5.1	5.4
Dic	0.8	3.8	4	4.2	4.5

En la Figura 8.28 se muestran los resultados obtenidos para el valor promedio de temperatura del aire a la salida ($T_{prom,\ sal}$) del EAHE en función del número de Reynolds para México, DF.

En general, para todos los meses del año y números de Reynolds, el EAHE térmicamente cumple su objetivo; debido a que en los meses (Ene-Mar, Oct-Dic) de baja temperatura (clima frío), la $T_{prom,\ sal}$ se incrementa y viceversa; en los meses (Abr-Sep) de alta temperatura (clima cálido), la $T_{prom,\ sal}$ se disminuye.

Para cada mes, la variación de la $T_{prom,\ sal}$ respecto al número de Reynolds es casi constante, la variación máxima que se obtiene es de 0.7°C y esta corresponde a los días de baja temperatura. Para un número de $Re = 1500$, en los días de alta temperatura (Abr-Sep), la temperatura del aire de entrada en el EAHE tiene una disminución en un intervalo de 1.9 a 5.4°C; y para $Re = 100$, este intervalo es de 1.6 a 5.4°C. En el caso de los días de baja temperatura (clima frío), para un $Re = 1500$ la temperatura del aire de entrada en el EAHE aumentó en un intervalo de 1.5 a 3.7°C, este intervalo de temperatura para $Re = 100$ es de 0.9 a 3.1 °C.

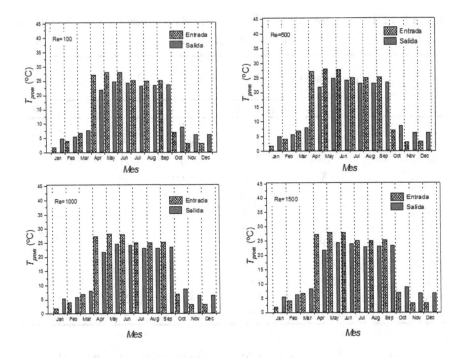

Figura 8.28 Temperatura promedio a la entrada y salida (°C) del EAHE en función del número de Reynolds para México, DF (de Ramírez-Dávila et al., 2014).

En la Tabla 8.13 se muestran los resultados obtenidos para el valor promedio de temperatura del aire a la salida ($T_{prom, \, sal}$) del EAHE en función del número de Reynolds para Mérida, Yucatán.

En general, solo en los meses de Ene-Mar y Oct-Dic y cualquier número de Reynolds el EAHE térmicamente cumple su objetivo; debido a que la $T_{prom, \, sal}$ se incrementa. En particular, solo en 3 meses de clima cálidos (Abr-Sep) la $T_{prom, \, sal}$ disminuye, con una disminución máxima de 1.7°C en el mes de Abril, lo cual nos indica un pobre desempeño térmico del EAHE en esta época del año. Mucho de este comportamiento como se explicó para el caso de Cd. Juárez, Chihuahua se debe principalmente a la combinación de la inercia térmica de la tierra con el valor correspondiente de irradiación solar. En la tabla se aprecia que la variación máxima de

$T_{prom, sal}$ respecto al número de Reynolds es 1.5°C en los meses cálidos y en los meses fríos es de 0.8°C.

En el caso de los meses de Ene-Mar y Oct-Dic, para un número de Re = 1500 la temperatura del aire de entrada en el EAHE aumentó en un intervalo de 3 a 4.8°C, este intervalo de temperatura para Re = 100 es de 2.4 a 4.8 °C.

Tabla 8.13 Temperatura promedio a la entrada y salida (°C) del EAHE en función del número de Reynolds para Mérida, Yucatán.

Mes	Temperatura de Entrada	Temperatura de Salida $T_{prom,sal}$			
		$Re = 100$	$Re = 500$	$Re = 1000$	$Re = 1500$
Ene	10.1	12.5	12.7	13	13.3
Feb	12.0	15.4	15.5	15.7	15.9
Mar	14.3	17	17.1	17.3	17.5
Abr	39.6	38.7	38.5	38.2	37.9
May	41.2	43.4	43.1	42.6	42.1
Jun	38.2	43.2	42.8	42.3	41.7
Jul	38.4	39.9	39.6	39.3	38.9
Ago	37.0	37.5	37.3	37	36.6
Sep	36.3	36.1	35.8	35.5	35.2
Oct	16.8	21.6	21.6	21.6	21.6
Nov	14.2	16.7	16.9	17	17,2
Dic	12.3	16.4	16.5	16.7	16.8

En resumen, los resultados de Ramírez-Dávila et al. (2014) para los estados de Cd. Juárez, Chihuahua y México, DF., demuestran que el EAHE tiene un mejor comportamiento térmico en verano respecto a invierno. Para el caso de Mérida, Yucatán el EAHE no tuvo un desempeño térmico favorable, debido principalmente a las condiciones climáticas de lugar que hacen que la tierra en la superficie alcance temperaturas elevadas y cuando el flujo de aire asciende por la tubería de salida intercambia calor con la superficie de la tierra y por ende, afecta el valor de la $T_{prom,sal}$ del aire de manera desfavorable. Entonces, para evitar este intercambio de calor no deseable, Xamán et al. (2014b) propusieron aislar térmicamente la sección de la tubería vertical de salida del EAHE.

8.7.2 Efecto de aislamiento en el EAHE

Xamán et al. (2014b) realizaron el estudio numérico de un EAHE para obtener el espesor optimó (a) del material aislante en la tubería de salida del EAHE con la finalidad de mejorar el comportamiento térmico. Se consideró el material aislante de poliestireno con propiedades físicas: $C_p =$ 1800 J kg^{-1}K^{-1}, $\lambda = 0.033$ W m^{-1}K^{-1} y $\rho = 28$ kg m^{-3}. Para las simulaciones numéricas se consideró espesores del material aislante de 0.025, 0.05 y 0.075 m (1", 2" y 3") un valor de número de Reynolds de 1500.

La Tabla 8.14 presenta la diferencia de temperatura del aire entre la entrada y la salida del EAHE con aislante térmico para la ciudad de Mérida, Yucatán. Además, también se presentan los resultados de Ramírez-Dávila et al. (2014), los cuales no consideraron el aislamiento térmico. En cuanto a los meses de clima frío (Ene-Mar, Oct-Dic), el efecto de aislamiento con $a = 0.025$ m en el EAHE no es significativo. Con un aislamiento de $a = 0.05$ m se evita una pérdida importante de calor en la sección de salida del EAHE. Por ejemplo para Enero, la temperatura promedio del aire a la salida del EAHE alcanza hasta 5.8 °C por encima de la temperatura de entrada (2.6 °C por encima del caso sin aislante). Para fines de calefacción, el EAHE con un aislamiento de $a = 0.075$ m presenta un comportamiento similar al caso cuando se tiene $a = 0.05$ m.

Por otra parte, como se mencionó anteriormente con las condiciones climáticas de Mérida Yucatán, el EAHE sin aislamiento no tiene un buen comportamiento térmico para fines de refrigeración. Los resultados de la Tabla 8.14 muestran que usar un aislamiento de espesor $a = 0.025$ m en la sección de salida ligeramente mejora el comportamiento del EAHE. Por ejemplo, con respecto a los casos sin aislamiento, en los meses de Mayo y Julio la temperatura a la salida se redujo 1.1 y 0.9 °C, respectivamente. Sin embargo con este espesor del aislante, el EAHE sigue sin funcionar en el mes de Junio. Por el contrario, un aislamiento térmico con $a = 0.05$ m provoca que el EAHE funcione correctamente durante todos los meses de la temporada de calor (Figura 8.29). Esta medida evita importantes ganancias de calor desde el suelo, por lo tanto, el EAHE con un aislamiento de $a = 0.05$ M tiene una importante contribución al efecto de enfriamiento durante los meses cálidos. En el mes de Junio, la temperatura del aire en la salida del EAHE alcanzó 1.5 °C por debajo de la temperatura de entrada (5 °C menos que el valor obtenido para el caso sin aislamiento) y en el mes de Abril, la temperatura del aire a la salida alcanzó 4.3 °C por debajo de la temperatura de entrada (2.6 °C menos que el valor obtenido para el caso sin aislamiento). Para propósitos de enfriamiento, el EAHE con un aislamiento de espesor $a = 0.075$ m tiene un comportamiento similar a los resultados del caso con aislamiento de $a = 0.05$ m. Por lo tanto, no es necesario utilizar un espesor mayor de 0.05 m (Figura 8.29).

Tabla 8.14. Diferencia de temperatura promedio (°C) entre la salida y entrada de aire en el EAHE como función de "a" para un año (Mérida, Yucatán).

Clima	Mes	Temperatura de Entrada $T_{prom,\ ent}$	$\Delta T = T_{prom,\ sal} - T_{prom,\ ent}$			
			Sin aislante	Con aislante		
			$a = 0\ m$	$a = 0.025\ m$	$a = 0.05\ m$	$a = 0.075\ m$
Frío	Ene	10.1	3.2	3.8	5.8	6.1
	Feb	12.0	3.9	4.3	5.6	5.8
	Mar	14.3	3.2	3.5	4.6	4.8
Cálido	Abr	39.6	-1.7	-2.3	-4.3	-4.7
	May	41.2	0.9	-0.2	-3.4	-4.0
	Jun	38.2	3.5	2.2	-1.5	-2.1
	Jul	38.4	0.5	-0.4	-2.9	-3.3
	Ago	37.0	-0.4	-1.0	-3.0	-3.3
	Sep	36.3	-1.1	-1.8	-3.4	-3,1
Frío	Oct	16.8	4.8	4.8	4.8	4.8
	Nov	14.2	3.0	3.4	4.6	4.8
	Dic	12.3	4.5	4.9	5.8	6.0

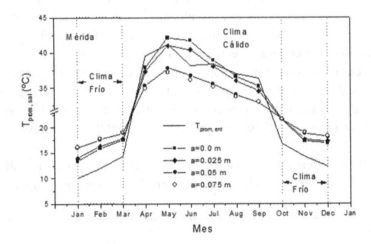

Figura 8.29 Temperatura promedio a la entrada y salida (°C) del EAHE en función del espesor del aislante para Mérida, Yucatán (de Xamán et al., 2014b).

8.8 Resumen

En este capítulo se presentaron seis aplicaciones de la dinámica de fluidos computacional. Las aplicaciones elegidas son relacionadas con el área de sistemas térmicos; entre estas, propiedades termofísicas, confort térmico y calidad de aire en habitaciones, así como la evaluación térmica de sistemas pasivos. Estas aplicaciones son,

- Diseño térmico de un instrumento para medir conductividad térmica en sólidos conductores.
- Análisis térmico de una ventana de vidrio doble.
- Material óptimo para el techo de una habitación.
- Remoción de contaminantes (CO_2) en una habitación.
- Análisis térmico de una chimenea solar.
- Análisis térmico de un intercambiador de calor tierra-aire.

Una descripción detallada de cada problema, así como la discusión de resultados fueron establecidas de tal forma que el lector se sienta familiarizado con la aplicación. Los resultados reflejan la experiencia de los autores en el área de sistemas térmicos y la mayoría de estos resultados han sido publicados a nivel internacional.

La solución de estos problemas involucra conocimientos de mecánica de fluidos, transferencia de calor y masa, así como de aplicaciones de la energía solar. El lector debe consultar literatura al respecto para la compresión de los parámetros (caudal, número de Nusselt, etc.) usados en cada problema.

APÉNDICE A

Transformación de Coordenadas

A.1 Introducción

Los aspectos matemáticos relacionados con los sistemas de coordenadas curvilíneas y su relación con el plano cartesiano se detallan a continuación. La información respecto a la transformación de coordenadas es del texto de Maliska (2004).

A.1.1 Sistemas de coordenadas curvilíneas

En la Figura A.1 se muestra un sistema de coordenadas curvilíneas (ξ, η, ζ) referidas al sistema cartesiano (x, y, z). Las coordenadas curvilíneas de un punto son referidas al sistema cartesiano con tres ecuaciones de transformación,

$$\xi = \xi(x, y, z) \tag{A.1}$$

$$\eta = \eta(x, y, z) \tag{A.2}$$

$$\zeta = \zeta(x, y, z) \tag{A.3}$$

Existe la posibilidad de representar un nuevo sistema coordenado en movimiento con el tiempo, lo que altera en forma funcional las Ecs. (A.1) a (A.3) al involucrar la variable tiempo.

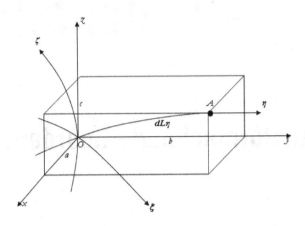

Figura A.1 Sistema de coordenadas curvilíneas (adaptado de Maliska, 2004).

Las métricas de esta transformación pueden obtenerse a través de la función inversa. Las diferenciales de cada eje coordenado están dadas por,

$$d\xi = \xi_x dx + \xi_y dy + \xi_z dz \tag{A.4}$$

$$d\eta = \eta_x dx + \eta_y dy + \eta_z dz \tag{A.5}$$

$$d\zeta = \zeta_x dx + \zeta_y dy + \zeta_z dz \tag{A.6}$$

donde ξ_i, η_i, ζ_i, son las derivadas parciales respecto al eje coordenado indicado en el subíndice, escribiendo las Ecs. (A.4) a (A.6) en forma matricial,

$$\begin{bmatrix} d\xi \\ d\eta \\ d\zeta \end{bmatrix} = \begin{bmatrix} \xi_x & \xi_y & \xi_z \\ \eta_x & \eta_y & \eta_z \\ \zeta_x & \zeta_y & \zeta_z \end{bmatrix} \begin{bmatrix} dx \\ dy \\ dz \end{bmatrix} \tag{A.7}$$

en forma compacta,

$$\begin{bmatrix} d^T \end{bmatrix} = \begin{bmatrix} A \end{bmatrix} \begin{bmatrix} d^F \end{bmatrix} \tag{A.8}$$

donde d^T y d^F son las diferenciales en el dominio transformado y en el dominio físico, respectivamente. A través de las diferenciales en el plano físico, se encuentra,

$$
\begin{bmatrix} dx \\ dy \\ dz \end{bmatrix} = \begin{bmatrix} x_\xi & x_\eta & x_\zeta \\ y_\xi & y_\eta & y_\zeta \\ z_\xi & z_\eta & z_\zeta \end{bmatrix} \begin{bmatrix} d\xi \\ d\eta \\ d\zeta \end{bmatrix}
\tag{A.9}
$$

ó,

$$
\left[d^F \right] = [B]\left[d^T \right]
\tag{A.10}
$$

Por usar las Ecs. (A.8) y (A.10), se llega a,

$$
A = B^{-1} = J\begin{bmatrix} y_\eta z_\zeta - y_\zeta z_\eta & -\left(x_\eta z_\zeta - x_\zeta z_\eta \right) & x_\eta y_\zeta - x_\zeta y_\eta \\ -\left(y_\xi z_\zeta - y_\zeta z_\xi \right) & x_\xi z_\zeta - x_\zeta z_\xi & -\left(x_\xi y_\zeta - x_\zeta y_\xi \right) \\ y_\xi z_\eta - y_\eta z_\xi & -\left(x_\xi y_\eta - x_\eta y_\xi \right) & x_\xi y_\eta - x_\eta y_\xi \end{bmatrix}
\tag{A.11}
$$

luego, al comparar la matriz $[A]$ con $\left[B^{-1} \right]$, elemento por elemento, las métricas están dadas por,

$$
\begin{aligned}
&\xi_x = J\left(y_\eta z_\zeta - y_\zeta z_\eta \right) \ , \quad \xi_y = -J\left(x_\eta z_\zeta - x_\zeta z_\eta \right) \ , \quad \xi_z = J\left(x_\eta y_\zeta - x_\zeta y_\eta \right) \ , \\
&\eta_x = -J\left(y_\xi z_\zeta - y_\zeta z_\xi \right) \ , \quad \eta_y = J\left(x_\xi z_\zeta - x_\zeta z_\xi \right) \ , \quad \eta_z = -J\left(x_\xi y_\zeta - x_\zeta y_\xi \right) \ , \\
&\zeta_x = J\left(y_\xi z_\eta - y_\eta z_\xi \right) \ , \quad \zeta_y = -J\left(x_\xi z_\eta - x_\eta z_\xi \right) \ , \quad \zeta_z = J\left(x_\xi y_\eta - x_\eta y_\xi \right)
\end{aligned}
\tag{A.12}
$$

donde, J es el Jacobiano de la transformación expresado como:

$$
J = \det[A] = \frac{1}{\det[B]}
\tag{A.13}
$$

ó,

$$
J = \left[x_\xi \left(y_\eta z_\zeta - y_\zeta z_\eta \right) - x_\eta \left(y_\xi z_\zeta - y_\zeta z_\xi \right) + x_\zeta \left(y_\xi z_\eta - y_\eta z_\xi \right) \right]^{-1}
\tag{A.14}
$$

Las Ecs. (A.1) a (A.3) representan una transformación de un sistema (x,y,z) a un sistema (ξ,η,ζ). El teorema de la función inversa, el cual permite la obtención de las relaciones dadas por la Ec. (A.12), admite la existencia de la inversa de la transformación dada por,

$$x = x(\xi, \eta, \zeta) \quad,$$
$$y = y(\xi, \eta, \zeta) \quad, \tag{A.15}$$
$$z = z(\xi, \eta, \zeta)$$

donde las métricas de cada función inversa son,

$$x_\xi = \frac{1}{J}(\eta_y \zeta_z - \zeta_y \eta_z) \quad, \quad x_\eta = -\frac{1}{J}(\xi_y \zeta_z - \zeta_y \xi_z) \quad, \quad x_\zeta = \frac{1}{J}(\eta_z \xi_y - \xi_z \eta_y) \quad,$$

$$y_\xi = \frac{1}{J}(\eta_x \zeta_z - \zeta_x \eta_z) \quad, \quad y_\eta = \frac{1}{J}(\xi_x \zeta_z - \zeta_x \xi_z) \quad, \quad y_\zeta = -\frac{1}{J}(\xi_x \eta_z - \eta_x \xi_z) \quad, \tag{A.16}$$

$$z_\xi = \frac{1}{J}(\eta_x \zeta_y - \zeta_x \eta_y) \quad, \quad z_\eta = -\frac{1}{J}(\xi_x \zeta_y - \zeta_x \xi_y) \quad, \quad z_\zeta = \frac{1}{J}(\xi_x \eta_y - \eta_x \xi_y)$$

Para ejemplificar, considere la transformación de un sistema de coordenadas cartesianas al sistema de coordenadas cilíndricas (Maliska, 2004). Considere la transformación, dada por,

$$r = \xi = \sqrt{x^2 + y^2} \quad,$$
$$\theta = \eta = \tan^{-1}\left(\frac{y}{x}\right) \quad, \tag{A.17}$$
$$z = \zeta = z$$

entonces, las funciones inversas se encuentran despejando las variables independientes (x, y, z) de la Ec. (A.17), las cuales son:

$$x = r \cos\theta = \xi \cos\theta \quad,$$
$$y = r\,sen\theta = \xi\,sen\theta \quad, \tag{A.18}$$
$$z = z = \zeta$$

A.1.2 Longitud diferencial en dirección de un eje coordenado

En la Figura A.1 se aprecia la longitud diferencial dL_η en dirección del eje coordenado η, y las coordenadas a, b y c del punto A en el sistema cartesiano. Es fácil verificar que (Maliska, 2004):

$$a = \frac{\partial x}{\partial \eta} \Delta \eta \qquad (A.19)$$

$$b = \frac{\partial y}{\partial \eta} \Delta \eta \qquad (A.20)$$

$$c = \frac{\partial z}{\partial \eta} \Delta \eta \qquad (A.21)$$

una vez que, la longitud de $\overline{OA}$, $\Delta \xi$ y $\Delta \zeta$ son iguales a cero. Usando el teorema de Pitágoras, se encuentra:

$$dL_\eta = \sqrt{\left(\frac{\partial x}{\partial \eta}\right)^2 + \left(\frac{\partial y}{\partial \eta}\right)^2 + \left(\frac{\partial z}{\partial \eta}\right)^2} \Delta \eta \qquad (A.22)$$

Análogamente, las longitudes diferenciales en las direcciones de ξ y ζ son:

$$dL_\xi = \sqrt{\left(\frac{\partial x}{\partial \xi}\right)^2 + \left(\frac{\partial y}{\partial \xi}\right)^2 + \left(\frac{\partial z}{\partial \xi}\right)^2} \Delta \xi \qquad (A.23)$$

$$dL_\zeta = \sqrt{\left(\frac{\partial x}{\partial \zeta}\right)^2 + \left(\frac{\partial y}{\partial \zeta}\right)^2 + \left(\frac{\partial z}{\partial \zeta}\right)^2} \Delta \zeta \qquad (A.24)$$

De acuerdo con la definición del tensor métrico, dada por,

$$g_{ij} = \frac{\partial x}{\partial x^i} \frac{\partial x}{\partial x^j} + \frac{\partial y}{\partial x^i} \frac{\partial y}{\partial x^j} + \frac{\partial z}{\partial x^i} \frac{\partial z}{\partial x^j} \qquad (A.25)$$

se nota que las longitudes diferenciales dL_ξ, dL_η y dL_ζ son respectivamente,

$$dL_\xi = \sqrt{g_{11}} \Delta \xi \qquad (A.26)$$

$$dL_\eta = \sqrt{g_{22}} \Delta \eta \qquad (A.27)$$

$$dL_\zeta = \sqrt{g_{33}}\,\Delta\zeta \tag{A.28}$$

esto significa que, una longitud diferencial en dirección de un eje coordenado está relacionado con apenas una de las componentes del tensor métrico (Maliska, 2004). Un elemento diferencial general ds, utilizando el teorema de Pitágoras es,

$$ds^2 = dx^2 + dy^2 + dz^2 \tag{A.29}$$

Si se utilizan las expresiones de las diferenciales dx, dy y dz dadas por la Ec. (A.9) y la definición de tensor métrico g_{ik}, se encuentra,

$$ds^2 = dx^2 + dy^2 + dz^2 = \sum_{i=1}^{3}\sum_{k=1}^{3} g_{ik}\,dx^i dx^k \tag{A.30}$$

Donde g_{ik} está definido por la Ec. (A.25) y lógicamente, posee nueve componentes. Un elemento diferencial, por lo tanto, involucra todas las componentes del tensor métrico. En la Ec. (A.30), x^i y x^k representan las coordenadas generalizadas, para $i = 1$ se tiene $x^1 = \xi$, para $i = 2$, $x^2 = \eta$ y para $i = 3$, $x^3 = \zeta$. El tensor métrico, en forma matricial, está dado por,

$$g_{ik} = \begin{bmatrix} g_{11} & g_{12} & g_{13} \\ g_{21} & g_{22} & g_{23} \\ g_{31} & g_{32} & g_{33} \end{bmatrix} \tag{A.31}$$

Para los sistemas de coordenadas ortogonales, todas las componentes cruzadas son iguales a cero (Maliska, 2004). Para un sistema de coordenadas cilíndricas, por ejemplo, usando la definición de g_{ik} se tiene,

$$g_{11} = 1$$
$$g_{22} = r^2 \qquad \text{(A.32)}$$
$$g_{33} = 1$$

con todas las otras componentes iguales a cero.

A.1.3 Áreas en sistemas de coordenadas curvilíneas

Por considerar dos ejes coordenados, se puede obtener expresiones que permiten calcular las áreas en un sistema de coordenadas curvilíneas. En la Figura A.2 se muestra esta situación, para un caso bidimensional se puede escribir,

$$dL_\xi = \sqrt{y_\xi^2 + x_\xi^2}\,\Delta\xi = \sqrt{g_{11}}\,\Delta\xi \tag{A.33}$$

$$dL_n = \sqrt{y_\eta^2 + x_\eta^2}\,\Delta\eta = \sqrt{g_{22}}\,\Delta\eta \tag{A.34}$$

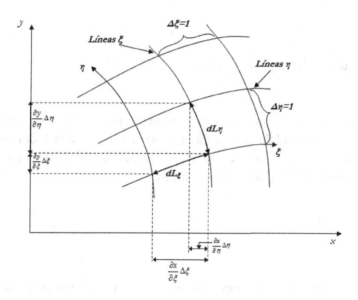

Figura A.2 Área en el plano físico (adaptado de Maliska, 2004).

De acuerdo con la Figura A.2, se puede representar esas longitudes diferenciales por vectores, como:

$$d\vec{L}_\xi = x_\xi \Delta\xi\,\vec{i} + y_\xi \Delta\xi\,\vec{j} \tag{A.35}$$

$$d\vec{L}_\eta = x_\eta \Delta\eta \, \vec{i} + y_\eta \Delta\eta \, \vec{j} \tag{A.36}$$

El área del paralelogramo formado por los dos vectores está dada por el módulo de vector resultante del producto vectorial de los mismos

$$d\vec{S} = \begin{bmatrix} \vec{i} & \vec{j} & \vec{k} \\ x_\xi \Delta\xi & y_\xi \Delta\xi & 0 \\ x_\eta \Delta\eta & y_\eta \Delta\eta & 0 \end{bmatrix} \tag{A.37}$$

entonces,

$$dS = \left| d\vec{S} \right| = \left(x_\xi y_\eta - x_\eta y_\xi \right) \Delta\xi \, \Delta\eta \tag{A.38}$$

Una interpretación geométrica importante puede extraerse de la Ec. (A.38), comparándola con la Ec. (A.14) (en su versión bidimensional), se constata que la expresión entre paréntesis de la Ec. (A.38) es, exactamente, $1/J$ (Maliska, 2004), luego,

$$\frac{dS}{\Delta\xi \, \Delta\eta} = \frac{1}{J} \tag{A.39}$$

es decir, la relación entre las áreas del plano físico y del plano transformado es igual a $1/J$. Como es común usar $\Delta\xi$ y $\Delta\eta$ unitarios por simplicidad, por lo tanto, los mismos pueden ser arbitrarios, entonces el inverso del Jacobiano es exactamente el valor del elemento de área en el plano físico. En la Figura A.3 se muestra un área en el plano físico y su mapeo en el plano transformado. De acuerdo a la Figura A.3 se entiende por qué $\Delta\xi$ y $\Delta\eta$ pueden ser arbitrarios. Por usar la Ec. (A.14) para una situación bidimensional, el Jacobiano es (Maliska, 2004),

$$J = \left(x_\xi y_\eta - x_\eta y_\xi \right)^{-1} \tag{A.40}$$

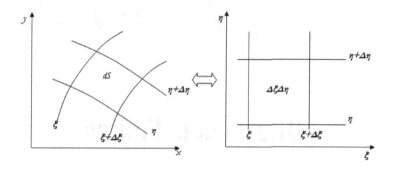

Figura A.3 Áreas en los planos físico y transformado (adaptado de Maliska, 2004).

Si se aproxima numéricamente la Ec. (A.40) y se sustituye en la Ec. (A.39), se puede comprobar que el producto $\Delta\xi\,\Delta\eta$ desaparece, siendo por tanto, arbitrario el valor de área (o volumen) en el plano transformado.

Para una transformación tridimensional se tiene,

$$\frac{dV}{\Delta\xi\,\Delta\eta\,\Delta\gamma}=\frac{1}{J} \tag{A.41}$$

Por lo tanto, es posible mostrar que,

$$\frac{1}{J}=\sqrt{g} \tag{A.42}$$

donde,

$$g=\det\left[g_{ik}\right] \tag{A.43}$$

APÉNDICE B

Diferencias Finitas

B.1 Introducción

El Método de Diferencias Finitas (MDF) puede ser usado para la discretizar las ecuaciones diferenciales de generación de mallas (7.72) y (7.73), debido a que la generación de mallas no se basa en las leyes de conservación, sino en principios puramente matemáticos y las EDP's se resuelven para encontrar puntos discretos (Thompson *et al.*, 1999).

La aproximación usada para discretizar las derivadas en las EDP's por el método de Diferencias Finitas usa la expansión por series de Taylor, la cual se presenta a continuación.

B.2 Formulación en series de Taylor

La derivada de una función $f(x)$ en el punto $x = x_i$ se define como,

$$\frac{\partial f}{\partial x} = \lim_{\Delta x \to 0} \frac{f\left(x_i + \Delta x\right) - f\left(x_i\right)}{\Delta x} \tag{B.1}$$

En la Figura B.1 se presenta la interpretación geométrica de la derivada. La primera derivada $\frac{\partial f}{\partial x}$ en un punto (x_i) es la pendiente de la tangente a la curva $f(x)$ en ese punto, esta se aprecia en la figura como la línea señalada como "exacta". Su pendiente se puede aproximar por la pendiente de una recta que pasa por dos puntos cercanos en la curva. La línea punteada muestra la aproximación por una diferencia hacia delante *(diferencia adelantada)*; la derivada en x_i se aproxima por la pendiente de una recta que pasa por el punto x_i y otro punto en el $x_i + \Delta x$. Por otro lado, la gráfica en la posición de arriba del lado derecho de la Figura B.1, ilustra la aproximación por diferencia hacia atrás *(diferencia atrasada)*, donde el segundo punto es $x_i - \Delta x$. La línea señalada como "centrada" de la gráfica inferior de la Figura B.1, representa la aproximación por una diferencia central *(diferencia centrada)*, la cual utiliza la pendiente de una recta que pasa por dos puntos que se encuentran en lados opuestos del punto x_i, punto en el que se aproxima la derivada. De la figura es obvio que algunas aproximaciones son mejores que otras. La línea para la aproximación de diferencia centrada tiene una pendiente muy cercana a la pendiente de la línea exacta; si la función de $f(x)$ fuera un polinomio de segundo orden y los puntos estuvieran igualmente espaciados en la dirección x, las pendientes serían las mismas. También de la figura se observa que la calidad de la aproximación mejora cuando los puntos adicionales $(x_{i+1}, x_{i-1},$ etc.) son cercanos al punto x_i, es decir; conforme la malla es refinada, la aproximación mejora (Ferziger y Peric, 2002).

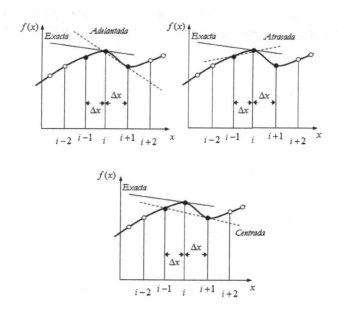

Figura B.1. Representación de aproximaciones de la derivada: (arriba izquierda): diferencia adelantada, (arriba derecha): diferencia atrasada y (abajo): diferencia centrada.

Si la función $f(x)$ es continua, el lado derecho de la ecuación (B.1) es razonablemente una aproximación a $\dfrac{\partial f}{\partial x}$ para un suficientemente pequeño pero finito Δx. Así, para desarrollar una aproximación en diferencias finitas (DF) de una derivada se usa una expansión en series de Taylor. Esto es, la derivada de una función en un punto dado puede ser representada por la aproximación de DF usando una expansión en series de Taylor.

Una expansión en series de Taylor de las funciones $f(x_i + \Delta x)$ y $f(x_i - \Delta x)$ alrededor de x_i pueden ser escritas como (Figura B.2):

$$f(x_i + \Delta x) = f(x_i) + \Delta x \left.\frac{df(x_i)}{dx}\right|_x + \frac{\Delta x^2}{2!} \left.\frac{d^2 f(x_i)}{dx^2}\right|_x + \frac{\Delta x^3}{3!} \left.\frac{d^3 f(x_i)}{dx^3}\right|_x + \dots \quad \text{(B.2)}$$

$$f(x_i - \Delta x) = f(x_i) - \Delta x \left.\frac{df(x_i)}{dx}\right|_x + \frac{\Delta x^2}{2!} \left.\frac{d^2 f(x_i)}{dx^2}\right|_x - \frac{\Delta x^3}{3!} \left.\frac{d^3 f(x_i)}{dx^3}\right|_x + \dots \quad \text{(B.3)}$$

Las dos expresiones anteriores forman la base para desarrollar aproximaciones en diferencias finitas para la primera derivada, alrededor del punto x_i.

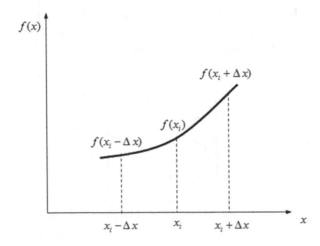

Figura B.2. Nomenclatura para representar una serie de Taylor.

B.3 Aproximación en DF para la primera derivada

Para obtener expresiones en diferencias finitas para la primera derivada se despeja $\frac{\partial f}{\partial x}$ de las ecuaciones (B.2) y (B.3), esto es,

$$\frac{df(x_i)}{dx} = \frac{f(x_i + \Delta x) - f(x_i)}{\Delta x} - \frac{\Delta x}{2!}\frac{d^2 f(x_i)}{dx^2} - \frac{\Delta x^2}{3!}\frac{d^3 f(x_i)}{dx^3} - \cdots \quad \text{(B.4)}$$

$$\frac{df(x_i)}{dx} = \frac{f(x_i) - f(x_i - \Delta x)}{\Delta x} + \frac{\Delta x}{2!}\frac{d^2 f(x_i)}{dx^2} - \frac{\Delta x^2}{3!}\frac{d^3 f(x_i)}{dx^3} + \cdots \quad \text{(B.5)}$$

También, restando la ecuación (B.3) de la ecuación (B.2), se llega a,

$$\frac{df(x_i)}{dx} = \frac{f(x_i + \Delta x) - f(x_i - \Delta x)}{2\Delta x} - \frac{\Delta x^2}{3!}\frac{d^3 f(x_i)}{dx^3} - \cdots \quad \text{(B.6)}$$

De las ecuaciones (B.4)-(B.6), la primera derivada de una función $f(x)$ alrededor del punto x_i puede aproximarse como:

$$\frac{df(x_i)}{dx} = \frac{f(x_i + \Delta x) - f(x_i)}{\Delta x} + 0(\Delta x) \qquad \textit{Diferencia\ Adelantada} \quad \text{(B.4a)}$$

$$\frac{df(x_i)}{dx} = \frac{f(x_i) - f(x_i - \Delta x)}{\Delta x} + 0(\Delta x) \qquad \textit{Diferencia\ Atrasada} \quad \text{(B.5a)}$$

$$\frac{df(x_i)}{dx} = \frac{f(x_i + \Delta x) - f(x_i - \Delta x)}{2\Delta x} + 0(\Delta x^2) \quad \textit{Diferencia\ Centrada} \quad \text{(B.6a)}$$

Donde, la notación "$0(\Delta x)$" caracteriza el orden de error de truncamiento asociado a la diferencia finita. Este error, representa la diferencia entre la derivada y su representación en diferencias finitas. Similarmente, "$0(\Delta x^2)$" es el error de orden Δx^2. Por lo tanto, se aprecia que una aproximación en diferencia centrada es más exacta que una diferencia adelantada o atrasada.

Nótese que en el desarrollo únicamente dos puntos discretos son usados para las aproximaciones de la primera derivada. Sin embargo, para mejorar la exactitud de la aproximación, es posible desarrollar formulaciones de tres, cuatro o más puntos para representar la primera derivada.

Para obtener una notación discreta para la primera derivada, considere el punto i sobre la malla en x_i (Figura B.3). Entonces, la notación $i + 1$ e $i - 1$ se refiere, respectivamente, a los puntos de la malla en $x_i + \Delta x$ y $x_i - \Delta x$. Similarmente, la notación $i + 2$ e $i - 2$ se refiere respectivamente, a los puntos de la malla en $x_i + 2\Delta x$ y $x_i - 2\Delta x$. Usando esta notación, las formulas de dos puntos para la primera derivada (Ecs. (B4a)-(B6a)) se pueden representar como,

$$\frac{df_i}{dx} = \frac{f_{i+1} - f_i}{\Delta x} + 0(\Delta x) \qquad \textit{Diferencia\ \ Adelantada} \qquad \text{(B.4b)}$$

$$\frac{df_i}{dx} = \frac{f_i - f_{i-1}}{\Delta x} + 0(\Delta x) \qquad \textit{Diferencia\ \ Atrasada} \qquad \text{(B.5b)}$$

$$\frac{df_i}{dx} = \frac{f_{i+1} - f_{i-1}}{2\,\Delta x} + 0(\Delta x^2) \qquad \textit{Diferencia\ \ Centrada} \qquad \text{(B.6b)}$$

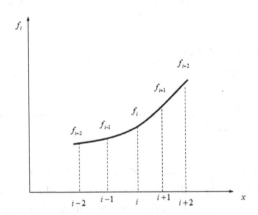

Figura B.3. Representación de puntos discretos.

B.4 Aproximación en DF para la segunda derivada

Para obtener una representación en diferencias finitas para la segunda derivada $\dfrac{\partial^2 f}{\partial x^2}$ de una función $f(x)$ alrededor del punto x_i, se considera una expresión en serie de Taylor de la forma,

$$f(x_i + 2\Delta x) = f(x_i) + 2\Delta x \frac{df(x_i)}{dx} + \frac{4\Delta x^2}{2!} \frac{d^2 f(x_i)}{dx^2} + \frac{8\Delta x^3}{3!} \frac{d^3 f(x_i)}{dx^3} + \ldots \quad \text{(B.7)}$$

$$f(x_i - 2\Delta x) = f(x_i) - 2\Delta x \frac{df(x_i)}{dx} + \frac{4\Delta x^2}{2!} \frac{d^2 f(x_i)}{dx^2} - \frac{8\Delta x^3}{3!} \frac{d^3 f(x_i)}{dx^3} + \ldots \quad \text{(B.8)}$$

Al multiplicar por un factor de dos las ecuaciones (B.2) y (B.3), se llega a,

$$2f(x_i + \Delta x) = 2f(x_i) + 2\Delta x \frac{df(x_i)}{dx} + \frac{2\Delta x^2}{2!} \frac{d^2 f(x_i)}{dx^2} + \frac{2\Delta x^3}{3!} \frac{d^3 f(x_i)}{dx^3} + \ldots \quad \text{(B.2a)}$$

$$2f(x_i - \Delta x) = 2f(x_i) - 2\Delta x \frac{df(x_i)}{dx} + \frac{2\Delta x^2}{2!} \frac{d^2 f(x_i)}{dx^2} - \frac{2\Delta x^3}{3!} \frac{d^3 f(x_i)}{dx^3} + \ldots \quad \text{(B.3a)}$$

Entonces, se resta de la ecuación (B.7) la ecuación (B.2a), obteniéndose:

$$f(x_i + 2\Delta x) - 2f(x_i + \Delta x) = -f(x_i) + \Delta x^2 \frac{d^2 f(x_i)}{dx^2} + \Delta x^3 \frac{d^3 f(x_i)}{dx^3} + \ldots$$

De la cual, se despeja el término de la segunda derivada:

$$\left. \frac{d^2 f(x_i)}{dx^2} \right|_x = \frac{f(x_i) - 2f(x_i + \Delta x) + f(x + 2\Delta x)}{\Delta x^2} - \Delta x \left. \frac{d^3 f(x_i)}{dx^3} \right|_x + \ldots \quad \text{(B.9)}$$

De manera análoga, a la ecuación (B.8) se le resta la ecuación (B.3a), obteniéndose:

$$f(x_i - 2\Delta x) - 2f(x_i - \Delta x) = -f(x) + \Delta x^2 \left. \frac{d^2 f(x_i)}{dx^2} \right|_x - \Delta x^3 \left. \frac{d^3 f(x_i)}{dx^3} \right|_x + \ldots$$

Que al despejar el término de la segunda derivada, se llega a:

$$\left.\frac{d^2 f(x_i)}{d x^2}\right|_x = \frac{f(x_i) - 2f(x_i - \Delta x) + f(x_i - 2\Delta x)}{\Delta x^2} + \Delta x \left.\frac{d^3 f(x_i)}{dx^3}\right|_x + \dots \quad \text{(B.10)}$$

Por otro lado, si se suman las ecuaciones (B.2a) y (B.3a), se obtiene:

$$f(x_i + \Delta x) + f(x_i - \Delta x) = 2f(x_i) + \Delta x^2 \left.\frac{d^2 f(x_i)}{dx^2}\right|_x + \frac{2\Delta x^4}{4!} \left.\frac{d^4 f(x_i)}{dx^4}\right|_x + \dots$$

De donde es posible despejar el término de la segunda derivada como:

$$\left.\frac{d^2 f(x_i)}{d x^2}\right|_x = \frac{f(x_i + \Delta x) - 2f(x_i) + f(x_i - \Delta x)}{\Delta x^2} - \frac{2\Delta x^2}{4!} \left.\frac{d^4 f(x_i)}{dx^4}\right|_x + \dots \quad \text{(B.11)}$$

De las ecuaciones (B.9) a (B.11), las siguientes aproximaciones pueden ser escritas respectivamente para la segunda derivada de una función $f(x)$ alrededor del punto x_i:

$$\left.\frac{d^2 f(x_i)}{d x^2}\right|_x = \frac{f(x_i) - 2f(x_i + \Delta x) + f(x_i + 2\Delta x)}{\Delta x^2} + 0(\Delta x) \quad \textit{Diferencia Adelantada} \quad \text{(B.9a)}$$

$$\left.\frac{d^2 f(x_i)}{d x^2}\right|_x = \frac{f(x_i) - 2f(x_i - \Delta x) + f(x_i - 2\Delta x)}{\Delta x^2} + 0(\Delta x) \quad \textit{Diferencia Atrasada} \quad \text{(B.10a)}$$

$$\left.\frac{d^2 f(x_i)}{d x^2}\right|_x = \frac{f(x_i + \Delta x) - 2f(x_i) + f(x_i - \Delta x)}{\Delta x^2} + 0(\Delta x^2) \quad \textit{Diferencia Centrada} \quad \text{(B.11a)}$$

Las cuales pueden ser escritas en notación de puntos discretos como:

$$\frac{d^2 f_i}{d x^2} = \frac{f_i - 2f_{i+1} + f_{i+2}}{\Delta x^2} + 0(\Delta x) \qquad \textit{Diferencia Adelantada} \quad \text{(B.9b)}$$

$$\frac{d^2 f_i}{d x^2} = \frac{f_i - 2f_{i-1} + f_{i-2}}{\Delta x^2} + 0(\Delta x) \qquad \textit{Diferencia Atrasada} \quad \text{(B.10b)}$$

$$\frac{d^2 f_i}{d x^2} = \frac{f_{i+1} - 2f_i + f_{i-1}}{\Delta x^2} + 0\dots(\Delta x^2) \qquad \textit{Diferencia Centrada} \quad \text{(B.11b)}$$

La aproximación en diferencias finitas para la segunda derivada dada arriba utiliza tres puntos discretos. Sin embargo, es posible desarrollar aproximaciones que utilicen más de tres puntos discretos de una malla.

B.5 Aproximación en DF para derivadas parciales mixtas

Frecuentemente, podría ser necesario representar derivadas parciales mixtas en diferencias finitas, tales como $\dfrac{\partial^2 f}{\partial x \partial y}$. Las aproximaciones en DF pueden ser desarrolladas por la aplicación sucesiva de la diferencia finita de la primera derivada en las variables x y y.

Para propósitos ilustrativos, se considera la aproximación de la derivada parcial mixta $\dfrac{\partial^2 f}{\partial x \partial y}$ y se usa la formula de diferencia centrada (Ec. (B.6)) para discretizar la primera derivada para ambas variables x y y. Entonces, se tiene,

$$\frac{\partial}{\partial x}\left(\frac{\partial f}{\partial y}\right) = \frac{1}{2\Delta x}\left(\left.\frac{\partial f}{\partial y}\right|_{i+1,j} - \left.\frac{\partial f}{\partial y}\right|_{i-1,j}\right) + 0(\Delta x^2) \qquad \text{(B.12a)}$$

donde los subíndices i y j denotan los puntos discretos de la malla asociados con la discretización en las variables x y y, respectivamente. Aplicando la fórmula de la diferencia centrada una vez más para discretizar las derivadas parciales con respecto a la variable y en el lado derecho de la ecuación (B.12), se obtiene,

$$\frac{\partial}{\partial x}\left(\frac{\partial f}{\partial y}\right) = \frac{1}{2\Delta x}\left(\frac{f_{i+1,j+1} - f_{i+1,j-1}}{2\Delta y} - \frac{f_{i-1,j+1} - f_{i-1,j-1}}{2\Delta y}\right) + 0(\Delta x^2, \Delta y^2) \quad \text{(B.12b)}$$

la cual es la aproximación en diferencias finitas de la derivada parcial mixta $\dfrac{\partial^2 f}{\partial x \partial y}$ usando diferencias finitas centradas para ambas variables x y y. El orden de la diferenciación es inmaterial si las derivadas son continuas, esto es $\dfrac{\partial^2 f}{\partial x \partial y}$ y $\dfrac{\partial^2 f}{\partial y \partial x}$ son iguales.

En el ejemplo anterior, se aplicaron diferencias finitas centradas para ambas variables x y y. Si se consideran todas las combinaciones de las diferencias adelantada, atrasada y centrada, entonces, se tienen nueve casos para la aproximación en diferencias finitas para $\dfrac{\partial^2 f}{\partial x \partial y}$. La Tabla B.1 contiene una lista de las aproximaciones en diferencias finitas para cada uno de los nueve casos (Ozisik, 1994).

Tabla B.1 Aproximación en DF de la derivada parcial mixta $\dfrac{\partial^2 f}{\partial x \partial y}$.

Caso	Esquema Diferencial		Aproximación en Diferencias Finitas	Orden de Error
	x	y		
1	AD	AD	$\dfrac{1}{\Delta x}\left(\dfrac{f_{i+1,j+1} - f_{i+1,j}}{\Delta y} - \dfrac{f_{i,j+1} - f_{i,j}}{\Delta y} \right)$	$0(\Delta x, \Delta y)$
2	AD	AT	$\dfrac{1}{\Delta x}\left(\dfrac{f_{i+1,j} - f_{i+1,j-1}}{\Delta y} - \dfrac{f_{i,j} - f_{i,j-1}}{\Delta y} \right)$	$0(\Delta x, \Delta y)$
3	AD	CE	$\dfrac{1}{\Delta x}\left(\dfrac{f_{i+1,j+1} - f_{i+1,j-1}}{2\Delta y} - \dfrac{f_{i,j+1} - f_{i,j-1}}{2\Delta y} \right)$	$0(\Delta x, \Delta y^2)$
4	AT	AD	$\dfrac{1}{\Delta x}\left(\dfrac{f_{i,j+1} - f_{i,j}}{\Delta y} - \dfrac{f_{i-1,j+1} - f_{i-1,j}}{\Delta y} \right)$	$0(\Delta x, \Delta y)$
5	AT	AT	$\dfrac{1}{\Delta x}\left(\dfrac{f_{i,j} - f_{i,j-1}}{\Delta y} - \dfrac{f_{i-1,j} - f_{i-1,j-1}}{\Delta y} \right)$	$0(\Delta x, \Delta y)$
6	AT	CE	$\dfrac{1}{\Delta x}\left(\dfrac{f_{i,j+1} - f_{i,j-1}}{2\Delta y} - \dfrac{f_{i-1,j+1} - f_{i-1,j-1}}{2\Delta y} \right)$	$0(\Delta x, \Delta y^2)$
7	CE	AD	$\dfrac{1}{2\Delta x}\left(\dfrac{f_{i+1,j+1} - f_{i+1,j}}{\Delta y} - \dfrac{f_{i-1,j+1} - f_{i-1,j}}{\Delta y} \right)$	$0(\Delta x^2, \Delta y)$
8	CE	AT	$\dfrac{1}{2\Delta x}\left(\dfrac{f_{i+1,j} - f_{i+1,j-1}}{\Delta y} - \dfrac{f_{i-1,j} - f_{i-1,j-1}}{\Delta y} \right)$	$0(\Delta x^2, \Delta y)$
9	CE	CE	$\dfrac{1}{2\Delta x}\left(\dfrac{f_{i+1,j+1} - f_{i+1,j-1}}{2\Delta y} - \dfrac{f_{i-1,j+1} - f_{i-1,j-1}}{2\Delta y} \right)$	$0(\Delta x^2, \Delta y^2)$

AD = Diferencia Adelantada, AT = Diferencia Atrasada, CE = Diferencia Centrada.

REFERENCIAS

CAPÍTULO 1

AIAA (1998). **Guide for the verification and validation of computational fluid dynamics simulations.** AIAA Guide G-077-1998.

Álvarez G. (2006). **Estudio de cargas térmicas de edificaciones del Centro Mexicano de la Tortuga.** Informe final de proyecto, Centro Nacional de Investigación y Desarrollo Tecnológico (CENIDET). Cuernavaca, Mor., México.

ERCOFTAC (2000). **Best practice guidelines.** Version 1.0, M., ERCOFTAC Special Interest Group on Quality and Trust Industrial CFD.

Fernández Oro J.M. (2012). *Técnicas numéricas en ingeniería de fluidos.* Reverté, España.

Fromm J., Harlow F. (1963). Numerical solution of the problem of vortex street development. Phys. Fluids. Vol. 6, págs. 975-982.

Harlow F. (1964). The particle-in-cell computing method for fluid dynamics. Methods in Computational Physics. Vol. 3, págs. 319-343.

Harlow F., Welch E. (1965). Numerical calculation of time-dependent viscous incompressible flow of fluid with free surface. Phys. Fluids. Vol. 8, págs. 2182-2189.

Ludwig M, Koch J., Fischer B. (2008). An application of the finite volume method to the bio-heat transfer-equation in premature infants. Electronic Trans. Num. Analysis, Vol. 28, págs. 136-148.

Oberkampf W. L., Trucano T. G. (2002). Verification and validation in computational fluid dynamics. Prog. Aerosp. Sci., Vol. 38, págs. 209–272.

Paruch M. (2007). Numerical simulation of bioheat transfer process in the human eye using finite element method. Scientific Research of the Inst. of Math. and Computer Science. Vol. 6, págs. 199-204.

Patankar S.V. (1980). *Numerical heat transfer and fluid flow.* Hemisphere Publishing Corporation, Taylor & Francis Group, New York.

Pletcher R., Tannehill J., Anderson D., (2012). *Computational fluid mechanics and heat transfer.* CRC Press, New York.

Roache P.J. (1998). *Verification and validation in computational science and engineering.* Hermosa Publishers, Albuquerque New Mexico.

Sue C., Campo A. (2006). **Validation of a model to predict temperature increase in the human eye when subjected to a laser source.** Project's Report, University of Vermont, USA.

Teja V. (2011). **Generación de mallas numéricas para geometrías irregulares y complejas.** Tesis de Maestría, Centro Nacional de Investigación y Desarrollo Tecnológico (CENIDET). Cuernavaca, Mor., México.

Turner M., Clough H., Martin H., Topp L. (1956). Stiffness and deflection analysis of complex structures. J. Aero. Sci., Vol. 23, págs. 805-823.

Versteeg H., Malalasekera W. (2008). *An Introduction to computational fluid dynamics, the finite volume method.* Pearson, Prentice Hall, England.

CAPÍTULO 2

Aris R. (1989). *Vectors, tensors, and the basic equations of fluid mechanics.* Dover Publications, New York.

Bird R.B., Stewart W.E., Lightfoot E.N. (1962). *Transport phenomena*. Wiley, New York.

Date A.W. (2008). *Introduction to computational fluid dynamics*. Cambridge, New York.

Gray D.D., Giorgini A. (1976). The validity of the Boussinesq approximation for liquids and gases. Int. J. Heat Mass Transfer, Vol. 19, págs. 545–551.

Hines A., Maddox R., (1985). *Mass transfer-fundamentals and applications*. Prentice-Hall, Inc., New Jersey.

Malvern L. (1969). *Introduction to the mechanics of a continuous medium*. Prentice-Hall, Inc., New Jersey.

White F.M. (1986). *Fluid mechanics*. McGraw-Hill, New York.

CAPÍTULO 3

Chang K.C., Payne U.J. (1991). Analytical solution for heat conduction in a two-material-layer slab with linearly temperature dependent conductivity. J. Heat Transfer, Vol. 113, págs. 237-239.

De Vahl Davis G., Mallinson G. (1973). The method of the false transient for the solution of coupled elliptic equations. J. Computational Physics, Vol. 12, págs. 435-461.

Dragojlovic Z., Kaminski D. (2004). A fuzzy logic algorithm for acceleration of convergence in solving turbulent flow and heat transfer problems. Numerical Heat Transfer B, Vol. 46, págs. 301-327.

Ferziger J.H., Peric M. (2002). *Computational methods for fluid dynamics*. Springer, New York.

Niño Y. (2002). **Método de los volúmenes finitos**. Notas Sem. Primavera-2002, España.

Özisik N.M. (1985). *Heat transfer a basic approach*. McGraw-Hill, USA.

Patankar S. (1978). A numerical method for conduction in composite materials, flow in irregular geometries and conjugate heat transfer. Proc. 6th Int. Heat Transfer Conf., Toronto CAN., Vol. 3, págs. 297-302.

Patankar S.V. (1980). *Numerical heat transfer and fluid flow*. Hemisphere Publishing Corporation, Taylor & Francis Group, New York.

Ryoo J., Kaminski D., Dragojlovic Z. (1999). A residual-based fuzzy logic algorithm for control of convergence in a computational fluid dynamic simulation. J. Heat Transfer, Vol. 121, págs. 1076-1078.

Versteeg H., Malalasekera W. (2008). *An Introduction to computational fluid dymamics, the finite volume method*. Pearson, Prentice Hall, England.

CAPÍTULO 4

Fernández Oro J.M. (2012). *Técnicas numéricas en ingeniería de fluidos*. Reverté, España.

Gaskell P.H., Lau A.K.C. (1988). Curvature-compensated convective transport: SMART, a new boundedness-preserving transport algorithm. Int. J. Numer. Meth. Fluids, Vol. 8, págs. 617-641.

Hayase T., Humphrey J.A.C., Greif R. (1992). A consistently formulated QUICK scheme for fast and stable convergence using finite-volume iterative calculation procedures. J. Computational Physics, Vol. 98, pp. 108-118.

Lien F.S., Leschziner M.A. (1993). Upstream monotonic interpolation for scalar transport with applications to complex turbulent flows. Int. J. Num. Methods Fluids, Vol. 9, págs. 527-548.

Leonard B.P. (1979). A stable and accurate convective modeling procedure based on quadratic upstream interpolation. Comp. Methods. Appl. Mech. Eng., Vol. 19, págs 59-98.

Leonard B.P.(1991). The ULTIMATE conservative difference scheme applied to unsteady one-dimensional advection. Comp. Math. Appl. Mech. Eng., Vol. 88, págs 17-74.

Patankar S.V. (1980). *Numerical heat transfer and fluid flow.* Hemisphere Publishing Corporation, Taylor & Francis Group, New York.

Patankar S., (1981). A calculation procedure for two-dimensional elliptic situations. Numerical Heat Transfer, Vol. 4, págs. 409-425.

Spalding D.B. (1972). A novel finite-difference formulation for differential expression involving both first and second derivatives. Int. J. Numer. Methods Eng., Vol. 4, págs. 551.

Sweby P.K. (1984), High resolution schemes using flux limiters for hyperbolic conservation laws. SIAM J. Num. Anal., Vol. 21, págs. 995-1011.

Versteeg H., Malalasekera W. (2008). *An Introduction to computational fluid dynamics, the finite volume method.* Pearson, Prentice Hall, England.

CAPÍTULO 5

Anderson D., Tannehill J., Pletcher R. (1984). *Computational fluid mechanics and heat transfer.* Hemisphere, New York.

Chorin A. (1967). A numerical method for solving incompressible viscous flow problems. J. Computational Physics, Vol. 2, págs. 12-26.

Chorin A. (1968). Numerical solution of the Navier-Stokes equations. Maths. Comp., Vol. 22, págs. 745-762.

Dix, D. M. (1963). The magnetohydrodynamic flow past a non-conducting flat plate in the presence of a transverse magnetic field. J. Fluid Mechanics, Vol. 15, págs. 449-454.

Fromm J., Harlow F. (1963). Numerical solution of the problem of vortex street development. Phys. Fluids. Vol. 6, págs. 975-982.

Ghia K., Ghia U. (1988). **Elliptics systems: finite-difference method III**. Handbook of Numerical Heat Transfer, Chapter 8, págs. 293-346.

Ghia U., Ghia K., Shin S. (1982). High-Re solutions for compressible flow using the Navier-Stokes equations and a multigrid method. J. Computational Physics, Vol. 48, págs. 387-411.

Gjesdal T., Lossius E. (1997). Comparison of pressure correction smoothers for multigrid solution of incompressible flow, Int. J. Numer. Meth. Fluids, Vol. 25, págs. 393-405.

Harlow F. (1964). The particle-in-cell computing method for fluid dynamics. Methods in Computational Physics. Vol. 3, págs. 319-343.

Harlow F., Welch E. (1965). Numerical calculation of time-dependent viscous incompressible flow of fluid with free surface. Phys. Fluids, Vol. 8, págs. 2182-2189.

Issa R.I., Gosman A.D., Watkins A.P. (1986), The computation of compressible and incompressible recirculating flows by a non-iterative implicit scheme. J. Computational Physics, Vol. 62, págs. 66-82.

Jang D.S., Jetli R., Acharya S., (1986). Comparison of the PISO, SIMPLER and SIMPLE algorithms for the treatment of the pressure-velocity coupling in steady flow problems. Numerical Heat Transfer, Vol. 10, págs. 209-228.

Maliska C.R. (1981). **A solution method for three-dimensional parabolic fluid flow problems in nonorthogonal coordinates**, Ph. D. Thesis, University of Waterloo, Canada.

Maliska C.R., Raithby G. (1986). A method for computing three dimensional flows using non-orthogonal boundary-fitted co-ordinates. Int. J. Numerical Methods Fluids, Vol. 4, págs. 519-537.

Patankar S., Spalding D. (1972). A calculation procedure for heat mass and momentum transfer in three-dimensional parabolic flows. Int. J. Heat Mass Transfer, Vol. 15, págs. 1787-1806.

Shaw G., Sivaloganathan S. (1988). The SIMPLE pressure-correction method as a nonlinear smoother. Multigrid methods: theory, applications, and supercomputing, LNPAM, New York, Vol. 110, págs. 579-596.

Spalding D. (1980), Mathematical modeling of fluid mechanics, heat transfer and mass transfer processes. Report HTS/80/1, Mechanical Engineering Department, Imperial College of Science, Technology and Medicine, London.

Van Doormaal J., Raithby G. (1984). Enhancements of the SIMPLE method for predicting incompressible fluid flow. Numerical Heat Transfer, Vol. 7, págs. 147-163.

Van Doormaal J., Raithby G. (1985). An evaluation of the segregated approach for predicting incompressible fluid flows. ASME Heat Transfer Conference, Denver (Paper 85-HT-9).

Versteeg H., Malalasekera W. (2008). *An Introduction to computational fluid dynamics, the finite volume method*. Pearson, Prentice Hall, England.

Yu B., Ozoe H., Tao W.Q. (2001). A modified pressure-correction scheme for the SIMPLER method, MSIMPLER. Numerical Heat Transfer B, Vol. 39, págs. 439-449.

CAPÍTULO 6

Bachvalov N. (1966). On the convergence of a relaxation method with natural constraints on the elliptic operator. USSR Comp. Math. and Math. Phys., Vol. 6, págs. 101-135.

Brandt A. (1977). Multilevel adaptive solutions to boundary value problems. Math. of Computation, Vol. 31, págs. 333-390.

404

Cruz Salas L.M. (2002). **Solución del problema de convección utilizando volumen finito y algoritmos paralelos.** Notas, Junio-2002. DGSCA–UNAM. México.

Fedorenko R. (1964). The speed of convergence of one iterative process. USSR Comp. Math. and Math. Phys., Vol. 4, págs. 227-235.

Ferziger J.H., Peric M. (2002). *Computational methods for fluid dynamics*. Springer, New York.

Hutchinson B., Raithby G. (1986). A multigrid method base on the additive correction strategy. Numerical Heat Transfer, Vol. 9, págs. 511-537.

Murthy J.Y. (2002). **Numerical methods in heat, mass, and momentum transfer.** Draft Notes, Spring-2002. Purdue University. USA.

Özisik N.M. (1994). *Finite difference methods in heat transfer.* CRC Press, Washington D.C.

CAPÍTULO 7

Lifante N.C. (2006). **Numerical techniques for solving the Navier-Stokes equations on complex geometries.** Ph.D. Thesis, Universitat Politècnica de Catalunya, España.

Maliska C.R. (1981). **A solution method for three-dimensional parabolic fluid flow problems in nonorthogonal coordinates,** Ph. D. Thesis, University of Waterloo, Canada.

Maliska C.R. (2004). *Transfêrencia de calor e mecânica de fluidos computacional,* Livros Técnicos e Científicos, Rio de Janeiro.

Özisik N.M. (1994). *Finite difference methods in heat transfer.* CRC Press, Washington D.C.

Peric M. (1985). **A finite volume method for the prediction of three-dimensional fluid flow in complex ducts.** Ph.D. Thesis, University of London. England.

Thompson J.F., Thames F.C., Mastin W. (1977). A code for numerical generation of boundary-fitted curvilinear coordinate systems on fields containing any number of arbitrary two-dimensional bodies. J. Computational Physics, Vol. 24, págs. 274-302.

Thompson J.F., Soni B.K., Weatherill N.P. (1999). *Handbook of grid generation.* CRC Press, New York.

Spekreijse S.P. (1995). Elliptic grid generation base on Laplace equations and algebraic transformations. J. Computational Physics, Vol. 118, págs. 38-61.

Strauss, W.A. (1992). *Partial differential equations: an introduction.* John Wiley & Sons, USA.

CAPÍTULO 8

Aguilar J.O., Xamán J., Álvarez G., Hernández-Pérez I., López-Mata C. (2015). Thermal performance of a double pane window using glazing available on the Mexican market. Renewable Energy, Vol. 81, págs. 785-794.

Allard F. (1998). *Natural ventilation in buildings.* James & James. London.

ASHRAE (1977). *Handbook of fundamentals.*

ASHRAE Standard 62 (1989, 2001, 2007). *Ventilation for acceptable indoor air quality.*

ASHRAE Standard 55 (2004). *Thermal environment conditions for human occupancy.*

ASHRAE (2005). *Handbook of fundamentals.*

ASTM E 1225 (2004). *Standard test method for thermal conductivity of solids by means of the guarded-comparative-longitudinal heat flow technique.*

Arce J., Jiménez M., Guzmán J., Heras M., Álvarez G., Xamán J. (2009). Experimental study for natural ventilation on a solar chimney. Renewable Energy, Vol. 34, págs. 2928-2934.

Arce J. (2008). **Estudio de la transferencia de calor con flujo turbulento en una chimenea solar.** Tesis de Doctorado, CIE-UNAM. Cuernavaca, Mor., México.

Awbi H. (2003). *Ventilation of buildings.* E & FN Spon. London.

Brooks B., Davis W. (1992). *Understanding indoor air quality.* CRC Press. USA.

Faggembauu D., Costa M., Soria M., Oliva A. (2003). Numerical analysis of the thermal behavior of ventilated glazed facades in Mediterranean climates. Part I: development and validation of a numerical model. Solar Energy, Vol. 75, págs. 217-228.

Hernández-Pérez I., Álvarez G., Xamán J., Zavala-Guillén I., Arce J., Simá E. (2014). Thermal performance of reflective materials applied to exterior buildings components: a Review. Energy and Buildings, Vol. 80, págs. 81-105.

Lampert C. (1981). Heat mirror coatings for energy conserving windows. Solar Energy Mat. & Solar Cell, Vol. 6, págs 1-41.

Larsson U., Moshfegh B., Sandberg M. (1999). Thermal analysis of super insulated windows (numerical and experimental investigations), Energy and Buildings, Vol. 29, págs. 121–128.

Monroy M. (2010). **Calidad ambiental en la edificación.** Manuales ambientales ICARO. España.

Nair M.T.S., Nair P.K. (1991). SnS-Cu$_x$S thin-film combination: a desirable solar control coating for architectural and automobile glazings. J. Phys. D: Appl. Phys., Vol. 24, págs. 450-453.

Quesada G., Rousse D., Dutil Y., Badache M., Hallé S. (2012. A comprehensive review of solar facades: opaque solar facades. Renewable Sustainable Energy Reviews, Vol. 16, págs. 2820-2832.

Ramírez-Dávila L., Xamán J., Arce J., Álvarez G., Hernández-Pérez I. (2014). Numerical study of earth-to-air heat exchanger for three different climates. Energy and Buildings, Vol. 76, págs. 238-248.

Serrano-Arellano J., Xamán J., Álvarez G. (2013). Optimum ventilation based on the ventilation effectiveness for temperature and CO_2 distribution in ventilated cavities. Int. J. Heat Mass Transfer, Vol. 62, págs. 9-21.

Xamán J., Mejía G., Álvarez G., Chávez Y. (2010). Analysis on the heat transfer in a square cavity with a semitransparent wall: effect of the roof materials. Int. J. Thermal Sciences, Vol. 49, págs. 1920-1932.

Xamán J., Pérez-Nucamendi C., Arce J., Hinojosa J., Álvarez G., Zavala-Guillén I. (2014a). Thermal analysis for a double pane window with a solar control film for using in cold and warm climates. Energy and Buildings, Vol. 76, págs. 429-439.

Xamán J., Hernández-Pérez I., Arce J., Álvarez G., Ramírez-Dávila L., Noh-Pat F. (2014b). Numerical study of earth-to-air heat exchanger: The effect of thermal insulation. Energy and Buildings, Vol. 85, págs. 356-361.

Xamán J., Esquivel-Ramón J., Chávez Y., Hernández-Pérez I. (2015a). Numerical simulation of an instrument to determine the thermal conductivity. Enviado a la Revista Mechanics & Industry.

Xamán J., Jiménez-Xamán C., Álvarez G., Hernández-Pérez I., Aguilar J.O. (2015b). Pseudo-trasient results for a double pane window with a solar control coating for warm climates. Enviado a la Revista Solar Energy.

APÉNDICE A

Maliska C.R. (2004). *Transfêrencia de calor e mecânica de fluidos computacional.* Livros Técnicos e Científicos, Rio de Janeiro.

APÉNDICE B

Özisik N.M. (1994). *Finite difference methods in heat transfer.* CRC Press, Washington D.C.

Ferziger J.H., Peric M. (2002). *Computational methods for fluid dynamics.* Springer, New York.

Thompson J.F., Soni B.K., Weatherill N.P. (1999). *Handbook of grid generation.* CRC Press, New York.

in the United States
masters